高等院校化学课实验系列教材

国家级精品课程教材

无机化学实验

（第二版）

武汉大学化学与分子科学学院实验中心　编

WUHAN UNIVERSITY PRESS
武汉大学出版社

图书在版编目（CIP）数据

无机化学实验/武汉大学化学与分子科学学院实验中心编．—2 版．
—武汉：武汉大学出版社，2012.1（2023.1 重印）
国家级精品课程教材
高等院校化学课实验系列教材
ISBN 978-7-307-09246-4

Ⅰ.无…　　Ⅱ.武…　　Ⅲ.无机化学—化学实验—高等学校—教材
Ⅳ.O61-33

中国版本图书馆 CIP 数据核字（2011）第 202137 号

责任编辑:谢文涛　　　责任校对:刘　欣　　　版式设计:马　佳

出版发行: **武汉大学出版社** 　（430072　武昌　珞珈山）
　　　　　（电子邮箱：cbs22@ whu.edu.cn　网址：www.wdp.com.cn）
印刷:湖北金海印务有限公司
开本:720×1000　1/16　印张:20.5　字数:367 千字　插表:1　插页:1
版次:2002 年 9 月第 1 版　　　2012 年 1 月第 2 版
　　　2023 年 1 月第 2 版第 9 次印刷
ISBN 978-7-307-09246-4/O · 461　　　定价:39.00 元

总　　序

化学是一门在长期的实验与实践中诞生、发展和逐步完善的学科。目前,化学在与多学科的交叉、融合和应用中得到快速发展。化学实验课程在高等学校理科化学类专业本科生教育中是本科生重要的、不可替代的基础课。我国传统的化学实验课程教学一贯强调与理论课程紧密结合,重视"三基"能力(基本知识、基本理论、基本技能)培养,在过去半个世纪里对我国培养的化学专业人才发挥了重要作用;但这种传统的实验教学内容和教学方式,对通过实验教育培养学生的创新意识、创新精神和创新能力略显不足。

武汉大学自 1991 年开设化学试验班以来,就开始试行对实验课程进行改革,包括减少验证性实验,增加设计实验和开放实验等内容,藉以提高学生提出问题、分析问题和解决问题的能力。1998 年,武汉大学化学学院召开了全院的教学思想大讨论。在会上,一方面强调了应进一步加强培养学生的"三基"能力,同时也充分肯定了"设计实验"和"开放实验"的意义与重要性,提出应该重点研究如何通过实验教学培养学生的创新意识、创新精神和创新能力,还积极鼓励开设"综合研究性实验"课程,以作为"实验教学"与"科学研究"之间的桥梁。这一建议得到了学院教师的广泛认同与支持。同年,武汉大学在整合各二级化学学科实验教学资源基础上成立了化学实验教学中心,在学院各研究单位的大力支持下,加快了对化学实验课程体系和教学方法、手段的改革。通过多年的努力,包含各门实验课程的《大学化学实验》于 2003 年被评为"国家理科基地创建优秀名牌课程创建项目",同年还被评为湖北省精品课程,2007 年被评为国家级精品课程。2006 年武汉大学化学实验教学中心被评为国家级实验教学示范中心。

武汉大学化学实验教学中心在总结武汉大学历年编写的化学实验教材基础上,汇编成为"大学化学实验"系列教材,于 2003—2005 年先后在武汉大学出版社出版。该实验系列教材出版后已被多所大学使用,并多次重印。

近些年来,武汉大学化学实验教学中心按照"固本—创新"的思想指引,在

1

构建三个结合创新教学平台("实验教学—理论教学—科学研究"平台、"计划教学—开放实验—业余科研"平台和"实验中心—科研院所—企业公司"平台)的基础上,充分利用学校和社会资源,紧密联系理论,深入进行实验教学改革。利用教学、科研与社会的互动,调动了中心以外教师的力量,密切关注交叉学科和社会热点,将学院科研成果和社会企业的课题经过改革后纳入实验教学,开出了一批内容先进、形式新颖、具有探索性的新型实验,优化了基础实验内容,丰富了设计实验和综合研究型实验的内涵。此外,在教学方法、教学手段等方面也进行了有益的尝试,并取得较优异的教改成绩。

在总结这段时期实验教学改革成绩和上一版实验教材使用经验的基础上,武汉大学化学实验教学中心组织相关教师修订编写了这套"大学化学实验"精品课程教材,包括《无机化学实验》、《分析化学实验》、《仪器分析实验》、《有机化学实验》、《物理化学实验》、《化工基础实验》和《综合化学实验》七分册。

这套教材较鲜明地体现了武汉大学化学实验教学中心的创新教育理念:"以教师为主导,以学生为中心,以激发学生学习积极性为出发点,以培养学生创新能力为目的,狠抓基本技能训练,按照科学研究、思维和方法的规律为主线索组织实验教学,鼓励学生自我选择学术发展方向、自我设计和建立知识结构、自我提升科研技能。"前六分册以基础为主,重点强调学生"三基"技能的培训,培养学生利用已学习的知识解决部分问题的能力,按照"基础实验—设计实验—综合实验"三个层次安排实验内容,突出了"重基础、严规范、勤思考、培兴趣"的教学思想。《综合化学实验》的实验内容主要选自学院内外的实际科研成果,以前沿的课题为载体,对学生进行"化学研究全过程"的训练,重点强调创新意识、创新精神和创新能力的培训。

这套教材是武汉大学化学实验教学中心教学改革和国家级精品课程建设的联合成果,希望这套系列教材能较好地适应化学类各有关专业学生及若干其他类型和层次读者的要求,为大学化学实验课程的质量提高做出一定贡献。

中国科学院院士 查全性

2011 年 11 月 15 日

武昌珞珈山

第二版前言

《无机化学实验》出版已近 10 年。在此期间实验教学进行了多方位地改革，实验内容更加广泛和深入，实验教学模式更加多样和生动，实验设置从以验证性实验为主向综合研究性实验过渡，实验越来越贴近于生活，贴近于科学前沿。为了适应目前实验教学的新形势和学生对实验教学要求的提高，我们对原教材进行了修订。

在修订中，我们既保留了原教材的基本内容框架、特色和编写风格，同时也努力体现学科发展的步伐和特点。在强调"三基"的基础上，对原内容进行了添加、删除和修订。例如，在增加了部分新仪器使用说明的同时删除了一些老旧仪器的使用说明；加入了贴合学生兴趣同时又能很好培养学生实验技能的实验；根据实际教学经验对部分实验内容进行了改进；对研究型实验的具体实施方法和流程进行说明等。此外，在实验药品用量和选择上新版本也做了一定地调整。在保证实验效果的基础上适当减少了样品用量，少用或不用对环境有污染的药品，将绿色化学和环保意识深入日常实验教学中。

本书分为 5 部分，共计 55 个实验。可作为综合性大学和高等师范院校化学及相关专业大学化学基础实验教材，也可供其他院校有关专业的基础化学实验参考教材。

教材由胡锴组织修订，刘欲文、陶海燕和龚楚青参加了部分工作，最后由胡锴统稿完成。除了以上教师参加更新和改进工作外，也感谢曹瑰华、余幼祖老师和所有参与无机化学实验教学的老师对教材修订提出的宝贵意见和建议。教材的修订过程中参考了国内一些优秀的实验成果，以及国外期刊和教材的相关资料，在此向有关作者表示衷心感谢。

由于编者水平有限，疏漏及不妥之处敬请批评指正。

编　　者

2011 年 10 月于珞珈山

第一版前言

无机化学实验分册是大学化学实验系列教材之一。

本书主要内容分为五个部分：

第一部分，化学实验基本知识、基本操作技能与常用仪器设备的使用。

第二部分，基本操作训练实验和基本原理实验。

第三部分，无机物的制备、提纯及配合物的合成实验。

第四部分，元素化学实验。

第五部分，综合及研究型实验。

本书有以下几方面的特色：

1. 教材编写与设计体现了对学生既能进行具体的实验指导又能启发他们积极思维创新。

2. 结合化学实验的特点，在实验内容选择和实验教学方法的设计中，注意微型化和少量化，体现绿色化学的宗旨和对环境保护意识的教育。

3. 本教材中的基本操作技能与仪器设备的使用等实验内容，制作了配套的音像教材和多媒体课件，以保证基本操作技能规范化和正确掌握仪器和设备的使用。

无机化学实验分册是以武汉大学出版社出版的《无机化学实验》(1993 年)和《无机化学实验》第二版(1997 年)为蓝本，由曹瑰华、席美云编写，余幼祖、杜秀珍参加了部分工作。最后由曹瑰华统稿。

本书凝聚了历年来从事《无机化学实验》教学的老师们和实验技术人员的辛勤劳动，吸取了无机研究所老师们的最新科研成果。兄弟院校的宝贵教学经验和历届学生的教学实践给了我们很多有益的启示，谨致谢忱。

因编写者水平有限，书中如有不确切之处，请广大读者不吝指正。

编　者

2002 年 2 月

目　　录

绪　　论

化学是一门以实验为基础的学科。化学理论和规律的形成大多建立在对大量实验资料分析、概括、综合和总结的基础上；而进一步的实验又为理论的完善、发展和应用提供依据。

化学实验是化学教学中一门独立的课程，贯穿化学教学的始终，也是实施全面化学教学、提高化学能力最有效的形式。化学实验教学的目的不仅是传授化学实验基本技能和方法，更重要的是借助实验这一途径培养学生动手、科学思维、协作等多方面的能力进而提高其素质。通过化学实验课学生应受到以下三个层次的训练：首先是掌握基本操作，正确使用仪器，取得正确实验数据，正确记录和处理实验数据及表达实验结果；其次根据实验现象和外部信息资源对实验作出分析、判断和推理，综合运用实验方法和技能；最后正确设计实验和解决实际问题。应把培养学生实事求是的科学态度、勤俭节约的优良作风、相互协作的团队精神和勇于开拓创新的意识始终贯彻于实验教学始终。

无机化学实验作为大学化学实验学习的入门课，在培养学生扎实的实验技能、良好的实验习惯和科学的思维方式等方面起着重要作用。此外也为其后续课程的学习、进行科学研究和参与实际工作打下良好的基础。

1．无机化学实验目的

(1)使学生通过实验获得感性知识，加深和巩固对化学基本理论、基本知识的理解；进一步掌握常见元素及其化合物的性质和反应规律；了解无机化合物的一般提纯和制备方法。

(2)对学生进行严格的化学实验基本操作和基本技能的训练，掌握一些常用仪器的使用和维护。

(3)培养学生基本的实验能力，例如动手能力，观察和分析实验现象的能力，正确测定、记录和处理实验数据的能力，正确阐述实验结果的能力等。初步锻炼学生独立进行、组织和设计实验的能力。

(4)培养学生严谨的科学态度、良好的实验习惯和环境保护意识。

(5)提高学生对化学的兴趣。

2. 无机化学实验的学习方法

要达到上述目的,不仅要有积极向上的学习态度,还需要有正确的学习方法。做好无机化学实验必须充分重视以下四个环节:

a. 预习

充分预习是做好实验的前提和保证,也是培养学生自主学习的形式之一。实验课是在教师指导下由学生独立完成的,学生是实验课的主体,因此只有在课前充分理解实验原理、操作要领,明确待解决的问题、了解如何做和为什么这样做,才能主动和有条不紊地进行实验,取得应有的效果,并感受到做实验的意义和乐趣。

预习须做到以下几点:

(1)钻研实验教材。阅读实验教材及其他参考资料的相应内容。理解实验原理,明了有关实验操作的要领和仪器的使用方法,找出顺利完成实验的关键步骤或方法。了解实验的注意事项,熟悉安全注意事项。

(2)合理安排好实验。在熟悉实验内容的基础上,需要对实验内容的操作过程做一个合理的时间规划。例如,干燥的器皿或热水应提前做准备;为避免等候使用公用仪器而浪费时间可适当调整实验先后顺序,对实验过程做到心中有数,对实验进度有全盘地把握。

(3)撰写预习报告。预习报告不是简单地誊写实验讲义上的内容,而是在对实验过程充分把握的基础上用自己的方式对实验过程的总结和提炼,切忌原封不动地照抄实验教材。预习报告要求写在同一预习报告本上,预习报告本需编好页码,不得出现缺页或撕页的现象。预习报告的内容大致包括:①实验标题、实验的日期、天气状况、同组同学姓名等;②实验目的和原理(用简练的语言描述);③实验步骤,可以用反应式、流程图等表示,并留出适当的位置记录实验现象,或设计一个记录实验数据和实验现象的表格等;④实验中的注意事项,如使用药品的毒性及防护,仪器使用的注意事项等。总之,好的预习报告,不但有助于实验的顺利进行,还能帮助理解实验。在实验过程中,好的预习报告可以代替实验教材起到指引实验的目的。

b. 讨论

实验教学是一个师生互动学习的过程,因此对实验而言讨论是十分重要的。一般实验讨论安排在学生动手开始实验之前,讨论内容基本包括:

（1）对实验原理和方法的讨论，教师可通过提问的形式指出实验的关键，由学生回答，以加深对实验内容的理解并检查预习情况。

（2）教师或学生进行实验中操作的示范及讲评。

（3）对上次实验进行总结与评述；不定期举行实验专题讨论，交流实验方面的心得体会，对实验方法进行总结。

在讨论时，应集中注意力，积极发言，取长补短，集思广益。

c．实验

实验过程中应注意以下几点：

（1）规范操作。

基本操作训练是大学初级阶段实验学习的第一要务，操作的规范程度直接决定实验结果的好坏。实验时要遵循实验要求认真、正确地操作，多动手、动脑，仔细观察、积极思考并及时、如实地做好记录。要善于合理和充分地安排时间，以便有充裕的时间进行实验和思考。遇到问题，及时与指导老师沟通。

（2）仔细观察记录并分析实验现象。

在实验中物质的状态和颜色的变化，沉淀的生成和溶解，气体的产生，反应前后温度的变化等都属于实验现象。对现象的观察是积极思维的过程，善于透过现象看本质是科学工作者必须具备的素质。

① 要学会观察和分析现象。

例一，用碘化钾-淀粉试纸检验有无氯气生成。

实验现象：最初试纸变蓝，过一段时间后蓝色逐渐褪去。

现象分析：最初生成的 Cl_2 使 I^- 氧化为 I_2，试纸变蓝，但继续生成的 Cl_2 能将 I_2 进一步氧化成为 IO_3^-，所以蓝色褪去。

例二，为了证实三草酸合铁（Ⅲ）酸钾的 $C_2O_4^{2-}$ 是否位于配合物内界，将 $CaCl_2$ 溶液加入到此化合物溶液中。

实验现象：最初溶液出现微弱的浑浊，随着放置时间增长，沉淀量增多。

现象分析：溶液中存在如下的平衡：

$$[Fe(C_2O_4)_3]^{3-} \rightleftharpoons Fe^{3+} + 3C_2O_4^{2-}$$

Ca^{2+} 的加入，生成难溶的 CaC_2O_4，使得平衡向配离子解离方向移动，所以沉淀随着放置时间的增长而增多。而本实验应以最初加入 Ca^{2+} 时的实验现象作为判断 $C_2O_4^{2-}$ 是否位于配合物内界的依据。

② 观察时要善于识别假象。

例如，为了观察有色溶液中沉淀的颜色，应将溶液与沉淀分离，并洗涤沉淀，以排除溶液颜色对沉淀颜色的干扰。通常浅色沉淀的颜色会被深色沉淀的颜色所掩盖，为了判断浅色沉淀的存在，可选用一种试剂，使深色沉淀溶解转入溶液后再观察。如 AgI 和 AgCl 共存时，AgI 的黄色会掩盖 AgCl 的白色，因此先将 I^- 氧化再用 Ag^+ 检测 Cl^-。

③ 应该及时和如实地记录实验现象，学会正确描述。

例如：溶液中有灰黑色固体碘生成，就不能描述成"溶液变成灰黑色"。如果实验现象与理论不符，应首先尊重实验事实。不要忽视实验中的异常现象，更不要因实验的失败而灰心，而应仔细分析其原因，做些有针对性的空白试验或对照试验(即用蒸馏水或已知物代替试液，用同样的方法、在相同条件下进行实验)，以利于查清现象的来源。例如，检查所用的试剂是否使用正确或失效，反应条件是否控制得当等。千万不要放过这些提高自己科学思维能力与实验技能的机会。

(3)正确记录实验数据。

实验中现象和数据均需记录在实验记录本的相应位置上。要详细注明数据所指代的物理量及物理量的单位等。重复测定时，即使数据完全相同，也要记录下来，因为这表示另一次操作的结果。注意数据的表达要与实验的方法或仪器的精密度相匹配。当数据较多时最好用表格的形式记录。

记录要求及时、实事求是，绝不能拼凑或伪造，也不能掺杂主观因素。如果记录后发现读错或测错，应将错误圈去重写(不得涂改或抹掉)，并简要注明理由，便于找出原因。

d. 实验报告

做完实验后，要及时写实验报告，将感性认识上升为理性认识。实验报告要求文字精练、内容确切、书写整洁，应有自己的看法和体会。实验报告内容包括以下几部分：

(1)实验流程，包括实验目的、简明原理、步骤(尽量用简图、反应式、表格等)、装置示意图等。

(2)记录部分，包括测得的数据、观察到的实验现象。

(3)实验结论，包括数据的处理，现象的分析与解释，结果的归纳与讨论及对实验的改进意见等。这部分是实验报告的书写核心，也是考核学生对实验掌握程度的主要依据。尤其是对现象的分析和讨论及对实验的改进部分，体现了学生对实验的反思，是学生提高实验能力的有效途径，也为后续研究型实验和独立科学工作的开展打下良好的基础。因此学生在书写实验报告时应对这一部分给予足够地重视。

本书各实验的思考题，有些是帮助理解实验原理和操作，有些是引导实验者做好总结，有些则是通过个别实验认识一类物质或一类反应，领悟处理同类问题的方法。书写实验报告时，应根据自己的实验情况，将对实验数据、现象的分析和归纳与回答思考题结合起来。对某个思考题的回答往往也是对实验的小结，这样做，比孤立回答思考题收益更大。

至于实验报告的格式，不作统一规定。可以根据不同类型实验（如定量测定、元素性质、化合物制备等）的特点，自行设计出最佳格式。

以上介绍了常规实验的学习方法，下面结合无机化学实验中其他一些类型实验的特点就其学习方法做一简要的补充说明。

a. 试管实验

除了通常在烧杯中进行的化学实验外，无机化学实验中涉及的一些实验，特别是元素性质实验是在试管中进行的。试管反应具有消耗药品少、快速、机动灵活的特点，进行试管实验时必须做到：

（1）以研究的态度，求实探索的精神去进行实验。

同样内容的试管实验，各人的实验现象不尽相同。原因可能是多方面的，如试剂的用量、加入的顺序、酸化（或碱化）的程度，甚至加入试剂的速度有所不同，现象就会有差异。因此，应根据实验事实去思考和分析。

（2）要善于归纳和对比。

化合物制备和常数测定类实验的主题非常明确，而试管实验是由多个小实验组成，内容多而杂。因此，对这类实验特别要学会归纳和对比，领会各反应的内在联系与本质差别，掌握它们的个性和共性。对反应需要经过多次实验才能有较为完整和深入地认识，应该在适当的时候，进行阶段性总结。

（3）试剂的用量和加入方法应恰当。

试管实验所用试剂的量应遵循"宜少勿多，由少到多"的原则。过多使用试剂，不仅会延长反应时间，还会引发副作用。实验时应先加少量试剂，现象不明显时，再逐渐增加试剂的用量。少量试剂是指取 $0.5 \sim 1.0$ mL 的液体试剂或体积如绿豆般大小的固体试剂。应注意"滴加"与"加入"操作的区别，滴加是指每加一滴试剂后都必须摇匀，观察后再加入下一滴试剂；而加入是指一次性加入试剂。有时也用"滴入"的操作加入试剂，这种操作常用于试剂稍稍过量而无甚影响的反应。无论哪种加法，只有将试剂混匀后出现的实验现象才能代表某反应的真实现象。加入试剂，摇匀之前，溶液表面出现的现象只是给人以预示。为了方便摇荡试管，内容物总体积不宜超过试管总容量的 1/3。

（4）做好实验记录。

上面提到试管实验内容多而杂，并且实验现象也很多。所以做好实验记录对于后续实验的分析是非常重要的。在预习时可先在相应位置预留出实验现象记录处，以便能更方便和准确地记录每个小实验的实验现象。

b. 研究型实验

化学实验教学有两种模式：一种是在既定时间内按已有方案在教师指导下完成实验内容，以训练学生实验操作、技能为主；另一种是时间和内容在一定范围内可以由学生自由选择，自定实验方案，旨在培养学生独立研究的能力。后者往往以设计实验或者研究型实验的形式进行。学生可自由组成实验研究小组，自行查阅资料选择实验内容，制订实验方案；向指导老师报告实验的意义、目的以及创新点，与指导教师讨论方案的可行性；其后向实验室提交所需要的仪器、设备和化学试剂清单；最后进行独立实验。设计实验除了在规定的实验时间内进行外，还可以在开放实验室进行。设计实验多在学生已经掌握了一定的实验技能和方法后开设，学时较一般实验长。设计实验注重实验过程中学生的自主学习能力和体验的培养，实验结果的好坏并不重要。实验结束后可组织学生进行报告和交流，以提升其对实验过程的认识和理解。具体间本书第五部分综合研究型实验指导。

实验教学是一个师生互动学习的过程，除了传统的面对面的实验教学方法外，使用音像教材和多媒体课件也是实验教学中一种声形并茂的教学方法。配合实验教学进度，观看教学录像片和多媒体课件，将会很好地帮助学生预习实验，扩大知识面。音像教材和多媒体课件的使用可以用较短的时间概括与演示某类基本操作技术、仪器的正确使用和高难度合成方法的介绍，在实验教学中具有独特的作用，是目前普遍采用的一种实验教学方法。此外，利用课程网站进行网络教学也是一种很好的师生互动学习模式。

3. 无机化学实验课考核方法与成绩评定

a. 考核方法

无机化学实验课程的考核方法是：平时单个实验累计积分加期末考试成绩的综合评定。平时单个累计积分要求对每个开设的实验都制定出具体的评分准则，包括实验预习、基本操作、实验结果、实验报告和实验室公益劳务等。其中对实验结果一项要求更为具体。例如：由粗食盐制备试剂级氯化钠实验中，$BaCl_2$、$NaCO_3$ 和 HCl 的用量、提纯后氯化钠的外观、产率和质量鉴定结果等都纳入了实验结果的具体评分细则中。期末考试是对实验教学状况的全面考核，一般根据学习要求采用笔试和操作两种方式。

b. 成绩评定

总评成绩评定采取平时成绩和期末考试成绩相结合。无机化学实验中平时成绩占 60% ~ 70% ，期末考试成绩占 30% ~ 40% 。总评成绩以百分制记。

4. 无机化学实验室规则

除了遵守化学与分子科学学院的实验室规则外，还要求：

(1)实验前充分预习，写好预习报告，否则不得进行实验。

(2)提前 5min 进入实验室，为实验做好准备。

(3)实验时保持实验室安静，不得打闹、大声喧哗。

(4)认真完成规定实验，如果对实验步骤和操作有改动或希望做规定内容以外的实验，应先与指导老师商洽，得到允许后方可进行。

(5)实验过程中，保持实验台面的干净整洁。药品仪器应整齐地摆放在规定位置，用完后立即归还。有腐蚀性或污染的废物应倒入废液桶或指定容器内。火柴梗、碎玻璃等废物倒入垃圾箱中，不得随地乱扔。

(6)实验结束后，将实验记录交指导老师检查，老师签字后方能离开实验室。按时交实验报告。

(7)离开实验室前，应将实验仪器清洗干净、做好个人的台面卫生并洗手。实验柜的钥匙需归还到钥匙柜中，不得将钥匙带离实验室。

(8)各实验台轮流值日，打扫实验室内公共清洁卫生，关好窗户、水、电，检查钥匙归还状况。

5. 无机化学实验室安全操作

在进行化学实验时，"安全"始终是首要关心的问题。安全操作对保证实验顺利进行，保证个人和他人的安全，保证国家集体财产不受损失均是至关重要的。

a. 安全措施

(1)必须熟悉实验室及其周围的环境，如水、电、煤气、灭火器、洗眼器、紧急喷淋等的放置位置和开关，并熟悉其使用方法。实验完毕后应立即关闭水龙头、煤气龙头、拔下电源插座，切断电源。

(2)遵守实验室着装要求，穿实验服、戴防护眼镜。

(3)一切有毒、有刺激性试剂的操作都必须在通风橱内进行。易燃、易爆的操作要远离火源。

(4)不得用手直接取用药品。加热、浓缩溶液时，需戴防护眼镜，不能俯视加热液体；加热试管时，试管口不能对人。加热样品时，手不要触碰加热盘以免烫伤，电源线尽量远离加热盘以免损坏绝缘皮造成触电。

(5)严禁在实验室内饮食或做与实验无关的活动。

(6)使用有毒药品(如汞、砷化物、氰化物等)，应将废液或废物集中回收处理，不得倒入下水道。常用酸碱具有强腐蚀性，避免洒在衣服或皮肤上。

(7)不允许将化学药品随意混合，以免引起意外事故，自行设计实验必须与老师协商取得同意后方可进行。

b. 实验室中意外事故的急救处理

(1)割伤。先将异物排出，用生理盐水或硼酸液擦洗，涂上紫药水或撒些消炎粉包扎，必要时送医院治疗。

(2)烫伤。涂敷烫伤膏或万花油。

(3)酸和碱腐蚀、伤害皮肤和眼睛时，除浓硫酸外一般均可先用大量水冲洗。酸腐蚀致伤可用饱和碳酸氢铵，3%～5%碳酸氢钠或稀氨水冲洗；对于碱腐蚀致伤可用食用醋、5%醋酸或3%硼酸冲洗，最后用水冲洗。

(4)吸入刺激性或有毒气体(如氯、氯化氢)时，可吸入少量酒精和乙醚的混合蒸汽解毒。因吸入硫化氢感到不适(头晕、胸闷、呕吐)时，立即到室外呼吸新鲜空气。

(5)起火。起火时首先不要慌张，沉着冷静，选择适合有效的灭火方式。一般起火可用湿布或沙子覆盖燃烧物，大火时用水或灭火器。凡是活泼金属、有机溶液、电器着火、切勿用水或泡沫灭火器，只能用防火布、消防沙等。

(6)不慎触电或发生严重漏电时，立即切断电源，再采取必要的处理措施。

第一部分 化学实验基本知识、基本操作技能与常用仪器设备的使用

一、基本知识、基本操作

1. 常用玻璃仪器的洗涤和干燥

a. 无机化学实验常用仪器名称

烧杯
beaker

锥形烧瓶
conical flask

蒸发皿
evaporating basin

表面皿
watch glass

离心试管
centrifugal test-tube

普通试管
test-tube

试管夹
test-tube clamp

药 勺
spatula

研钵
mortar and pastal

坩埚
crucible

坩埚钳
crucible tongs

三脚架
trilpod

泥三角
wire triangle

石棉网
asbestos center gauze

碘量瓶
iodine flask

滴瓶　细口瓶　广口瓶
reagent bottle

水浴锅
water bath

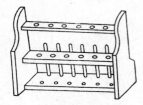

试管架
test-tube rack

干燥器
desiccator

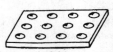

点滴板
spot plate

毛　刷
hair brush

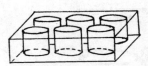

井穴板
hole plate

磨口圆底烧瓶
ground-in round flask

漏斗 长颈漏斗
funnel

分液漏斗
separating funnel

吸滤瓶和布氏漏斗
filter flask and buchner funnel

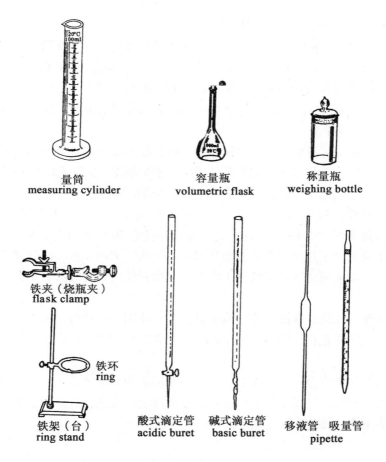

量筒
measuring cylinder

容量瓶
volumetric flask

称量瓶
weighing bottle

铁夹（烧瓶夹）
flask clamp

铁环
ring

铁架（台）
ring stand

酸式滴定管
acidic buret

碱式滴定管
basic buret

移液管　吸量管
pipette

图 1-1

b. 玻璃仪器的洗涤

化学实验经常会使用各种玻璃仪器(见图 1-1)。如用不洁净的仪器进行实验，往往得不到准确的结果，所以应该保证所使用仪器的洁净。

玻璃仪器洗涤的方法很多，应当根据实验要求、污物的性质和仪器性能选择不同方法。一般说来，附在仪器上的污物有可溶性物质，也有尘土和油污等不溶性物质。还有油污和某些化学物质。针对具体情况，可分别采用下列方法洗涤：

（1）用水刷洗。

用毛刷刷洗仪器，既可以洗去可溶性物质，又可以使附着在仪器上的尘土和其他不溶性物质脱落。应根据仪器的大小和形状选用合适大小和形状的毛刷，注意避免毛刷的铁丝撞破或损伤仪器。

（2）用去污粉或合成洗涤剂刷洗。

去污粉中含有碱性物质碳酸钠，合成洗涤剂含有表面活性剂。它们都能除去仪器上的油污。用水刷洗不净的污物，可用去污粉、洗涤剂或其他药剂洗涤。先把仪器用水湿润（留在仪器中的水不能多），再用湿毛刷沾少许去污粉或洗涤剂进行刷洗。最后用自来水冲洗，除去附在仪器上的去污粉或洗涤剂。

（3）用洗液洗。

在进行精确的定量实验时对仪器的洁净程度要求较高，或所用仪器容积精确、形状特殊，不能用刷子刷洗时，可用洗液如铬酸洗液①、碱性高锰酸钾洗液、NaOH-乙醇洗液等清洗。一般洗液具有很强的氧化性和去污能力。

用洗液洗涤仪器时，往仪器内加入少量洗液（用量约为仪器总容量的1/5），将仪器倾斜并慢慢转动，使仪器内壁全部为洗液润湿。再转动仪器，使洗液在仪器内壁流动，洗液流动几圈后，把洗液倒回原瓶，最后用水把仪器冲洗干净。如果用洗液浸泡仪器一段时间，或者使用热的洗液处理，则洗涤效果更好。

洗液有很强的腐蚀性，要注意安全，小心使用。洗液可反复使用，铬酸洗液直到它变成绿色（CrO_4^{2-} 被还原成 Cr^{3+} 的颜色），就失去了去污能力，不能继续使用。

能用别的洗涤方法洗干净的仪器，一般不要用铬酸洗液洗，因为它具有毒性。使用洗液后，先用少量水清洗残留在仪器上的洗液，洗涤水不要倒入下水道，应集中统一处理。

（4）特殊污物的去除。

根据附着在器壁上污物的性质、附着情况，采用适当的方法或选用能与它作用的药品处理。例如，附着器壁上的污物是氧化剂（如二氧化锰）就用浓盐酸等还原性物质除去；若附着的是银，就可用硝酸处理；如要清除活塞内孔的凡士林，可用细铜丝将凡士林捅出后，再用少量的有机溶剂（如 CCl_4）浸泡。还可利用超声波仪进行洗涤，也可达到很好的效果。

用以上各种方法洗净的仪器，经自来水冲洗后，往往残留有自来水中的 Ca^{2+}、Mg^{2+}、Cl^- 等离子，如果实验不允许这些杂质存在，则应该再用蒸馏水（或去离子水）冲洗仪器 $2 \sim 3$ 次。少量（每次用蒸馏水量要少）、多次（进行多

---

① 铬酸洗液的配法：用烧杯称取一定量的 $K_2Cr_2O_7$ 固体，加入一倍重的水，稍加热使它溶解，边搅拌边徐徐加入体积为 $K_2Cr_2O_7$ 重量18倍的浓 H_2SO_4，即得3%的铬酸洗液。配制时放出大量的热，应将烧杯置石棉网上，以免烫坏桌面。

次洗涤)是洗涤时应该遵守的原则。为此,可用洗瓶使蒸馏水成一股细小的水流,均匀地喷射到器壁上,然后将水倒掉,如此重复几次。这样,既可提高洗涤效率又节约蒸馏水。

仪器洗净的标准为:水能顺着器壁流下,器壁上只留一层均匀的水膜,无水珠附着在上面。已经洗净的仪器,不能用布或纸等去擦拭内壁,以免布或纸的纤维留在器壁上沾污仪器。用完的仪器应及时洗涤干燥备用。

a. 玻璃仪器的干燥

洗净的玻璃仪器的干燥可选用以下方法:

(1)晾干。

干燥程度要求不高又不急等用的仪器,可倒放在干净的仪器架或实验柜内,任其自然晾干。倒放还可以避免灰尘落入,但必须注意放稳仪器。

(2)吹干。

急需干燥的仪器,可采用吹风机或"玻璃仪器气流烘干器"等吹干。使用时,一般先用热风吹玻璃仪器的内壁,干燥后,吹冷风使仪器冷却。

如果先加少许易挥发又易与水混溶的有机溶剂(常用的是乙醇或丙酮)到仪器里,倾斜并转动仪器,使器壁上的水与有机溶剂混溶,然后将其倾出再吹风,则干得更快。

(3)烤干。

有些构造简单、厚度均匀的小件硬质玻璃器皿,可以用小火烤干,以供急用。

烧杯和蒸发皿可以放在石棉网上用小火烤干。试管可以直接用小火烤干,用试管夹夹住靠试管口的一端,试管口略为向下倾斜,以防水蒸气凝聚后倒流使灼热的试管炸裂。烘烤时,先从试管底端开始,逐渐移向管口,来回移动试管,防止局部过热。烤到不见水珠后,再将试管口朝上,以便把水汽烘干。烤热了的试管在石棉网上冷却后方能使用。

(4)烘干。

能经受较高温度烘烤的仪器可以放在电热或红外干燥箱(简称烘箱)内烘干。如果要求干燥程度较高或需干燥的仪器数量较多,使用烘箱就很方便。

烘箱附有自动控温装置,烘干仪器上的水分时,应将温度控制在 $105 \sim 110℃$ 之间。先将洗净的仪器尽量沥干,放在托盘里,然后将托盘放在烘箱的隔板上。一般烘 1h 左右,就可达到干燥目的。等温度降到 50℃ 以下时,才可取出仪器。

请注意,带有刻度的计量仪器如移液管、滴定管等不能用加热的方法进行干燥,因为热胀冷缩会影响它们的精密度。如需干燥可采用晾干或有机溶剂干燥,吹干则应用冷风。

2. 加热方法

a. 加热用器具和装置及其使用方法

加热是化学实验中常用的实验手段。加热装置除了常见的酒精灯、酒精喷灯、煤气灯外,常见的还有电加热、微波加热和红外加热等。常见的加热方法有直接加热和间接加热,间接加热又有水浴、油浴、沙浴等。间接加热的特点是受热均匀。下面就上述装置和方法做一简单介绍。

(1)煤气灯。

煤气灯的式样虽多,但构造原理基本相同。最常用的煤气灯的构造如图1-2 所示。它由灯管和灯座两部分组成。灯管下部内壁有螺纹,可与上端有螺纹的灯座相连,灯管的下端有几个圆孔,为空气入口。旋转灯管,即可关闭或不同程度地开启圆孔,以调节空气的进入量。灯座的侧面有煤气入口,用橡皮管把它和煤气龙头相连。灯座另一侧面(或下方)有一螺旋针阀,用来调节煤气的进入量。

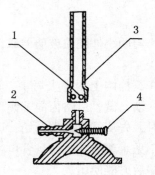

图 1-2　煤气灯的构造
1—空气入口　2—煤气入口　3—灯管　4—螺旋针阀

煤气灯的使用方法如下:

① 旋转灯管,关小空气入口。先擦燃火柴,再稍打开煤气灯龙头,将点燃的火柴在灯管口稍上方将煤气灯点燃。调节煤气龙头,或灯座的螺旋针阀,使火焰保持适当高度。

② 旋转灯管,逐渐加大空气进入量,使其成正常火焰。

③ 使用后，直接将煤气龙头关闭。

煤气和空气的比例合适时，煤气燃烧完全，这时火焰分为3层，称为正常火焰，见图1-3和表1-1。正常火焰的最高温度区在还原焰顶端的氧化焰中，温度可达 800～900℃。实验时一般都用氧化焰加热，根据需要调节火焰的大小。

表 1-1　　　　　　　　　　　　正常火焰各部位的性质

名　称	火焰颜色	温度	燃 烧 情 况
焰心(内层)	灰　黑	最低	煤气和空气混合，并未燃烧
还原焰(中层)	淡　蓝	较高	燃烧不完全
氧化焰(外层)	淡　紫	最高	燃烧完全

如果空气或煤气的进入量调节得不合适，会产生不正常的火焰。当空气的进入量过大或煤气和空气的进入量都很大时，火焰会脱离管口而临空燃烧，这种火焰称"临空火焰"(见图1-4b)；当煤气进入量很小(或中途煤气供应量突然减小)而空气的进入量大时，煤气会在灯管内燃烧，这时往往会听到特殊的噗噗声和看到一根细长的火焰，这种火焰称为"侵入火焰"(见图1-4c)。它将烧热灯管，此时切勿用手摸灯管，以免烫伤。遇到临空火焰或侵入火焰时，均应关闭煤气龙头，重新调节和点燃。

当灯管空气入口完全关闭时，煤气燃烧不完全，部分分解产生碳粒，火焰呈黄色，不分层，温度不高(见图1-4a)。

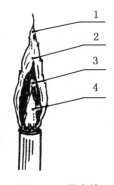

图1-3　正常火焰

1—氧化焰　2—最高温区
3—还原焰　4—焰心

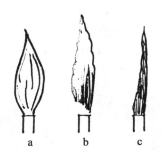

图1-4　不正常火焰

a — 不分层火焰　b —临空火焰
c — 侵入火焰

（2）酒精喷灯。

常用的酒精喷灯有挂式（见图1-5）和座式（见图1-6）两种目前实验室常用的是座式。温度可达 700~900℃。

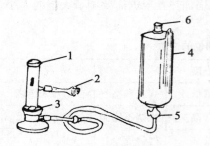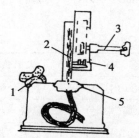

图1-5　挂式酒精喷灯　　　　　图1-6　座式酒精喷灯
1 — 灯管　2 — 空气调节器　3 — 预热盆　　　1 — 油孔　2 — 灯蕊　3 — 上下调火柄
4 — 酒精贮罐　5 — 开关　6 — 盖子　　　　　4 — 灯嘴　5 — 引火碗

挂式喷灯的灯管下部有一个预热盆，盆的下方有一支管，经过橡皮管与酒精罐相通。使用时先将储罐挂在高处，将预热盆装满酒精并点燃。待盆内酒精近干时，灯管已被灼热，开启空气调节器和储罐下部开关，从储罐流进热灯管的酒精立即气化，并与由气孔进来的空气混合，在管口点燃。调节灯管旁的开关，可以控制火焰的大小。用毕，关闭开关使火焰熄灭。点燃前灯管需充分预热，防止形成"火雨"。

座式酒精喷灯的酒精储罐在预热盆下面，当盆内酒精燃烧近干时，储罐中的酒精也因受热气化，与气孔进来的空气混合后在管口点燃。加热完毕后，用石棉板将管口盖上即可。

（3）电加热装置。

常用的电加热装置有电炉（见图1-7）、电加热套（见图1-8）、管式炉（见图1-9）、马福炉（见图1-10）等。

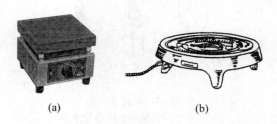

(a)　　　　　　　　　　　(b)

图1-7 电炉　　　　　　　　　　　　　图1-8 电加热套

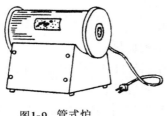

图1-9　管式炉

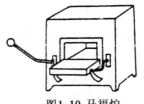

图1-10　马福炉

电炉和电加热套可以代替煤气灯或酒精灯加热盛于容器中的液体。电炉分封闭式(a)和敞开式(b)两种，目前常用的是封闭式电炉。用敞开式电炉时，需在加热容器和电炉之间垫一块石棉网，以便溶液受热均匀，还能保护电热丝。封闭式电炉则不需要。

管式炉是高温电炉的一种，它的式样有多种。利用电热丝或硅碳棒来加热，最高使用温度前者是950℃，后者可达1300℃。在管式炉中灼烧的样品，可装在耐高温的管状或舟状器皿中。如果被灼烧物在高温怕遇到空气或需某种气氛保护，可将穿过炉膛的瓷管或石英管的两头用带导管的塞子塞住，然后抽真空或通入某种气体。这是管式电炉的优点。

马福炉也是一种用电热丝或硅碳棒加热的高温电炉，炉膛是长方体，打开炉门就可容易地放入要加热的坩埚或其他耐高温器皿。

测量管式炉和马福炉的温度不能用一般的水银温度计，而要用热电偶和测温毫伏计配套组成的热电偶温度计。热电偶是将两根不同的金属(或合金)丝的一端焊接在一起组成的。使用时，把未焊在一起的那端连接到毫伏表的正负极上，焊接端伸入炉膛内。温度愈高，热电偶的热电势也愈大。由热电势的大小，可反映出温度的高低。

高温电炉一般配有一套温度控制系统，可以把炉温控制在某一温度附近。

(4)微波辐射加热

微波辐射加热常用的装置是微波炉。微波炉主要由磁控管、波导、微波腔、方式搅拌器、循环器和转盘六个部分组成。微波加热原理是利用磁控管将电能转换成高频电磁波，经波导入微波腔，进入微波腔内的微波经方式搅拌器作用，可均匀分散在各个方向。在微波辐射作用下，微波能量对反应物质的耗散通过极性分子旋转和离子传导两种机理来实现。极性分子接受微波辐射能量后，通过分子偶极以每秒数十亿次的高速旋转产生热效应，此瞬间变化是在反应物质内部进行的，因此微波炉加热叫做内加热(传统靠热传导和热对流过程的加热叫外加热)，内加热具有加热速度快、反应灵敏、受热体系均匀以及高效节能等特点。

不同类型的材料对微波加热反应各不相同。

① 金属导体：金属因反射微波能量而不被加热。

② 绝缘材料：许多绝缘材料如玻璃、塑料等能被微波透过，故不被加热。

③ 介质体：吸收微波并被加热，如水、甲醇等。

因此，反应物质常装在瓷坩埚、玻璃器皿和聚四氟乙烯制作的容器中放入微波炉内加热。微波炉加热物质的温度不能用一般的水银温度计或热电偶温度计来测量。

微波炉使用注意事项：

① 当微波炉操作时，请勿于门缝置入任何物品，特别是金属物体。

② 不要在炉内烘干布类、纸制品类，因其含有容易引起电弧和着火的杂质。

③ 微波炉工作时，切勿贴近炉门或从门缝观看，以防止微波辐射损坏眼睛。

④ 若欲定的时间短于 4min 时，则先将定时计扭转至超过 4min，再转回到所需要的时间。

⑤ 切勿使用密封的容器于微波炉内，以防容器爆炸。

⑥ 如果炉内着火，请紧闭炉门，并按停止键，再调校掣或关掉计时，然后拔下电源。

⑦ 经常清洁炉内，使用温和洗涤液清理炉门及绝缘孔网，切勿使用具腐蚀性清洁剂。

（5）红外线加热炉

红外辐射加热是另一种内加热方式。红外线加热炉首先是将电能转换为红外线，然后利用物体中分子对红外线的吸收产生热量，以达到加热的目的。与外加热方式和微波加热相比，红外辐射加热具有热效率高、使用面广、方便和环保等特点。目前红外线加热炉的面板通常采用陶瓷玻璃面板，此面板具有表面光滑、热导效率高、热均匀度好、耐磨损、抗化学腐蚀，可承受热震 700℃ 剧烈温度变化、易于清洁等特点，特别适合化学实验室使用。

图 1-11　红外线加热炉

下面就实验室常用的 SCHOTT 红外线加热板（SLK1 型）图 1-11 使用方法进行简要介绍：

① 开启电源。

将带加热容器放在加热圈内，插上电源后用手指触摸⊙键，数显窗口显示 0。

② 调节控制加热温度。

本款电炉的控温分为九段。触摸△或▽键，使显示 0～9，选择合适的加热温度。从 0～9，加热温度依次增高。

每挡对应的温度(C°)大约为：

挡位	1	2	3	4	5	6	7	8	9
温度(C°)	68	84	100	116	133	150	166	183	199

③ 关闭电源。

触摸⊙键，至数显窗口显示 H。

注意事项：

① 加热时不要用手接触炉面圈内部分，以免烫伤。

② 不要用硬物摩擦炉面。若不慎将溶液撒在加热面板上应及时擦净。

③ 不要加热强碱性溶液，以免溢出腐蚀加热面板。

(6) 水浴、砂浴和油浴。

当被加热的物质要求受热均匀，而温度又不能超过 373K 时，可用水浴加热。若把水浴锅中的水煮沸、用水蒸气来加热，即成蒸气浴。

图 1-12 是一个水浴锅，锅上面有配套大小不等的同心圆圈盖子以承受各种器皿。放置水浴中时应根据器皿的大小选用同心圈，应尽可能增大器皿受热面积。例如蒸发浓缩溶液，可将蒸发皿放在水浴锅的圆圈盖子上，把锅中的水煮沸，利用蒸气加热。(如实验 7 中 $CuSO_4 \cdot 5H_2O$ 溶液的浓缩结晶过程)有些实验，反应时间长，温度又不宜太高，希望溶液的蒸发速度慢一些，这时可选用锥形瓶在水浴中进行加热。锥形瓶的口小，蒸发速度慢，(如实验 18 中由白铁制备 $FeSO_4$ 的过程)水浴锅内盛水量不超过其总容量的 2/3，在加热过程中要随时补充水以保持原体积，切记不能烧干。

图 1-12　水浴锅

不能把烧杯直接放在水浴中加热，这样烧杯底会碰到高温的锅底，由于受热不均匀而使烧杯破裂，同时烧杯也容易翻掉。无机化学实验中常使用烧杯代替水浴锅,做简易水浴。此时用大小烧杯相套叠的方式进行。其中小烧杯套在一聚乙烯制的加热圈上,加热圈可卡在大烧杯口。

实验室中还有一种带有温度控制器的电热恒温水浴锅。电热丝安装在槽底的金属盘管内,槽身中间有一块多孔隔板,槽的盖板上开有4孔或6孔,每个孔上均有几个可以移动的同心圆圈盖子。做完实验后,槽内的水可从槽身的水龙头放出。使用之前,加入水浴锅容量2/3的水,使用过程中一定要注意补充水分,否则会烧坏水浴锅。

当被加热的物质要求受热均匀,而温度又要高于373K时,可使用砂浴或油浴。用油代替水浴中的水,即是油浴。砂浴见图1-13。砂浴是一个装有均匀细砂的铁制器皿。砂浴可以放在电炉或煤气灯上加热,为了增大受热面积,可将受热器皿埋得深一点。它的温度可达 373 ~ 473K,

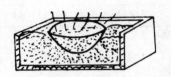

图1-13　砂浴加热

很适宜用来作熔矿的实验,缺点是上下层砂子有些温差。若要测量砂浴温度,可把温度计插入砂中。

b. 常用的加热操作

化学实验中使用的玻璃器皿,不能直接受热的有抽滤瓶、比色管、离心管、表面皿及一些量具(如量筒、容量瓶等);明火直接加热时要隔以石棉网的有烧杯、锥形瓶等;试管是可以直接置于火焰中加热的。有时也用陶瓷器皿(如蒸发皿、瓷坩埚)和金属器皿(如铁坩埚),它们可耐受较高的温度。无论玻璃器皿或陶瓷器皿,受热前均应将其外壁的水擦干,它们都不能骤冷和骤热,否则会使器皿破裂。如果加热有沉淀的溶液,应不断搅拌(搅棒不应碰撞器壁),防止沉淀受热不均而溅出。

下面分别介绍3种无机化学实验中常用的加热操作及注意事项。

(1)直接加热试管中的液体和固体。

加热液体时,首先注意液体的量不能超过试管高度的1/3。用试管夹夹在试管上部1/3处,试管稍倾斜,管口向上(见图1-14),管口不要对着人。加热时,应该使液体各部分受热均匀,为此,先加热液体的中、上部,再往下移动,然后不时地来回移动或振荡试管,不要集中加热某一部分。带有沉淀的溶液,加热时更要注意受热均匀(如在实验8中检验 KIO_3 与

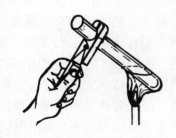

图1-14　加热试管中的液体

$CuSO_4$是否反应完全)。

热试管应该用试管夹夹住,悬放在试管架上,以免它接触骤冷而破裂。

在试管中加热固体时,药品应尽可能平铺在试管末端。可将试管固定在铁架台上,管口略向下倾斜(见图1-15)以防释放出来的水蒸气冷凝成水珠倒流,使试管灼热部位破裂。开始加热时,先移动灯焰将试管预热,由前端开始向末端移动,然后将灯焰固定在固体部位加热(如实验17中CaO_2的质量鉴定过程)。

图1-15 加热试管中的固体

(2)蒸发浓缩。

当溶液很稀而无机物的溶解度又较大时,为了能从中析出该物质的晶体,必须通过加热使溶剂(最常用的是水)不断蒸发,溶液不断浓缩,蒸发到一定程度后冷却,就可析出晶体。当物质的溶解度较大时,必须蒸发到溶液表面出现晶膜时才停止;如果物质的溶解度较小或高温时溶解度较大而室温时溶解度较小,可不蒸发到液面出现晶膜就冷却。若无机物对热是稳定的,可以直接加热(应预先均匀预热),否则要用水浴加热。

蒸发宜在蒸发皿中进行。蒸发皿口宽底浅,受热面积大,蒸发速度快。它有无柄蒸发皿(又称圆底蒸发皿)和有柄蒸发皿(又称平底蒸发皿)两种。每次蒸发溶液的量不能超过蒸发皿容积2/3,中途可以继续往蒸发皿中添加待蒸发的溶液,但添加次数不宜太多,应根据溶液的量,选择大小适当的蒸发皿。

(3)灼烧。

把固体物质加热到高温以达到脱水、分解、除去挥发性杂质等目的的操作称为灼烧。灼烧时可将固体放在坩埚、瓷舟等耐高温的容器中,用高温电炉或高温灯进行加热。

如果在煤气灯上灼烧固体,可将坩埚置泥三角上,用氧化焰加热(见图1-16)。开始时,先用小火烘烧,使坩埚受热均匀,然后逐渐加大火焰灼烧。灼烧到符合要求后,停止加热。先在泥三角上稍冷,再用坩埚钳夹至干燥器内放冷。

要夹取高温下的坩埚,必须使用干净的坩埚钳,而且应把坩埚钳放在火焰上预热一下。坩埚钳有两种用法:一种是用坩埚钳夹住坩埚身;另一种是用

图1-16 灼烧坩埚

坩埚钳的尖端夹持坩埚边沿。坩埚钳用后,应平放在石棉网上,钳尖向上,以保证坩埚钳尖端洁净。

3. 冷却方法

在化学实验过程中,往往需要采取降温冷却的方法来完成化学反应。降温冷却方法通常是将装有待冷却物质的容器浸入致冷剂中,通过容器壁的传热作用达到冷却的目的,在特殊情况下也可将致冷剂直接加入被冷却的物质中。冷却方法操作比较简单,在操作过程中,一般不易发生爆炸、着火等危险。实验室常用的冷却方法如下:

(1)流水冷却需冷却到室温的溶液,可用此法。将需冷却的物品直接用流动的自来水冷却。

(2)冰水冷却将需冷却的物品直接放在冰水中。

(3)冰盐浴冷却冰盐浴由容器和冷却剂(冰盐或水盐混合物)组成,可冷至273K以下。所能达到的温度由冰盐的比例和盐的品种决定。干冰和有机溶剂混合时,其温度更低。为了保持冰盐浴的效率,要选择绝热较好的容器,如杜瓦瓶等。

表1-2是常用的致冷剂及其达到的温度。

表1-2 **致冷剂及其达到的温度**

致 冷 剂	T/K	致 冷 剂	T/K
30 份 NH_4Cl + 100 份水	270	125 份 $CaCl_2 \cdot 6H_2O$ + 100 份碎冰	233
4 份 $CaCl_2 \cdot 6H_2O$ + 100 份碎冰	264	150 份 $CaCl_2 \cdot 6H_2O$ + 100 份碎冰	224
$29gNH_4Cl$ + $18gKNO_3$ + 冰水	263	5 份 $CaCl_2 \cdot 6H_2O$ + 4 份冰块	218
100 份 NH_4NO_3 + 100 份水	261	干冰 + 二氯乙烯	213
$75gNH_4SCN$ + $15gKNO_3$ + 冰水	253	干冰 + 乙醇	201
1 份 NaCl(细) + 3 份冰水	252	干冰 + 乙醚	196
100 份 NH_4NO_3 + 100 份 Na_2NO_3 + 冰水	238	干冰 + 丙酮	195

4. 简单玻璃加工操作

a. 截断

将玻璃管(玻璃棒)平放桌面边缘上,按住要截断的地方,用锉刀的棱边靠着拇指按住的位置，用力由外向内锉出一道稍深的锉痕（见图1-17），锉时应向一个方向略用力拉锉，不要来回乱锉。锉痕应与玻璃管垂直，这样折断后玻璃管的截面才是平整的。然后双手持玻璃管，锉痕向外，两拇指顶住锉痕的背后轻轻向前推，同时两手朝两边稍用力一拉，如锉痕深度合适，玻璃管即可折断（如图1-18）。如折断困难，可在原痕再锉一下，重新折断。

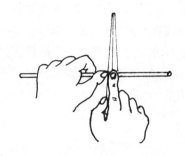

图1-17 截玻璃管

图1-18 折断玻璃管

b. 熔烧

玻璃管的截面很锋利，容易把手割破和割裂橡皮管，也难以插入塞孔内，所以必须熔烧圆滑。把玻璃管的截断面斜插入氧化焰中，不断地来回转动玻璃管，使断口各部分受热均匀（见图1-19）。直到受热处发红，先移至火焰附近转动一会，使红热部分慢慢冷却，再放在石棉网上冷至室温。灼热的玻璃管不能直接放在桌面上，以免烧焦桌面。

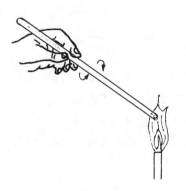

图1-19 熔烧玻璃管

玻璃棒的截断面也需用同法熔烧后使用。

熔烧时间不能过长，否则会使玻璃管断口收缩变小甚至封死，玻璃棒则会变形。

c. 弯曲

先将玻璃管用小火预热一下。然后双手持玻璃管，把要弯曲的地方斜插入氧化焰内，以增大玻璃管的受热面积（也可以在煤气灯上罩个鱼尾灯头，以扩大火焰，增大玻璃管受热面积）。要缓慢而均匀地向一个方向转动玻璃管，两手转速要一致、用力要均等，以免玻璃管在火焰中扭曲（见图 1-20）。加热到玻璃管发黄变软但未自动变形前，即可自火焰中取出，稍等 1～2 秒钟，使热量扩散均匀，再把它弯成一定的角度。使玻璃管的弯曲部分在两手中间的下方，这样可同时利用玻璃管变软部分自然下坠的力量。

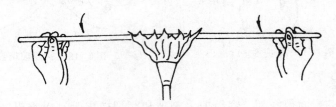

图 1-20　加热玻璃管

较大的角度可以一次弯成；较小的角度可以分几次弯成。先弯成一个较大的角度，然后在第一次受热部位稍偏左、稍偏右处进行第二次、第三次加热和弯曲，直到弯成所要求的角度。

弯曲时应注意使整个玻璃管在同一平面上。不能用力过猛，否则会使玻璃管弯曲处直径变小或折叠、扁塌。玻璃管弯好后置石棉网上自然冷却。

d. 拉伸

拉伸受热变软的玻璃管（或玻璃棒）可使它们变细。加热方法与弯玻璃管时基本相同，不过要烧得更软一些，玻璃管应烧到红黄色并稍有下凹时才能从火焰中取出，顺着水平方向边拉边来回转动，拉开至一定细度后，手持玻璃管，使它垂直下垂。冷却后，可按需要截断，即得到两根一端有尖嘴的玻璃管。

5. 化学试剂及其取用方法

a. 化学试剂的级别及保存

试剂的纯度对实验结果准确度的影响很大，不同的实验对试剂纯度的要求

第一部分 化学实验基本知识、基本操作技能与常用仪器设备的使用

也不相同。化学试剂按杂质含量的多少，分属于四个不同等级。表1-3是我国化学试剂等级标志与某些国家化学试剂等级标志的对照表。

表1-3　　　　　　　　　　化学试剂等级对照表

	级别	一级	二级	三级	四级
我国化学试剂等级标志	中文标志	保证试剂	分析试剂	化学纯	化学用
		优级纯	分析纯	纯	实验试剂
	符号	G. R.	A. R.	C. P.	L. R.
	标签颜色	绿	红	蓝	棕色等
德、美、英等国通用等级和符号		G. R.	A. R.	C. P.	
前苏联等级和符号		化学纯 хц	分析纯 цдА	纯 ц	

还有许多符合某方面特殊要求的试剂，如基准试剂、色谱试剂等。试剂的标签上写明试剂的百分含量与杂质最高限量，并标明符合什么标准，即写有GB(我国国家标准)、HG(化学工业部标准)、HGB(化工部暂行标准)等字样。同一品种的试剂，级别不同，价格相差很大，应根据实验要求选用不同级别的试剂。在用量方面也应该根据需要取用。

一般固体试剂装在广口瓶内，液体试剂装在细口瓶或滴瓶中。应该根据试剂的特性，选用不同的储存方法。例如：氢氟酸能腐蚀玻璃，就要用塑料瓶装；见光易分解的试剂(如 $AgNO_3$、$KMnO_4$ 等)则应装在棕色的试剂瓶中；存放碱的试剂瓶要用橡皮塞(或带滴管的橡皮塞)，不宜用磨砂玻璃塞，因为碱会跟玻璃作用，时间长了，塞子会和瓶颈粘住；反之，浓硫酸、硝酸对橡皮塞、软木塞都有较强的腐蚀作用，就要用磨砂玻璃塞的试剂瓶装，浓硝酸还有挥发性，不宜用有橡皮帽的滴瓶装。

每个试剂瓶都贴有标签，以表明试剂的名称、纯度或浓度。经常使用的试剂，还应涂一薄层蜡来保护标签。

b. 试剂的取用

取用试剂时必须遵守两个原则：一是不沾污试剂，不能用手接触试剂。瓶塞应倒置桌面上，取用试剂后，立即盖严，将试剂瓶放回原处，标签朝外。二是节约，尽量不多取试剂。多取的试剂不能倒回原瓶，以免影响整瓶试剂纯

25

度，应放在指定容器中另作处理或供他人使用。遵照这两条原则，请按以下方法取用液体试剂和固体试剂。

（1）液体试剂的取用。

① 从滴瓶中取用试剂。

取液时应先提起滴管，使管口离开液面，用手指捏瘪滴管的橡皮帽，再把滴管伸入液体中吸取。滴加液体时，滴管要垂直，这样量取液滴的体积才准确。滴管口应距离受器口 3 ~ 5mm（见图 1-21），以免滴管与器壁接触沾附其他试剂，否则，滴管插回原滴瓶时会污染瓶内试剂。注意不要倒持或平放滴管，这样试剂会流入橡皮帽，可能与橡胶发生反应，引起瓶内试剂变质。如果要从滴瓶中取出较多的试剂，可以直接倾倒。先把滴管内的液体排出，然后把滴管夹持在食指和中指之间，倒出所需要量的试剂。滴管不能随意放置，以免弄脏滴管。不准用自用的滴管到公用试剂瓶中取药。如果确需滴加药品，而试剂瓶又不带滴管，可把液体倒入离心管或小试管中，再用自用的滴管取用或用一次性滴管取用。

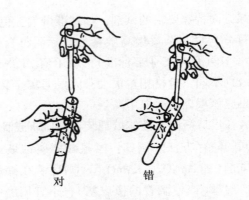

对　　　　　错

图 1-21　滴管的使用

② 用倾注法取用液体试剂。

倾注液体试剂时，应手心向着试剂瓶标签握住瓶子（有双面标签的试剂瓶，则应手握标签处），以免试剂流到标签上。瓶口要紧靠容器（或导流的玻璃棒），使倒出的试剂沿容器壁流下。倒出所需量后，瓶口不离开容器（或玻棒），稍微竖起瓶子，将瓶口倒出液体处在容器（或玻棒）上沿水平或垂直方向"刮"一下，然后再竖直瓶子。这样可避免遗留在瓶口的试剂流到瓶的外壁。万一试剂流到瓶外，务必立即擦干净。腾空倾倒试剂是不对的。

③ 有些实验(如许多试管里进行的反应),不必很准确量取试剂,所以必须学会估计从瓶内取出试剂的量,如 1mL 液体相当于多少滴,将它倒入试管中,液柱大约有多高等。如果需准确地量取液体,则要根据准确度要求,选用量筒、移液管或滴定管等精密量器量取。

(2)固体试剂的取用。

① 要用干净的药匙取固体试剂,用过的药匙要洗净擦干后才能再用。如果只取少量的粉末试剂,可用药匙柄末端的小凹槽挑取。

② 如果要把粉末试剂放进小口容器底部,又要避免容器内壁沾有试剂,就要使用干燥的容器,或者先把试剂放在平滑干净的纸槽上,再送进平放的容器中,然后竖立容器,用手轻弹纸槽,让试剂全部落下(注意,纸张不能重复使用)。

③ 把锌粒、大理石等粒状固体或其他坚硬且比重较大的固体装入容器时,应把容器斜放(用镊子将样品夹住送到容器口),然后慢慢竖立容器,使固体沿着容器内壁滑到底部,以免击破容器底部。

c. 固体试剂的干燥

(1)加热干燥。

根据被干燥物对热的稳定性,通过加热将物质中的水分变成蒸气蒸发出去。加热干燥可在常压下进行,例如将被干燥物放在蒸发皿内用电炉、电热板、红外线照射、各种热浴和热空气干燥等。除此之外,也可以在减压下进行,如真空干燥箱等。

加热干燥应注意控制温度,防止产生过热、焦烟和熔融现象,易爆易燃物质不宜采用加热干燥的方法。

(2)低温干燥。

一般指在常温或低于常温的情况下进行的干燥。可将被干燥物平摊于表面皿上,在常温常压下、在空气中晾干、吹干,也可在减压(或真空)下干燥,如用真空干燥器(见图1-22)。

有些易潮解或需要长时间保持干燥的固体,应存放在干燥器内。

干燥器是一种具有磨口盖子的厚质玻璃器皿。真空干燥器(不同于常压普通干燥器)其磨口盖子顶部装有抽气活塞。干燥器的中间放置一块带有圆孔的瓷板,用来承放被干燥物品。

图1-22　真空干燥器

干燥器的使用方法和注意事项：

① 在干燥器的底部放好干燥剂，常用的干燥剂有变色硅胶和无水氯化钙等。

② 在圆形瓷板上放上被干燥物，被干燥物应用器皿装好。

③ 在磨口处涂一层薄薄的凡士林，平推盖上磨口盖后，转动一下，（使凡士林更加均匀）密封好。

④ 使用真空干燥器时，必须抽真空。

⑤ 开启干燥器时，左手握住干燥器的下部。右手按住盖顶，向左前方推开盖子，见图1-23a。真空干燥器开启时应首先打开抽气活塞。

⑥ 搬动干燥器时，应用两手的拇指同时按住盖子，见图1-23b。防止盖子滑落打破。

⑦ 温度很高的物体应稍微冷却再放入干燥器内，放入后，要在短时间内打开盖子1～2次，以调节干燥器内的气压。

有些带结晶水的晶体，不能加热干燥，可以用有机溶剂（如乙醇、乙醚等）洗涤后晾干。

图1-23(a)　开启干燥器的操作　　　　　图1-23(b)　搬动干燥器的操作

6. 称量方法

常用的称量方法有直接称量法、固定称量法和递减称量法，现分别介绍如下：

a. 直接称量法

此法用于称量物体的质量，例如称量小烧杯的质量，容量器皿校正中称量某容量瓶的质量，重量分析实验中称量某坩埚的质量等。

例如称取一小烧杯的质量时，开启天平预热至稳定后天平进入称量模式，将小烧杯轻放在天平盘正中央，待天平读数稳定后显示的数值即为烧杯的质量，记录数据，取出烧杯。

b. 固定称量法

此法又称增量法，用于称量某一固定质量的试剂或试样（如基准物质）。要求被称物在空气中稳定、不吸潮、不吸湿，试样为粉末状、小颗粒（最小颗粒应小于 $0.1mg$，以便容易调节其质量）、丝状或片状。

固定质量称量法如图 1-24（a）所示。称取一定质量试样时，在称量容器或称量纸上方稍倾斜盛有试样的药匙，食指轻敲药匙柄的上部，使样品慢慢洒落入称量容器或称量纸。重复上述操作，直至试样质量符合指定要求为止。注意：若不慎加入试样超过指定质量，可取出多余试样，但不能放回原试剂瓶中。操作时不能将试样散落于容器以外的地方，如有洒落应及时清理。称好的试剂必须定量地完全转入接受容器中，此即所谓"定量转移"。

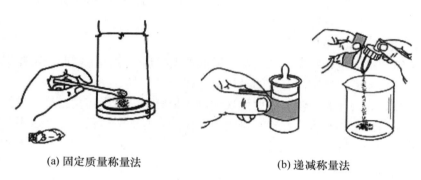

(a) 固定质量称量法   (b) 递减称量法

图 1-24　称量方法

c. 递减称量法

此法用于称量一定质量范围的试样。其样品主要针对易吸潮、易氧化以及与 CO_2 等空气成分反应的物质。由于此法称量试样的量为两次称量之差求得，故又称差减法或减量法。

递减称量法常用的称量器皿是称量瓶。称量瓶为带有磨口塞的小玻璃瓶，在使用前需洗净烘干，用时应用干净的纸带套住瓶身中部，再用手捏住纸带进行操作。以防止手的温度高或沾有汗渍等影响称量。

称量步骤如下：

（1）首先，从干燥器中用纸带（或纸片）取出称量瓶（注意：不要让手指直接触及称量瓶瓶身和瓶盖），并用纸片夹住称量瓶盖柄打开瓶盖；然后，用药匙加入适量试样（一般为称一份试样量的整数倍），盖上瓶盖，称出并记录称量瓶加试样后的准确质量 m_1。

(2)将称量瓶从天平上取出，在接收容器的上方倾斜瓶身，用称量瓶盖轻敲瓶口上部使试样慢慢落入容器中，瓶盖始终不要离开接受器上方(见图1-24(b))。

(3)当倾出的试样接近所需量(可从体积上估计或试重得知)时，一边继续用瓶盖轻敲瓶口，一边逐渐竖直瓶身，使黏附在瓶口的试样落回称量瓶，然后盖好瓶盖，准确称其质量 m_2。两次质量之差($m_1 - m_2$)，即为倒出试样的质量。按上述方法连续递减，可称量多份试样。有时一次很难得到合乎质量范围要求的试样，可重复上述称量操作 1～2 次。称错的样品不能倒回原试剂瓶中。

7. 容量仪器及其使用

实验室中常用的容量仪器有量筒和量杯、容量瓶、移液管和吸量管、可调式定量移液器。除此以外有时还会根据需要用到刻度烧杯和注射器等。下面对常用的容量器作一介绍：

a. 量筒和量杯的使用

量筒和量杯是精密度较低的最普通的玻璃量器，常用于量取一定体积的液体，可根据需要选择不同容量的量筒或量杯。

量筒量取液体时，将要量取的液体倒入量筒中，拇指与食指拎住量筒的上部，使量筒沿重心竖直，视线与量筒内液体的弯月面的最低处保持水平，读出量筒上的刻度，即为所量取液体的体积。

b. 容量瓶

容量瓶的容积比量筒准确，用来配制准确浓度的溶液。它是个细颈平底瓶，瓶口配有磨口玻璃塞，瓶颈刻有标线，瓶身标明使用温度和容量(表示在标明的温度下，液体充满至标线时的容积)。常用的容量瓶有 25mL，50mL，100mL，250mL，500mL 等多种规格。容量瓶不能加热，见光易分解的溶液应用棕色容量瓶。

容量瓶洗涤前应先检查瓶塞处是否漏水。为此，在瓶内加水至标线附近，塞好瓶塞用手顶住，另一只手将瓶倒立片刻，观察瓶塞周围是否有水漏出。如不漏，将瓶正立，把塞子旋转180°后塞紧，同法试验这个方向是否漏水。容量瓶和它的塞子配套使用，不能互换。检漏后，再按常规把容量瓶洗净。

用容量瓶配制溶液一般有溶解[①]转移、定容、摇匀四步。如果用固体物质配制溶液，应先在烧杯中把固体溶解，再把溶液转移到容量瓶中(见图1-25)，

---

① 注：对于浸润玻璃的透明液体，看凹液面下部；对浸润玻璃的有色或不透明的液体，要看凹液面上部；而对于不浸润玻璃的液体如水银，则要看凸液面的上部。)

然后用蒸馏水"少量多次"洗涤烧杯，洗涤液也转移到容量瓶中，以保证溶质的全部转移。再加入蒸馏水，当瓶内溶液体积达容积的 3/4 左右时，应将容量瓶沿水平方向摇动，使溶液初步混合（这样做，有何好处？此时为什么不能加塞倒置摇动？）。然后加蒸馏水至接近标线，稍等片刻，让附在瓶颈上的水全流入瓶内，再用滴管加水至标线（标线与弯月形液面最低处相切）。盖好瓶塞，用食指按住瓶塞，用另一只手的手指把住瓶底边缘（见图 1-26），将瓶倒转并摇动多次，使溶液混合均匀。嵌入瓶塞部分的溶液不易混匀，可将瓶塞打开，使它周围的溶液流下后，重新塞好再摇。

　　如果固体是加热溶解的，或溶解时热效应较大，要待溶液冷至室温才能转移到容量瓶中。

图 1-25　溶液转移到容量瓶中

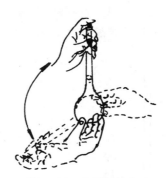

图 1-26　容量瓶的拿法

c. 移液管和吸量管

　　要求准确地移取一定体积的液体时，可用不同容量的量出式量器如移液管和吸量管。移液管的形状如图 1-27（a）所示。（中间膨大，上下两端为细管状）移液管只能移取固定体积（如 25.00mL，10.00mL 等）的溶液。在上管有标线，表明移液管移取液体的体积。吸量管如图 1-27（b）所示，全称"分度吸量管"，又称刻度移液管带有分刻度，最小分刻度有 0.1mL，0.02mL 等，用它可以量取非整数的小体积液体。每支移液管和吸量管上都标有使用温度和它的容量。

　　移液管和吸量管的使用方法如下：

　　（1）洗涤。

　　在洗涤前先检查管两端是否有缺损，刻度是否符合要求，然后依次用洗涤液、自来水、蒸馏水洗净，用滤纸将管下端内外的水吸去，最后用少量待移取的液体润洗三次，以免残留在管内壁的蒸馏水混进液体内。

　　管不要直接伸到试剂瓶中取液，应该将液体倒入干燥（或用该液体荡洗过)的容器中再取用。每次洗涤液的量,以液面刚达移液管膨大部分或吸量管约1/5处为宜。洗涤时,应用右手食指按住管口,左手扶住管下端,将管横持,一边慢慢开启食指,一边转动移液管,使洗涤液布满全管,然后放出洗涤液。

(2)吸液。

吸取液体时,右手拇指及中指拿住管体上端标线以上部位,使管下端伸入液面下约1cm(不应伸入太深,以免外壁沾有过多液体;也不要伸入太浅,以免液面下降时吸入空气)。左手拿洗耳球,先把球内空气挤出,再将它的尖嘴塞住管上口,慢慢放松洗耳球,管内液面随之上升,注意将管相应下移(见图1-28)。当液体上升到标线以上时,移开洗耳球,并迅速用右手的食指按住管口,把管提离液面。稍微放松食指,或用拇指和中指轻轻转动管,使液面缓慢、平稳地下降,直到液体弯月面与标线相切,立即按紧管口,使液体不再流出。如果移液管悬挂着液滴,可使移液管尖端与器壁接触,使液滴落下。

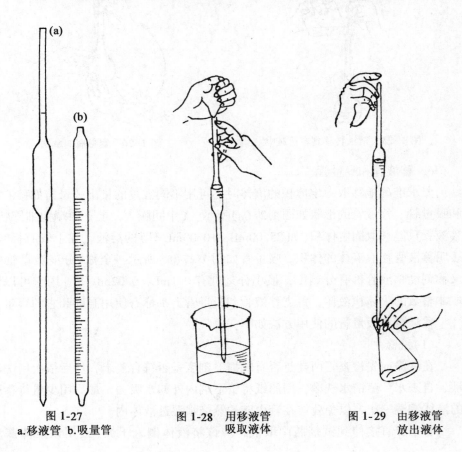

图 1-27
a.移液管 b.吸量管

图 1-28 用移液管
吸取液体

图 1-29 由移液管
放出液体

（3）放液。

取出移液管，把它的尖端靠在接受容器的内壁上，让容器倾斜而移液管垂直，抬起食指，让液体自然顺壁流下，见图1-29。等液体不再流出时，稍等片刻（约15s），再把移液管拿开。最后，移液管的尖端会剩余少量液体，不要用外力使它流出，因为标定移液管体积时，并未把这部分残留液体计算在标示体积之内。

但如果移液管上标有"吹"字，使用时需将残留在管尖的液滴吹出。还有些吸量管，分度线距离管尖尚差 1~2cm 处，应注意液面不能降至刻度线以下。

（4）移液管使用后，应用水洗净，放回移液管架上。

d. 滴定管

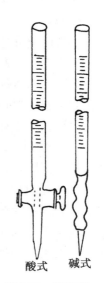

滴定管分酸式和碱式两种，如图 1-30 所示。酸式滴定管下端有一玻璃活塞；碱式滴定管下端用橡皮管与一段有尖嘴的小玻璃管连接，橡皮管内装一个玻璃珠，以代替玻璃活塞。除了碱性溶液应装在碱式滴定管内之外，其他溶液都使用酸式滴定管。目前还有一种滴定管是将酸式滴定管的玻璃活塞换成四氟乙烯活塞，此管可酸碱通用。

滴定管的使用方法如下：

（1）检漏、活塞涂凡士林。

使用滴定管前应检查它是否漏水，活塞转动是否灵活。若酸式滴定管漏水或活塞转动不灵，就应给活塞重新涂凡士林；碱式滴定管漏水，则需要更换橡皮管或换个稍大的玻璃珠。

酸式   碱式

图 1-30 滴定管

活塞涂凡士林的方法：将管平放，取出活塞，用滤纸条将活塞和塞槽擦干净，在活塞粗的一端和塞槽小口那端，全圈均匀地涂上一薄层凡士林。为了避免凡士林堵住塞孔，油层要尽量薄，尤其是在小孔附近；将活塞插入槽内时，活塞孔要与滴定管平行。转动活塞，直至活塞与塞槽接触的地方呈透明状态(即凡士林已均匀)。

（2）洗涤。

根据滴定管的沾污情况，采用相应的洗涤方法将其洗净。为了使滴定管中溶液的浓度与原来相同，最后还应该用滴定剂润洗 3 次(每次溶液用量约为滴定管容积的 1/5)，润洗液由滴定管下端放出。

（3）装液。

将溶液加入滴定管时，要注意使下端出口管处充满溶液，特别是碱式滴定管,其下端的橡皮管内的气泡不易被察觉,这样,就会造成读数误差。如果是酸式滴定管,可迅速地旋转活塞,让溶液急骤流出以带走气泡;如果是碱式滴定管,向上弯曲橡皮管,使玻璃尖嘴斜向上方(见图1-31),向一边挤动玻璃珠,使溶液从尖嘴喷出,气泡便随之除去。

图1-31 排除气泡

排除气泡后,继续加入溶液到刻度"0"以上,放出多余的溶液,调整液面在"0.00"刻度处。注意滴定管尖嘴处不要附着或悬挂液体。

(4)读数。

常用的滴定管的容量为50mL,它的刻度分50大格,每一大格又分为10小格,所以每一大格为1mL,每一小格为0.1mL。读数应读到小数点后两位。

注入或放出溶液后应稍等片刻,待附着在内壁的溶液完全流下后再读数。读数时,滴定管必须保持垂直状态,视线必须与液面在同一水平。对于无色或浅色溶液,读弯月面实线最低点的刻度。为了便于观察和读数,可在滴定管后衬一张"读数卡",读数卡是一张黑纸或中间涂有一黑长方形(约3cm×1.5cm)的白纸。读数时,手持读数卡放在滴定管背后,使黑色部分在弯月面下约1mm处,弯月面会反射成黑色(见图1-32),读取此黑色弯月面最低点的刻度即可。若滴定管背后有一条蓝线(或蓝带),无色溶液会形成了两个弯月面,并且相交于蓝线的中线上(见图1-33),读数时就读此交点的刻度。对于深色溶液如$KMnO_4$溶液、I_2水等,弯月面不易看清,则读液面的最高点。

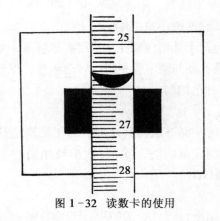

图1-32 读数卡的使用

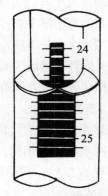

图1-33 滴定管读数

滴定时，最好每次都从 0.00mL 开始，这样读数方便，且可以消除由于滴定管上下粗细可能不均匀而带来的误差。

(5)滴定。

使用酸式滴定管时，手法如图 1-34 所示。必须用左手的拇指、食指及中指控制活塞，无名指与小指弯曲后抵住滴定管活塞下端的尖嘴处，旋转活塞的同时稍稍向内(左方)扣住。这样可避免把活塞顶松而漏液。要学会以旋转活塞来控制溶液的流速。

图 1-34 左手旋转活塞手法

使用碱式滴定管时，应该用左手的拇指及食指在玻璃珠所在部位稍偏上处，轻轻地往一边挤压橡皮管，使橡皮管和玻璃珠之间形成一条缝隙，溶液即可流出(见图 1-35)。要能掌握手指用力的轻重来控制缝隙的大小，从而控制溶液的流出速度。

滴定时，将滴定管垂直地夹在滴定管架上，下端伸入锥形瓶口约 1cm。左手按上述方法操纵滴定管，右手的拇指、食指和中指拿住锥形瓶的瓶颈，沿同一方向用腕力旋转锥形瓶，使溶液混合均匀，如图 1-36 所示，不要前后、左右摇动。

开始滴定时，无明显变化，液滴流出的速度可以快一些，但必须成滴而不是一股液流。随后，滴落点周围出现暂时性的颜色变化，但随着旋转锥形瓶，颜色很快消失。当接近终点时，颜色消失较慢，这时就应逐滴加入溶液，每加

图1-35 碱式滴定管下端的结构

图1-36 滴定

一滴后都要摇匀，观察颜色变化情况，再决定是否还要滴加溶液。最后应控制液滴悬而不落，用锥形瓶内壁把液滴沾下来(这样加入的是半滴溶液)，用洗瓶以少量蒸馏水冲洗瓶的内壁，摇匀。如此重复操作，直到颜色变化符合要求为止。

滴定完毕后，滴定管尖嘴外不应留有液滴，尖嘴内不应留有气泡。将剩余溶液弃去，依次用自来水、蒸馏水洗涤滴定管，滴定管中装满蒸馏水，罩上滴定管盖，以备下次使用或将滴定管收起。

e. 瓶口分液器

本实验用的可调定量加液器是 NKJ Ⅲ 型的 1mL，2mL，5mL 手动式活塞型半自动液体分装器，如图 1-37 所示。适用于各种化学实验中各种液体的定量连续加液。可大量节约时间和费用。

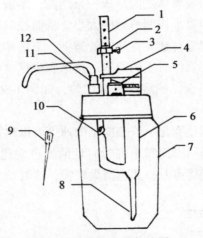

图 1-37　可调定量加液器

1—定位杆　2—定位套　3—定位螺丝　4—捏手
5—进水盖　6—注射器　7—玻璃瓶　8—下活塞管
9—塑料注管　10—上活塞管　11—塑料管　12—出水弯管

此种加液器的主体部分采用硬质玻璃和塑料制造，防酸防碱性能比较好，加液器的上下单相活塞经过精密研磨，筛洗，注射器外套与柱塞密封性好，从而保证了加液量的准确性。定位杆上刻有标准刻度，只要将定位套移至所需要的位置即可注出高精度标准量的液体。绝对误差小于 ±0.04，使用方便、可靠、效率高、误差小。可调定量加液器由于放液速度比移液管快，量液的精度比量筒高。因此在微型化实验中，使用它来量加液体，可以保证实验数据的准确性。

可调定量加液器使用方法：

（1）在出水弯管的非磨砂端蘸上水后插入塑料管内。如加液量精度要求高，可装上塑料注管。

（2）打开进水盖，装上漏斗，将所需液体灌入瓶内，然后盖上盖子，同时将盖上小孔对准进水口的缺口，以便气体回流。

（3）拧松定位螺丝，将定位套的上凸部分对准定位杆两排齿的中央，然后向上移至所需要剂量的刻度位置，再向右或向左旋转，把定位套上的齿嵌入定位杆上的齿穴内，稍拧紧定位螺丝。

（4）用捏手轻轻地垂直抽干数次，把注射器、上活塞管和出水弯管的气泡排尽后即可使用。注意，在加液时，捏手一定要抽到定位螺丝处并向下按到底，以防加液量不足。

（5）使用完毕后，请将进水盖旋转至小孔关闭，以免瓶内液体挥发，如加液器内液体没有排尽，隔一段时间再使用时会发现出水口面回缩，这是正常现象，只要在使用前抽打一次即可。

（6）如长期不用，必须把加液器清洗擦干后放置。

f. 移液器（加液器）

与瓶口分液器不同，移液器是一种体积较小，能方便、连续地加入不同液体的可调式定量移液装置，俗称移液枪或加样枪（见图1-38）。移液器的工作原理是活塞通过弹簧的伸缩运动来实现吸液和放液。在活塞的推动下，排出部分空气，利用大气压吸入液体，再由活塞推动空气排出液体。

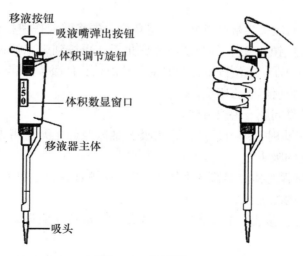

图 1-38　移液器

移液器有不同的量程范围,如有 $0.1 \sim 2.5\mu L$ 和 $0.5 \sim 10\mu L$ 的微量洗液器,也有 $100 \sim 1000\mu L$ 和 $500 \sim 2500\mu L$ 的常量洗液器。可根据实际需要选择不同量程的移液器。移液器在其量程使用范围内是可调的,其取液的精密度有保证。此外,移液器还有单道和多道之分,手动和电动两种不同工作模式。

移液器在化学和生物实验中主要用于多次重复地快速定量移液,可以只用一只手操作,十分方便,移液的准确度和精密度(即重复性误差)都很高。移液器都配有相应规格的聚丙烯塑料质地的吸头,吸头通常是一次性的,也可以超声清洗后重复使用,此外此种吸头还可以进行高压灭菌。

移液器的使用方法和步骤如下:

(1)量程调节。

旋转移液器上部的体积调节旋钮,使体积显示窗口出现所需容量体积的数字。在调整设定旋钮时,不要用力过猛,并应注意使数显窗口的数值不超过其可调范围。移样器只能在量程使用范围内准确移取液体,如超出最小或最大量程,会损坏加样器并导致计量不准。在移液器下端插上一个适合大小的吸头,以保证气密(见图1-39A)。

(2)移液。

按到第一挡位(见图1-39B),垂直进入液面 $2 \sim 3mm$。缓慢松开移液按钮(见图1-39C),否则会因液体进入吸头速度过快而导致液体倒吸入移液器内部致使吸入体积减小,并且污染移液器内部。然后将吸头提离液面,贴壁停留 $2 \sim 3s$,使吸头外侧的液滴滑落回试剂瓶。

(3)放液。

放出液体时吸头尖端贴壁并有一定角度,先将移液按钮按到第一挡(见图1-39D),稍微停顿 $1s$ 后,待剩余液体聚集后,再按到第二挡将剩余液体全部压出(见图1-39E)。压住按钮,同时提起移液枪,使吸头贴容器壁擦过,松开按钮。按吸头弹射器除去吸头。

使用中常见问题及解决方法:

① 装配吸头时,用力过猛,导致吸头难以脱卸(无需用力过猛,应选择与移液器匹配的吸头)。

② 用大量程的移液器移取小体积样品(应该选择合适量程范围的移液器,以保证加液量的准确性)。

③ 吸液时,移液器本身倾斜,导致移液不准确(应该垂直吸液,慢吸慢放)。

④ 吸液时直接按到第二挡吸液(会导致吸液超过预定量,应按在第一挡。

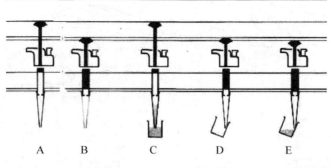

图 1-39　移液器移液示意图

放液时先一挡后二挡）。

⑤ 平放带有残余液体吸头的移液器（应将移液器挂在移液器架上，平放时液体可能会流到移液器内造成污染）。

8. 固、液分离方法

固体与溶液分离的方法主要有 3 种：倾滗法、过滤法、离心分离法。

a. 倾滗法

当沉淀的密度较大或结晶的颗粒较大，静置后易沉降至容器底部时，可用倾滗法进行分离和洗涤。

待沉淀(或晶体)沉降至容器底部后，小心地把上层清液沿玻棒倾入另一容器中(见图 1-40)。洗涤沉淀时，可往盛有沉淀的容器内加入少量洗涤液(如蒸馏水)，充分搅拌后，静置、沉降，倾去洗涤液。如此重复操作 3 遍以上，即可把沉淀洗净。

b. 过滤法

分离固体和液体最常用的方法是过滤法。

过滤时，应先用倾滗法把上层清液转入铺有滤纸的漏斗中，待溶液流净后再转移沉淀，这样，就不会因为沉淀堵塞滤纸的孔隙而减慢过滤速度。要将固体完全转移到漏斗中，可以按图 1-41 所示操作：将玻棒横搁在烧杯口上，伸出 3cm，用左手食指按住玻棒另一端，拿起烧杯举到漏斗上方，使烧杯倾斜，再用右手使用洗瓶，用细水流顺序冲洗整个杯壁，沉淀和洗涤液就顺棒流入漏斗。

图 1-40　倾滗法　　　　　　　　图 1-41　冲洗沉淀的方法

　　胶状沉淀和细颗粒沉淀能穿过滤纸，过滤前应先设法破坏胶态或使沉淀聚沉(如加热或保温陈化)，使细颗粒凝聚成较大的颗粒。

　　常用的过滤方法分常压过滤、减压过滤和热过滤，现分述如下：

　　(1)常压过滤。

　　常压过滤是使用圆锥形带颈的玻璃漏斗和滤纸过滤。按图 1-42 将滤纸折叠好后放到漏斗中备用。

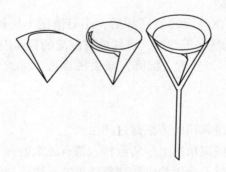

图 1-42　滤纸的折叠

常压过滤注意事项：

　　① 过滤时先用倾滗法将清液转移到滤纸上，然后将沉淀转移到滤纸上。

　　② 如果需要洗涤沉淀，等溶液转移完后，往盛沉淀的容器中加入少量洗

涤剂，充分搅拌，静置，待沉淀下沉后，再把上层溶液倾入漏斗中。直至检查滤液中无杂质，证明沉淀已洗净后，再把沉淀转移到滤纸上过滤。

粗晶状的沉淀也可以在滤纸上进行洗涤，洗涤时遵照"少量多次"的原则。可先冲洗滤纸上方，然后螺旋向下移动，要等第一次洗涤液流尽，再进行第二次洗涤，以提高洗涤效率。

（2）减压过滤（又称吸滤法过滤，或称抽吸过滤，简称抽滤）。

减压可以加快过滤速度，还可以把沉淀抽吸得比较干，当过滤较大量的液体且其中的沉淀颗粒较大时，常采用减压过滤。

胶态沉淀在有压力差的情况下更易透过滤纸，不能用此法过滤。颗粒很细的沉淀会因减压抽吸而在滤纸上形成一层密实的沉淀，便溶液不易透过，反而达不到加速过滤的目的，也不宜用减压过滤法。

a. 减压过滤仪器装置，见图 1-43。

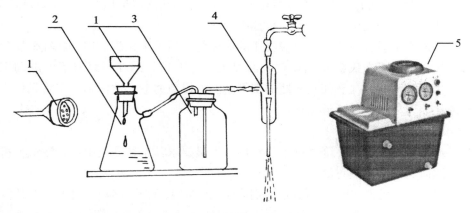

图 1-43　减压过滤装置

1—布氏漏斗　2—吸滤瓶　3—安全瓶　4—水喷射泵　5—循环水真空泵

布氏漏斗（或称瓷孔漏斗）　为瓷质平底漏斗，平底上面有很多小孔。漏斗下端颈部装有橡皮塞，借以和吸滤瓶相连。

吸滤瓶　用来承受滤液，有支管与抽气系统相连。

安全瓶　当减压过滤的操作做完而关闭水龙头时，或者水的流量突然加大后又变小时，都会由于吸滤瓶内的压力低于外界压力，使自来水压入吸滤瓶内，把瓶内滤液冲稀弄脏（这一现象称为倒吸），所以过滤时要在吸滤瓶和水泵之间装一个安全瓶，起缓冲作用。过滤完毕，应先拔掉连接吸滤瓶的橡皮管，再关水龙头，以防倒吸。

水喷射泵(简称水泵) 起减压作用，在泵内有一个逐渐收缩的喷嘴，水在此处高速喷出时形成低压，与水泵相连系统的气体由此吸入再和水一起排出，从而使系统内压力减小。

也可以使用真空泵代替水喷射泵。

(3)减压过滤的操作方法。

所用的滤纸应比布氏漏斗的内径略小，但又能把瓷孔全部盖没。把滤纸平铺在漏斗内，用少量蒸馏水润湿滤纸，将漏斗装在吸滤瓶上，使漏斗颈部的斜口对着吸滤瓶支管，以避免减压时，滤液被吸入滤瓶侧口。微启水龙头，减压，使滤纸贴紧(此时可观察系统是否漏气)。在开着水龙头的情况下，使溶液沿着玻棒流入漏斗中，注意加入溶液的量不要超过漏斗容积的2/3。逐渐开大水龙头，等溶液全部流完后，把沉淀转移到滤纸中间部位(不要把沉淀转移在滤纸的边缘，否则沉淀易渗漏到滤液中，且使取下滤纸和沉淀的操作较为困难)。继续减压抽滤，可将沉淀抽吸得比较干。(洗涤沉淀时应先关闭减压系统，待洗涤液慢慢渗下一会后，再抽干。)

过滤完毕后，先拔掉连接吸滤瓶的橡皮管，后关水龙头。用药匙轻轻揭起滤纸边，或取下布氏漏斗倒扣在表面皿上，轻轻拍打漏斗，以取下滤纸和沉淀。倒出滤液时，注意使吸滤瓶的支管朝上，以免滤液由此流出。支管只作连接减压装置用，不是滤液出口。

(4)热过滤。

有些溶质在温度下降时很容易析出，但又要求其留在滤液中不在滤纸上析出，这时就需要趁热过滤。

过滤时，可把玻璃漏斗放在金属制的热漏斗内(见图1-44)。过滤前可从漏斗上方小口注入热水，如果为了保持一定温度，过滤时还可在侧管处加热。要随时注意使液面不低于侧管，以免烧坏漏斗。此时所用的玻璃漏斗，颈部以短的为好，以免过滤时滤液在漏斗颈内停留过久，散热降温，析出晶体而发生堵塞。

也可以在过滤前，把普通漏斗放在水浴上用水蒸气加热，然后使用。

c. 离心分离法

当被分离的沉淀的量很少时，可用离心分离法。本法分离速度快，适用于需要迅速判断沉淀是否完全的实验。

实验室常用的电动离心机，如图1-45所示。

将盛有沉淀和溶液的离心管放在离心机内高速旋转，由于离心力的作用使沉淀聚集在管底尖端，上部是澄清的溶液，从而实现固液分离。

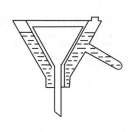

图 1-44 热滤漏斗

图 1-45 电动离心机

（1）离心操作。

电动离心机转动速度极快，要特别注意安全。放好离心管后，把盖旋紧。开始时，应把变速旋钮旋到最低挡，以后逐渐加速；离心约 1min 后，将旋钮反时针旋到停止位置，任离心机自行停止，绝不可用外力强制它停止运动。

使用离心机时，应在它的套管底部垫点棉花。为了使离心机旋转时保持平衡，几支离心管要放在对称的位置上，如果只有一份试样，则在对称的位置放一支离心管，管内装等量的水。各离心管的规格应相同，加入离心管内液体的量，不得超过其体积的一半，各管溶液的高度应相同。

电动离心机如有噪音或机身振动时，应立即切断电源，查明并排除故障。

（2）分离溶液和沉淀。

离心沉降后，可用吸出法分离溶液和沉淀。先用手挤压滴管上的橡皮帽，排除滴管中的空气，然后轻轻伸入离心管清液中（为什么？），慢慢减小对橡皮帽的挤压力，清液就被吸入滴管。随着离心管中清液液面的下降，滴管应逐渐下移。滴管末端接近沉淀时，操作要特别小心，勿使它接触沉淀。最后取出滴管，将清液放入接受容器内。

（3）沉淀的洗涤。

如果要得到纯净的沉淀，必须对沉淀进行洗涤。为此，往盛沉淀的离心管中加入适量的蒸馏水或其他洗涤液，用细搅拌棒充分搅拌后，进行离心沉降，再用滴管吸出洗涤液。如此重复操作，直至洗净。

（4）沉淀的转移。

如需将沉淀分成几份，可对洗净后的沉淀物加少许蒸馏水，用玻棒搅拌后，用滴管吸出浑浊液，转移到另一洁净的容器中。

9. 气体的制备、净化和收集

a. 气体的制备

制备不同的气体，应根据反应物的状态和反应条件，采用不同的方法和装置。在实验室制取少量无机气体，常采用图 1-46、图 1-47 和图 1-48 所示装置。如果是不溶于水的块状(或粗粒状)固体与液体间不需加热的反应，例如制备 CO_2、H_2S 和 H_2，就可使用启普发生器；如果反应需要加热，或反应物是颗粒很小的固体与液体，或液体之间的反应，例如制 Cl_2、SO_2、N_2 等气体，可采用如图 1-47 的装置；如果是加热固体制取气体，就采用如图 1-48 的装置。这里简要介绍前两种装置。

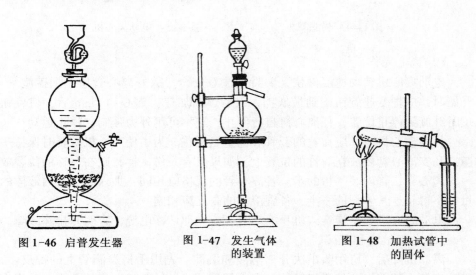

图 1-46 启普发生器   图 1-47 发生气体   图 1-48 加热试管中
                                    的装置   的固体

启普发生器由球形漏斗和葫芦状的玻璃容器组成。葫芦体的球形部分上侧有气体出口，出口处配有装上玻璃活塞的橡皮塞，利用活塞来控制气体流量；葫芦体的底座上有排除废液的出口。如果用发生器制取有毒的气体(如 H_2S)，应在球形漏斗口装个安全漏斗，在它的弯管中加进少量水，水的液封作用可防止毒气逸出。固体药品放在葫芦体的圆球部分，固体下面垫一块有小孔的橡皮圈(或玻璃棉)，以免固体掉入葫芦体底座内。液体从球形漏斗加入。使用时，只要打开活塞，液体下降至底座再进入中间球体内，液体与固体接触发生反应而产生气体。要停止使用时，关闭活塞，由于出口被堵住，产生的气体使发生器内压力增加，液体被压入底座再进入球形漏斗而与固体脱离接触，反应即停止。下次再用时，只要重新打开活塞，又会产生气体。气体可以随时发生或中断，使用起来十分方便。这是启普发生器的最大优点。

启普发生器的使用方法：

(1)装配。

将一块有很多小孔的橡皮圈垫在葫芦体的细颈处(或在球形漏斗下端相应

位置缠些玻璃棉，但不要缠得太多、过紧，以免影响液体流动的通畅）。将球形漏斗与葫芦体的磨口接触处擦干，均匀地涂一薄层凡士林，然后转动球形漏斗，使凡士林均匀。

（2）检漏。

检查启普发生器是否漏气的方法是：先关闭活塞，从球形漏斗中加入水，静置一会，如果漏斗中的液面下降，说明漏气。检查可能漏气的地方，采取相应措施。

（3）装入固体和反应液。

先加固体后加液体。固体由气体出口处加入，所加固体的量，不要超过葫芦体球形部分容积的1/3。固体的颗粒不能太小，否则易掉进底座，造成关闭活塞后，仍继续产生气体。注意轻轻摇动发生器，使固体分布均匀。

加反应液时，先打开导气管活塞，再把酸从球形漏斗加入，到酸将要接触固体时，关闭活塞，继续加入酸液，直至充满球形漏斗颈部。酸量以打开活塞后，刚好浸没固体为宜。（如何判断？为什么？）

（4）添加固体和更换酸液。

如果在使用启普发生器过程中，想增加些固体，或需要换新的酸液，该如何操作呢？增加固体可关上活塞，使反应液和固体脱离接触，用橡皮塞将球形漏斗上口塞住，取下带导气管的橡皮塞（这时球形漏斗的液面不会下降），然后将固体从这个出气口加入。如果想更换反应液，则将发生器稍倾斜，使废液出口稍向上，使下口附近无液体，再拔去橡皮塞倒出废液。这样，废液便不会冲出伤人，也不会流到手上。根据实际情况，更换部分或全部反应液。

（5）启普发生器使用完后，可按更换酸液的操作倒出酸液。固体可从葫芦体上口倒出：先将发生器倾斜，使固体全集中在球部的一侧，再抽出球形漏斗（这样可避免固体掉进底座），倒出固体。也可根据具体情况，由出气口倒出固体。如果固体还可以再用，倒出之前，用水在启普发生器中将它们冲洗干净。

启普发生器虽然使用方便，但它不能受热，装入的固体反应物必须是块状的。因此，当反应需要加热或反应放热较明显、固体试剂颗粒很小时，就要采用图1-42的仪器装置。固体装在蒸馏瓶内，固体的体积不能超过瓶容积的1/3；酸（或其他液体）加到分液漏斗中。使用时，打开分液漏斗下部的活塞，使液体均匀地滴加在固体上（注意不宜滴加得太快、太多），以产生气体。当反应缓慢或不发生气体时，可以微微加热。必要时，可加回流装置。

装进药品之前，应检查装置是否漏气。可用手或小火温热蒸馏瓶，观看洗气瓶中是否有气泡发生(空气受热膨胀逸出)。如果没有气泡，说明装置漏气，应找出原因。

b. 气体的净化和干燥

由以上方法得到的气体往往带有酸雾和水汽等杂质，有时需要进行净化和干燥。这个过程通常在洗气瓶(见图1-49)和干燥塔(见图1-50)中进行。

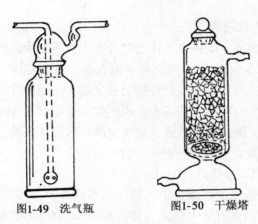

图1-49　洗气瓶　　　　图1-50　干燥塔

洗涤液(如水、浓硫酸)装在洗气瓶内；固体(如无水氯化钙、硅胶)装在干燥塔内。连接洗气瓶时，必须注意使气体由长管进入，经过洗涤剂，由短管逸出(接反了，气体会将洗涤剂由长管压出)。

根据气体和要除去的杂质的性质，选用不同的物质对气体进行净化，要求既能除去杂质又不损失所需的气体。例如，用水可除去可溶性杂质和酸雾；用氧化性洗涤剂除去还原性杂质；碱性气体就不能用酸性干燥剂等。常用的干燥剂有浓硫酸、无水氯化钙、硅胶、固体氢氧化钠等。(一般情况下，气体先洗涤后干燥)。

c. 气体的收集

收集气体的方法，通常有排水集气法和排空气集气法。

(1)在水中溶解度很小，又不与水发生化学反应的气体，如 H_2、O_2、NO 等，可用排水集气法收集。

(2)易溶于水，与空气不反应，密度与空气差别大的气体可用排空气集气法收集。

采用排水集气法可以通过观察集气瓶中水量来判断是否充满气体，而用排空集气法收集气体时，应设法检查气体是否充满集气瓶。不宜用排空集气法收集大量易爆的气体，因为易爆气体中混合的空气达爆炸极限时，遇火即爆。

注意，最初排出的气体，混杂有系统中的空气，不应该收集。用排水集气法收集气体时，当集气瓶充满后，要先将导气管从水中抽出，才能停止加热反应器，以免水倒吸。

如果需要制备的气体量很少，可以用带支管的试管代替蒸馏瓶。

在实验室，也可以使用气体钢瓶直接获得各种气体。钢瓶中的气体是在工厂中充入的。使用时，通过减压阀有控制地放出气体。为了避免混淆钢瓶用错气体(这样会造成很大的事故)，除了钢瓶上写明瓶内气体名称外，通常还在钢瓶外面涂以特定的颜色，以便区别。我国钢瓶的颜色标志见表1-4。

表1-4　　　　　　　　　　　　我国钢瓶颜色标志

气体名称	O_2	N_2	H_2	Cl_2	NH_3	其他可燃气体
瓶身颜色	天蓝	黑	深绿	草绿	黄	红

10. 密度计的使用

密度计是用来迅速而简便地测定液体密度的仪器，旧称比重计。常用的密度计有浮子式密度计、静压式密度计、振动式密度计和放射性同位素密度计。实验室常用的是浮子式密度计(见图1-51)。它像一根浮标，上端中空的细管标有刻度，下端装有较重的铅粒。将密度计浸入液体中，它可垂直浮立，液面处的刻度，即为液体的密度，其单位为 $g \cdot mL^{-1}$。

密度计一般分重表和轻表，重表用于测定密度大于1的液体；而轻表则用来测定密度小于1的液体。测定液体密度前，应该估计液体的大致密度，选用量程合适的密度计。密度计轻了，浮得过高，无法读数；密度计过重，沉在液体底部，也无法读数。

此外，待测液体应盛装在比密度计高度稍长的容器内，液体的量要足以使密度计浮起。容器和密度计应是干燥或用待测液体荡洗过的。

密度计放入液体时，动作要平稳缓慢，等其在液体中平稳后，才能松手，此时密度计会垂直地漂浮在液体中。测定时，密度计不能与容器壁接触，只有这样所示密度才是准确的。读数时，视线与凹液面最低点相切；有色液体凹液面难以看清，则以视线与液面相平处为准。

有些密度计有两行刻度，一行是不等距的，为密度刻度，其数值由上到下增大；另一行是等距的，称波美度(Be')。两者可直接读出，可用公式进行换算①。

密度计用完后，应用水洗净、擦干后放回盒内保存。

溶液的密度会随其浓度改变而改变，因此可以通过测定溶液的密度，查"密度与浓度对应表"得出溶液的浓度。(如实验9中测定五水硫酸铜溶液的密度并查找其浓度)

图 1-51　密度计

11. 试纸的使用

试纸能用来定性检验溶液的酸碱性，判断某些物质是否存在常用的试纸有 pH 试纸(广泛和精密 pH 试纸)、碘化钾-淀粉试纸、醋酸铅试纸等。

试纸的使用方法：

(1)用试纸试验溶液的酸碱性时，将剪成小块的试纸放在表面皿或白色点滴板上，用玻璃棒蘸取待测溶液，接触试纸中部，试纸即被溶液湿润并变色，30s 内其与所附的标准色板比较，便可粗略确定溶液的 pH 值。不能将试纸浸泡在待测溶液中，以免造成误差和污染溶液。

(2)用试纸检查挥发性物质及气体时，先将试纸用蒸馏水润湿，粘在玻璃棒上，悬空放在气体出口处，观察试纸颜色变化。

(3)试纸要密闭保存，应该用镊子取用试纸。

12. 常用微型仪器及其使用方法

a. 井穴板

国内市场供应的井穴板多用透明的聚苯乙烯或有机玻璃为材料，经压塑而

---

① 密度和波美度的换算公式如下：

重表$(\rho > 1)$,$\rho = \dfrac{144.3}{144.3 - Be'}$

轻表$(\rho < 1)$,换算的公式有很多种,常用的有：

(1)$\rho = \dfrac{144.3}{144.3 + Be'}$　对应的波美轻表刻度由零开始。

(2)$\rho = \dfrac{144.3}{134.3 + Be'}$　对应的波美轻表刻度由 10 开始。

换算时,要注意公式与所用的波美表相对应。

成(见图 1-1)。对于温度不高于 50℃的无机反应,一般可在井穴板上进行。由于一块板上各井穴的容积一致,同一列井穴的透光率相同,因而井穴板具有烧杯、试管和点滴板等的一些功能,有时还可以起到比色管的作用。由于井穴板上井穴较多,使用时可由板的纵横边沿所示的数字给每个井穴定位(编号),以便向指定的井穴添加规定的试剂。有颜色改变或有沉淀生成的无机反应在井穴板上进行,现象明显,操作者容易观察。井穴板在有些实验中还可做特制仪器。例如,在本书实验 14 中井穴板做电解池用。与原来用烧杯做电池相比,具有容易固定和节约药品等优点。井穴板的规格依井穴板上井穴数目而定。本实验室用的是 6 个井穴(5mL)的井穴板。

b. 点滴板

无机实验中常用的点滴板是用陶瓷材料制成的,有白色和黑色两种(见图 1-1)。一般用于常温下无机化学反应中的点滴反应,虽化学试剂用量少,但实验现象比较明显。有白色沉淀产生的反应在黑色点滴板上做。有色溶液的反应或生成有色沉淀(除白色)的反应在白色点滴板上做。

c. 微型离子交换柱

(1)微型离子交换柱柱体的加工。

微型离子交换柱柱体一般较常规实验室所用的离子交换柱柱体容积小 10~20 倍。根据实验要求的不同,微型离子交换柱可自己加工,加工的方法:取一长 15cm,直径为 1cm 的玻璃管,一端略加扩张成喇叭口,另一端稍拉细,装上约 5cm 长的细乳胶管,在乳胶管中部配上一个螺旋夹,以控制实验过程中液体的流速。也可做成酸式滴定管的样子,以玻璃活塞控制流速。

(2)树脂处理。

将市售的树脂用水洗数次,除去可溶性杂质,再用蒸馏水浸泡 24h,使其充分膨胀,然后用含需交换上的活性基团的溶液处理,如制备 Cl^- 型交换树脂则可用 5 倍于树脂体积的 $1mol \cdot L^{-1}NaCl$ 溶液交替处理,最后用蒸馏水洗涤数次。

(3)树脂装柱操作。

在微型离子交换柱的底部垫上一些玻璃棉(或脱脂棉),将上述处理好的树脂和蒸馏水搅匀,将树脂悬浮液加入交换柱中,加入的树脂中间不要有气泡和空隙,以免影响交换率;在装柱和实验过程中交换柱中的液面应始终高于树脂柱面,树脂柱高 8~10cm。用蒸馏水淋洗树脂柱,(以保证树脂洗净。如 Cl 型树脂)可用硝酸银检出流出液时,出现微浑浊,即可以认为已淋洗干净,用硝酸银检出的淋洗液留作参比液。柱的下端用螺旋夹夹紧,将已处理好的微型离子交换柱固定在铁架台上备用。

（4）树脂的再生。

装入交换柱的树脂在测试几次后必须进行再生处理，以保证树脂的交换效果。如 Cl 型树脂的处理操作如下：用 $1mol \cdot L^{-1}$NaCl 溶液淋洗树脂柱，直到流出液酸化后检验不出 Fe^{3+}（若原测试液中含有 Fe^{3+}）为止。然后再用 $3mol \cdot L^{-1}$高氯酸（$HClO_4$）溶液淋洗，将吸附在树脂上的阴离子洗脱下来，最后再用 $3mol \cdot L^{-1}$的盐酸溶液淋洗，使树脂转为 Cl 型，以便使树脂连续使用。

d. 微型滴定及微型滴定管

微型滴定较常量滴定具有操作简便快速，节约试剂，减少污染，占有空间小等优点。在酸碱滴定、络合滴定和沉淀滴定实验中，以滴定量控制在 $2 \sim 5mL$，滴定误差控制在 $2\% \sim 3\%$ 以下，符合一般实验要求。

微型滴定管是微型滴定实验中主要的微型仪器之一。目前国内化学实验教学中所使用的微型滴定管都是根据实验要求自制的简易装置，此类装置有两种，一种是用注射器代用，另一种是由移液管改装后代用。本实验教材中所用的微型滴定管是在 5mL 移液管下部连接一根塑料软管，在塑料软管的中部装一个有机玻璃加工成的溶液流速控制器。

微型滴定管装液可用吸耳球抽吸，其他操作与常量滴定的操作要求基本相同。

e. 无机制备微型实验仪器

圆底烧瓶（作反应器）　14mm/25mL

布氏滤斗　14mm/5mL

冷凝管（直流式球型）　14mm/15cm

抽滤瓶　14mm/25mL

浓缩、蒸发反应器　14mm/25mL

二、常用仪器及其使用方法

1. 电子天平

电子天平（见图 1-52）是一种可靠性强，操作简便的称量仪器。称量范围一般为 $0 \sim 200g$，能准确称量出 $0.01g$ 物体的质量。

a. 电子天平外形结构（见图 1-52）

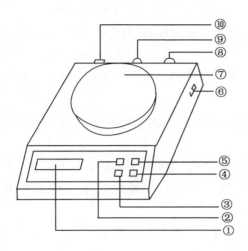

① 显示窗
② 单位转换键(🔄)
③ 校正键 (C)
④ 去皮键 (T)
⑤ 计数键 (N)
⑥ 开关
⑦ 秤盘
⑧ 电源插座
⑨ 保险丝座
⑩ 数据输出口

图 1-52　电子天平外形结构图

b．操作说明

（1）接通电源，打开开关，显示窗显示"CH—0"到"CH—9"，稳定一段时间后出现"0.00"。通电后应预热 30min，方可开始称量。因为刚开机时有正常的漂移，一段时间后即可稳定。

（2）如果在空秤盘情况下显示偏离零点，应按"去皮"（T）键使显示回到零点。

（3）如天平已较长时间未使用或刚购入，则应对天平进行校正。即在天平充分预热（30min 以上）并显示零点的情况下按"校正"（C）键，显示窗出现"CAL"进入校正状态，戴上移样手套，从砝码盒中取出 200g 标准校正砝码放在秤盘上，待稳定后天平显示标准砝码重量值，并出现稳定质量符号"g"后校正即告完毕，可进行正常称量。

（4）如被称物件重量超出天平称量范围，天平将显示"Err—H"示警。

（5）如需去除器皿皮重，则先将器皿放于秤盘上，待示值稳定后按"去皮"（T）键，则天平显示"0.00"。然后将需称重物品放于器皿上，此时显示的数字即为物品的净重，拿掉物品及器皿，天平显示负值，仍按"去皮"键使显示回到"0.00"。

目前电子天平除称量功能外，还有如计数，单位转化和数据输出等功能。

具体见天平使用说明。

现以用直接称量法，称取 6.25gNaCl 为例，简述操作步骤：

(1)接通电源，打开开关，等出现 0.00g 称量模式，预热 30min 后，方可称量。

(2)清零。如果在空盘情况下，显示偏离零点，应按"去皮"(T)键，使显示回到零点。

(3)称量。置容器(表面皿或干燥、洁净的小烧杯)于天平盘正中央，显示出容器的质量：如 17.80g。

然后按"去皮"键(T)，显示"0.00g"，缓缓往容器中加入试样，当达到所需质量(6.25g)时，停止加样，显示平衡后，即可记录所称试样的净质量(6.25g)。

(4)清零。称量完毕后，拿去容器，数显窗口负值，按"去皮"(T)键，显示归零"0.00g"，即天平清零。

c. 使用注意事项

(1)电子天平为精密仪器，称重时物件应小心轻放。

(2)电子天平的工作环境应干燥、无大的振动及电源干扰，无腐蚀性气体及液体。

(3)应保证通电后的预热时间。

(4)电子天平的校准一般由实验技术人员负责完成。学生称量时只需按"开关"、"T"键。"开关"一般仅需实验开始和结束时使用。

(5)如校正中出现"Err--**"，表示校正有误，应重新开机，待稳定后显示回到零点，如不是零应按"去皮"回零后再按"校正"(C)键进行校正。

(6)天平一旦出现开机后显示停在 CH-6 后停止运作，这是 EEPROM 中的校正规格参数丢失所致，遇此情况，用户可自行解决，方法是：一手按住"校正"键不放、重新开机，直等到显示停在"-"时才放开，这样再按前述的校正方法校正一次即可恢复正常。这是由于电源不稳引起的。

2. 半自动电光分析天平

分析天平一般指能精确称量到 0.0001g 的天平。半自动电光天平是其中的一类，误差为 ±0.0002g。

a. 基本结构与主要部件(见图 1-53)。

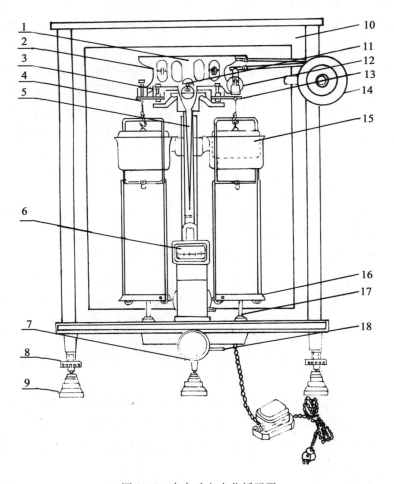

图 1-53 半自动电光分析天平

1—天平梁 2—平衡螺丝 3—支力销 4—蹬 5—指针 6—光屏
7—升降旋钮 8—螺旋足 9—垫脚 10—天平框 11—玛瑙三棱体
12—圈码 13—托梁架 14—圈码指数盘 15—空气阻尼器
16—秤盘 17—盘托 18—调屏拉杆

　　天平梁(1)是天平的主要部件，在梁的中下方装有细长而垂长的指针(5)。梁的中间和等距离的两端装有三个玛瑙三棱体(11)，中间三棱体刀口向下，两端三棱体刀口向上，三个刀口的棱边必须位于同一水平面上。刀口的尖锐程度决定分析天平的灵敏度，因此，保护刀口是十分重要的。梁的两边装有两个平衡螺丝(2),用来调整梁的平衡位置(也即调节零点)。

指针(5)固定在天平梁的中央,天平摆动时,指针也跟着摆动,指针的下端装有缩微标尺。如图1-54所示,光源(1)通过光学系统(4、5、6)将缩微标尺(2)的刻度放大,反射到光屏(7)上。从光屏上就可以看到标尺的投影。光屏的中央有一条垂直的刻线,标尺投影与刻线的重合处即为天平的平衡位置。调屏拉杆(18)可将光屏左、右移动一定距离。在天平未加砝码和重物时,打开升降旋钮(7),可拨动调屏拉杆使标尺的0.00与刻线重合,达到调整零点的目的。

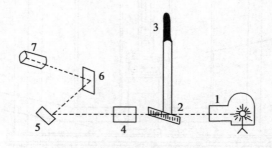

图1-54 天平读数的光路系统
1—光源 2—缩微标尺 3—指针 4—透镜 5、6—反射镜 7—光屏

蹬(也称吊耳,4)的中间面向下的部分嵌有玛瑙平板与天平梁两端的玛瑙刀口接触。蹬的两端面向下有两个螺丝凹槽。天平不用时,凹槽与托梁架上的托蹬螺丝接触,将蹬托住,使玛瑙平板与玛瑙刀口离开。蹬上还装有挂托盘与空气阻尼器内筒的悬钩。

空气阻尼器(15)是两个套在一起的铝制圆筒,外筒固定在天平柱上,内筒倒挂在蹬钩上。二圆筒间有均匀的空隙,使内筒能自由地上下移动。利用筒内空气的阻力产生阻尼作用,使天平很快达到平衡状态、停止摆动。左右两个内筒上刻有"1"和"2"的标记,不要挂错。

升降旋钮(也叫升降枢,7)是天平的重要部件,相当于天平的开关它连接着托梁架、盘托和光源。使用天平时,打开升降旋钮,可降下托梁架,使三个玛瑙刀口与相应的玛瑙平板接触;同时盘托下降,使天平盘自由摆动;光源也同时打开,在光屏上可以看到缩微标尺的投影。如果关上升降旋钮,则梁和盘被托住,刀口与平板脱离,光源切断。

螺旋足(8)位于天平盒下,有三个。前面的两只足上装有螺旋,可使足升高或降低，以调节天平的水平位置。要确定天平是否处于水平位置，可观察天平柱后上方装的气泡水平仪。

天平框(10)由木框和玻璃制成，可以防止污染和空气流动对称量带来的影响。两边的门在取、放砝码和称量物时用，前面的门只在安装和修理时才打开。关好门才能读数。

砝码。每台天平都附有一盒砝码。1g 以上的砝码都按固定位置有规则地装在里面，以免玷污、碰撞而影响砝码质量。对最大载荷为 200g 的天平，每盒砝码一般由以下一组砝码组成：

g	100	50	20	10	5	2	1
个数	1	1	2	1	1	2	1

圈码指数盘(14)转动时可往天平梁上加 10～990mg 的圈码。指数盘上刻有圈码重量的数值，分内、外两层。内层由 10～90mg 组合，外层由 100～900mg 组合。天平达到平衡时，可由内外层对天平方向的刻线上读出圈码的重量。如图 1-55 所示，为加圈码 230mg 后、指数盘的读数。

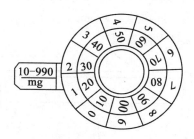

图 1-55 圈码读数

b. 使用方法

（1）称量前应先检查天平是否水平，圈码是否挂好，圈码指数盘是否在"000"位置，两盘是否置空。用小毛刷将天平盘清扫一下。

（2）调节零点。接通电源，开动升降旋钮，这时可以看到缩微标尺的投影在光屏上移动，当投影稳定后，如果光屏上的刻线不与标尺的 0.00 重合，可以通过调屏拉杆，移动光屏的位置，使刻线与标尺 0.00 重合，零点即调好。如果将光屏移到尽头后，刻线还不能与标尺 0.00 重合，则需要调节天平梁上的平衡螺丝。

(3)称量。先用台秤称出物体的质量，然后把要称量的物体放在天平左盘的中央，把与粗称数相符的砝码放在右盘中央，缓慢地开动升降旋钮，观察光屏上标尺投影移动的方向。如果投影向右方移动，则表示砝码比物体重，应立即关好升降旋钮，减少砝码质量后再称量；如果标尺投影向左方移动，出现依次增大的数字，则可能有两种情况，第一种情况是，标尺稳定后与刻线重合的地方在10.0mg以内，即可读数。第二种情况是投影往左方迅速移动，则表示砝码太轻两质量差超过10.0mg，应立即关好升降旋钮，增加圈码后再称重。

使用圈码时，要关好天平门。用"减半加减码"的顺序加减圈码，例如，先把指数盘转到50mg处，若太轻，再转到80mg处(不转到60mg)。这样，可较快找到物体的质量范围。

普通天平的指针是偏向轻盘的，但电光分析天平缩微标尺的投影则向重盘方向移动。例如，砝码轻了，光屏上出现依次增大的数字，如果投影移动得很慢，砝码的质量就接近物体的质量了。

(4)读数。当光屏上的标尺投影稳定后，就可以从标尺上读出10mg以下的质量。

标尺上一大格为1mg，一小格为0.1mg，要求读准至0.1mg。如果光屏上的刻线停在两小格之间则按四舍五入读数，如图1-56所示应读为1.1mg。则物体的质量应等于砝码重＋圈码重＋1.1mg。

读完数后，应立即关闭升降旋钮。

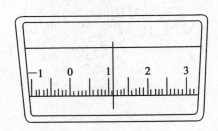

图1-56　光屏标尺的读数

(5)称量完毕后记下物体质量，将物体取出。取出砝码时核准所记录的砝码质量并把砝码放回到砝码盒中原来的位置上，关好边门。核准所记录的圈码的质量并将圈码指数盘恢复到"000"位置，拔下电插销并罩好天平框外边的罩子。

c. 半自动电光分析天平使用规则

分析天平属精密仪器，为了保持天平的准确度和灵敏度，必须严格遵守下列规则。

(1) 称量前应检查天平是否正常，是否处在水平位置，吊耳、圈码有否脱落，玻璃框罩内外是否清洁。

(2) 应从左右两门取放称量物和砝码。称量物绝不能超过天平的负载，也不能称量热的物体。有腐蚀性蒸气或吸湿性物体必须放在密闭容器内称量。

(3) 开启升降旋钮时，一定要轻起轻放，以免损伤玛瑙刀口，每次加减砝码、圈码或取放称量物时，一定要先关升降旋钮，加完后，再开启旋钮，进行读数。

进行同一项化学实验工作中的所有称量，应自始至终使用同一架天平，使用不同天平会造成误差。

(4) 每架天平都配有固定的砝码，不能随便错用其他天平的砝码。保持砝码清洁干燥。砝码只许用镊子夹取，绝不允许用手去拿，用完放回原处，不允许放在桌上或记录本上。转动圈码读数盘时动作要轻而缓慢，以免圈码跳落。

(5) 称量完毕后，应检查天平梁是否已经托起，砝码是否已归位，指数盘是否已转到"0"，电源是否切断，天平两边的门是否关好。最后罩好天平，填写使用记录。

3. 电子分析天平

电子分析天平与半自动电光分析天平同属于分析天平，其测量可准确至 0.0001g。但区别于半自动电光分析天平，电子分析天平是根据电磁平衡原理，可直接进行称量，全量程不需砝码，操作更加方便快捷。此外从结构上看，电子天平的支承点用弹性簧片取代机械或半自动天平中的玛瑙刀口，用差动变压器取代升降枢装置，用数字显示代替指针指示。因而，电子天平具有使用寿命长、性能稳定、操作简便等特点。此外，电子分析天平和其他电子天平一样具有自动校正、去皮、辅助计算、数据输出等功能。

电子分析天平按结构可分为上皿式和下皿式两种。称量盘在支架上面为上皿式，称量盘吊挂在支架下面为下皿式。目前，广泛使用的是上皿式电子天平，如图 1-57 所示。分析电子天平与普通电子天平结构类似，只是多了一个防风罩。防风罩的作用是防止污染和空气流动对称量的影响。天平中常配备有小刷子和干燥剂，用以清洁天平和保持天平干燥。

电子分析天平的基本操作与电子天平类似，实验室常用的电子天平为 METTLER TOLEDO（梅特勒-托利多）AB204-N 和 AL-204 型，其外形、功能和操作基本相同，仅操作键的排列上略有差异。

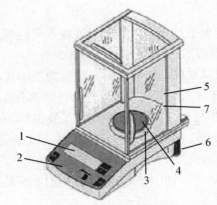

图 1-57　电子分析天平
1—操作键　2—显示屏　3—防风圈　4—称量盘
5—防风罩　6—水平调节螺丝　7—水平泡

下面简单介绍电子分析天平的称量功能：

（1）取下天平外罩，折好后放在天平旁。查看天平使用记录。清洁并置空天平盘。

（2）水平调节：观察位于天平外框后下端的水平泡，如水平泡偏移，需调整天平下端后侧的两个水平调节脚，使水平泡位于水平仪中心。

（3）预热：接通电源，此时显示屏上显示"-OFF-"。预热至规定时间。

（4）开启天平：轻按"ON"键，天平进行自检。当天平回零时，就可以称量了，显示屏上显示 0.0000 g。

（5）称量：将符合称量要求的样品放入天平盘中部，在显示屏上即显示出物质的质量，待显示屏左下角稳定状态探测符"O"消失，表示测量稳定，可记录读数。注意读数时应关上天平门。电子分析天平也可进行去皮处理，"去皮"键为"→O/T←"键。去皮后，则显示净重。如果将容器从天平上取下，则皮重以负值显示。皮重将一直保留直到再次按去皮键或天平关机为止。

（6）关机：称量结束后取出物品，天平去皮回零，长按" ON/OFF"键不放，直至显示屏上显示"OFF"后松开键，切断电源，罩上天平罩，填写使用记录。

关于电子分析天平的校正及其他功能具体见附带的说明书或操作手册。

电子分析天平的使用规则与半自动电光分析天平基本相同，使用前需检查天平是否干净、水平；称量时称量者面对天平正中端坐，称量物从边门取放，不可直接将粉状、潮湿、有腐蚀性的物质直接放在天平盘上称量，一次实验的称量应在同一台天平上完成，读数时天平门关闭；称量结束后整理天平，填写使用登记等。

4. 分光光度计

分光光度计是利用分光光度法对物质进行定性和定量分析的仪器。分光光度法则是基于物质对不同波长的光波具有选择性吸收能力而建立起来的分析方法。

分光光度计的基本工作原理是由一光源产生的连续辐射光经单色器分光后照射到样品池上，经过池中样品时会产生特定波长的吸收，使光能量减弱（见图1-58），再通过检测透射光的强度和波长对吸光物质进行分析。其中，特定吸收波长的光能量减弱的程度和物质的浓度符合比色原理——朗格-比尔定律。

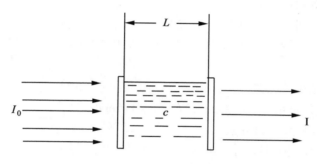

图 1-58 单色光通过溶液示意图

$$T = I/I_0$$
$$\lg I/I_0 = KcL$$
$$A = KcL$$

式中：T 为透光率；I_0 为入射光强度；I 为透射光/出射光强度；

A 为吸光度；K 为吸光系数；L 为溶液的光径长度；

c 为溶液的浓度。

从以上公式可以看出，当入射光强度、吸光系数和溶液的光径长度不变时，透过光的强度反映了溶液的浓度。据此，可以通过测定溶液的吸光度间接测定溶液的浓度。也可通过特征吸收波长推测吸光物质的结构特点。

按工作波长范围分类，分光光度计一般可分为紫外分光光度计、可见分光光度计、紫外-可见分光光度计、红外分光光度计等。其中紫外-可见分光光度计使用得最多，主要应用于无机物和有机物含量的测定。分光光度计还可分为单光束和双光束两类。目前在教学中常用的有 721 型、721B 型、722 型光栅分光光度计和 7220 型微电脑分光光度计。

下面对无机实验室常用的 VIS-7220 型紫外可见分光光度计做简要介绍。

VIS-7220 型分光光度计采用自准式光路，单光束方法，其波长范围为 330 ~ 800nm，用钨丝白炽灯泡作光源。

a. 主要技术指标及规格

(1)波长范围：330nm ~ 800nm；

(2)波长准确宽：±2nm；

(3)波长重复性：1nm；

(4)透射比准确宽：± 0.5％T；

(5)透射比重复性：0.3％T；

(6)光谱带宽：2 nm；

(7)光度范围：0 ~ 110％T，0 ~ 2A；

(8)仪器稳定性：100％T 稳定性，0.5％T／3min，0％T 稳定性，0.3％T/2min；

(9)光学系统：光栅分光；

(10)仪器外形尺寸：472mm × 372mm × 175mm；

(11)仪器净重：~ 10kg；

(12)电压使用范围：(1 ±10％) × 220V，50Hz ±1Hz。

b. 仪器视图与构件名称及功能介绍

(1)外部结构(见图 1-59)。

① 样品室门。

打开门(向显示窗方向推，即可打开样品室门)可放置样品，关上门才可进行测量。

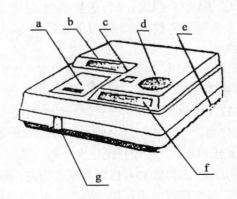

图 1-59 VIS-7220 型分光光度计

② 显示窗。

显示测量值，在不同的功能下，可以分别显示透射比、吸光度及浓度和错误显示。

③ 波长显示窗：

显示当前波长值。

④ 波长调节旋钮：

调节波长用，当转动波长旋钮时，显示窗的数字随之改变。

⑤ 仪器电源开关。

⑥ 仪器操作键盘：

实现仪器测量及功能转换。

⑦样池拉手：

前后拉动可改变样池的位置。

（2）键盘（见图1-60）。

本仪器共有八个操作键，七个工作方式指示灯。每选一种工作方式时，其相应的指示灯就会亮。

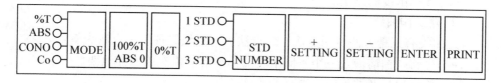

图 1-60　键盘图

操作键及指示灯含义及具体功能如下：

① MODE（工作方式选择键），共有四种工作方式供选择。这四种方式是透射比（％T）、吸光度（ABS）、浓度（CONC）及建曲线（Co），每按下此选键一次可循环理入相应的工作方式，同时相应的指示灯亮，指示当前工作状态。

② 100％T、ABS0（透过率调百分之百、吸光度调零键），按下此键后仪器自动对当前样品采样，并在％T指示灯亮时，显示窗显示100.0，或在ABS指示灯亮时，显示窗显示0.000。

③ 0％T（"透过率调零"键），调整仪器零点，显示器显示0.0。

④ STD NUMBER（工作曲线选择），选标样点建曲线时，需选按"工作方式选择（MODE）"键，使"建曲线（Co）"指示灯亮。

共有三种曲线拟合方式供选择，分别是：一点法、两点法、三点法（例如，用三点法时，应使 3STD 的指示灯点亮)。在进行浓度测量时(CONC 指示灯亮)，STD 哪个指示灯亮就表示用几点法建曲线和进行浓度测量。

⑤ SETTNG +(置数加)，标准样品浓度置入数字增加键，改变显示器显示数值。

⑥ SETTNG -(置数减)，标准样品浓度置入数字减少键，改变显示器显示数值。

(注意：置数键只在建曲线功能下起作用。)

⑦ ENTR(确认)，当按"置数加"键和"置数减"键设置好所需标样浓度值后按下此键，确定所输的标样值。

⑧ PRINT(打印)，在不同的方式选择功能下，可打印出透射比值，吸光度值及浓度值。

c. VIS-7220 型分光光度计的使用方法

(1)安装好仪器后，检查样池位置，使其处在光路中(拉动拉手应感应到每挡的定位)，关好样品室门，打开仪器电源开关，预热 10min，即可进行测量。

(2)样品浓度的测定。

① 建工作曲线。

建曲线有三种方法：一点法；二点法；三点法。现以三点法为例：

• 先将空白溶液及三个不同浓度的标准溶液依次放入样池架。

• 旋转波长调节旋钮，选择适当波长。

• 将空白液拉入光路，关闭样品室门，将方式选择键按到 %T。再按 100%T 键，调节至显示器显示 100.0。

• 打开样品室门，按 0%T 键，调零至 0.0，调零后需再检查 100.0，若有变化应重调节 100%T 至 100.0。

• 按方式选择键至建曲线挡 C_0，按"选标样点"(STD)键至第一点，显示器应显示 500。

• 将第一个标样拉入光路，关闭样品室门，按"置数加"键或"置数减"键，使显示器显示标样浓度(如标样浓度为 $64 \times 10^{-5} mol \cdot L^{-1}$，将 500 置数减至 64)。按"确认"键，确认此组数据。

• 将第二个标样拉入光路，按"选标样点"(STD)键至第二点，显示器应显示 500，按"置数加"键或"置数减"键，使显示器置于第二个标样浓度值，按"确认"键，确认此组数据。

• 将第三个标样拉入光路，按"选标样点"(STD)键至第三点，显示器应显示500，按"置数加"键或"置数减"键，使显示器置于第三个标样浓度值，按"确认"键，确认此组数据，并将"STD"键固定在第三点上。

● 按"方式选择"键至CONC挡，将三个标准溶液依次拉入光路中进行浓度测量，以检验所建立工作曲线是否正确，如相对误差≤5%即属正常，否则需查找原因，重新建曲线。

② 样品浓度测量。

● 将样品放入样品室内，关闭样品室门；

● "方式选择"键按至CONC挡（浓度测量）；

● 将样品拉入光路中，显示器显示该样品在三点曲线下的浓度值。

③ 测量完毕后，取出样品室中的比色皿，将溶液倒入废液桶中，将比色皿清洗干净后，放入比色皿盒中，关闭电源，盖好仪器罩。

d. 常见错误及排除（见表1-5）

e. 建曲线不合要求的处理

建曲线后，将标样作试样测量，如相对误差>5%时，其主要原因可能为：

（1）标样配制的浓度不准确；

（2）建曲线或测量时样池不到位或样池不洁净。

找出原因重建曲线需关机再重新开机，必要时打开样品室门检查样池是否到位，避免样池架处在光路中。如样池不洁净，要将其清洗至完全透明。

表1-5　　　　　　　　　　　常见错误故障分析与排除方法

显示错误提示	故障分析	排除方法
E—0	在操作过程中有操作错误或信号输出错误； 透过率或吸光度值超出显示范围	重新调节100%T、ABS键
E—1	浓度计算不对，建曲线时输入的浓度值有问题	重新建曲线，注意操作步骤是否正确
E—2	在光电流下调0%T或0%T>100mV	注意加挡光块或检查打开样品室门后光闸片是否落下。检查方法：关上仪器电源，打开仪器外壳，观察样品室左侧有一圆柱销，打开样品室盖后用手推动圆柱销应活动灵活

续表

显示错误提示	故障分析	排除方法
E—3	在挡光时调 100% 或光源能量太弱	检查：①样品室门是否关好；②样品室内是否有挡光物；③光源是否点亮；④拉动样池时是否放在挡内
E—4	确认的拟合点的数据不符合要求(如吸光度 A 值为负值)	检查：①标样是否配置正确；②标样与空白液是否放置颠倒，以标样调 100%，以空白挡标样测量；③重建曲线
E—5	曲线拟合不对	重新配制溶液或重新建曲线

5. 酸度计(pHS-3C 型)

a. 外部结构(见图 1-61 和图 1-62)

(1)仪器正面图。

(2)仪器后面图。

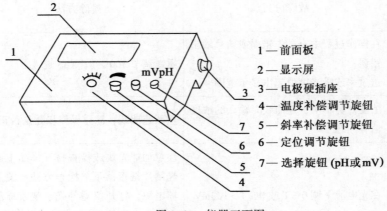

1 — 前面板
2 — 显示屏
3 — 电极硬插座
4 — 温度补偿调节旋钮
5 — 斜率补偿调节旋钮
6 — 定位调节旋钮
7 — 选择旋钮 (pH 或 mV)

图 1-61　仪器正面图

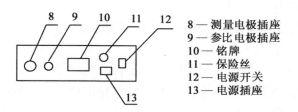

8 — 测量电极插座
9 — 参比电极插座
10 — 铭牌
11 — 保险丝
12 — 电源开关
13 — 电源插座

图 1-62 仪器后面图

b. 操作步骤

（1）开机。

① 电源线插入电源插座（13）。

② 按下电源开关（12），电源接通后，预热 30min。

（2）标定。

仪器使用前，先要标定。一般来说，仪器在连续使用时，每天要标定一次。

① 在测量电极插座（8）处拔下短路插头；

② 在测量电极插座（8）处插上复合电极；

③ 把选择旋钮（7）调到 pH 挡；

④ 调节温度旋钮（4），使旋钮红线对准溶液温度值；

⑤ 把斜率调节旋钮（5）顺时针旋到底（即调到 100% 位置）；

⑥ 把清洗过的电极插入 pH = 6.86 的缓冲溶液中；

⑦ 调节定位调节旋钮，使仪器显示读数与该缓冲溶液的 pH 值相一致（如 pH = 6.86）；

⑧ 用蒸馏水清洗电极，再用 pH = 4.00 的标准缓冲溶液调节斜率旋钮到 4.00pH；

⑨ 重复（6）～（8）的步骤，直至显示的数据重现时稳定在标准溶液 pH 值的数值上，允许变化范围为 ±0.01pH。

注意：经标定的仪器定位调节旋钮及斜率调节旋钮不应再有变动。

标定的缓冲溶液第一次应用 pH = 6.86 的溶液，第二次应接近被测溶液的值，如被测溶液为酸性时，缓冲溶液应选 pH = 4.00；如被测溶液为碱性时，则选 pH = 9.18 的缓冲溶液。

一般情况下，在 24h 内仪器不需要再标定。

（3）测量 pH 值。

经标定过的仪器，即可用来测量被测溶液，被测溶液与标定溶液温度相同与否,测量步骤也有所不同。

被测溶液与定位溶液温度相同时,测量步骤如下:

① 定位调节旋钮不变;

② 用蒸馏水清洗电极头部,用滤纸吸干;

③ 把电极浸入被测溶液中,用玻璃棒搅拌溶液,使溶液均匀,在显示屏上读出溶液 pH 值为 3.40。

④ 测量结束后,将电极泡在 $3mol \cdot L^{-1}$ KCl 溶液中,或及时套上保护套,套内装少量 3mol/L KCl 溶液以保护电极球泡的湿润。

被测溶液和定位溶液温度不同时,测量步骤如下:

① "定位"调节旋钮不变;

② 用蒸馏水清洗电极头部,用滤纸吸干;

③ 用温度计测出被测溶液的温度值;

④ 调节"温度"调节旋钮(4),使红线对准被测溶液的温度值;

⑤ 把电极插入被测溶液内,用玻璃棒搅拌溶液,使溶液均匀后,读出该溶液的 pH 值。

(4)注意事项。

① 仪器经标定后,在使用过程中一定不要碰动定位、斜率调节和温度调节旋钮,以免仪器内设定的数据发生变化。

② 测量时,电极的引入导线要保持静止,否则会引起测量不稳定。

③ 应尽量避免电极的敏感玻璃泡与硬物接触,因为任何破损或擦毛都会使电极失效。

④ 电极应避免长时间浸在蒸馏水中。

6. 气压计

测量大气压的仪器称为气压计,气压计的种类很多如液柱式压力计,弹性式压力计和传感式压力计等。

福廷式水银液柱气压计(即动槽式水银气压计),是以水银柱平衡大气压力,水银柱高度表示大气压力的大小。

现用福廷式水银气压计的单位采用百帕斯卡,读数游标尺上最小分度值为 10Pa。各单位之间的换算关系为:

760.00mmHg = 1013.25mbar

$1bar = 10^5 Pa$

1mmHg = 133.322Pa

a. 气压计的结构（见图 1-63）

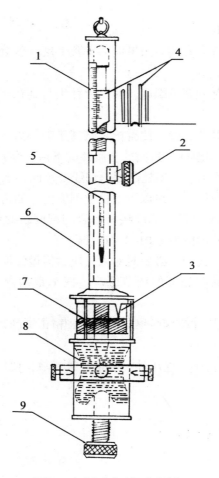

图 1-63　福廷式水银气压计

1—游标尺　2—游标尺调节螺丝　3—象牙针　4—黄铜管标尺
5—温度计　6—黄铜管　7—水银槽　8—皮囊　9—调节螺旋

　　气压计的主要结构是一根一端封闭的玻璃管，里面装着水银。开口的一端插在水银槽内，玻璃管顶部水银面以上是真空。水银槽底为一皮囊，皮囊下面被一调节螺旋托住，转动调节螺旋可以调节水银面的高低。水银槽顶有一倒置的象牙针，其针尖是黄铜管上标尺刻度的零点。玻璃管外面套有黄铜管，黄铜管的上部除标有刻度外，还开有长方形小窗，用来观察水银柱的高度。窗前有游标尺，旋转游标尺调节螺丝可以使游标尺上下移动。黄铜管下部镶嵌着一温度计。

b. 气压计的使用

(1)气压计必须垂直安装，如果偏离垂直1度，就会使水银柱高度的读数引起约10Pa的误差。

(2)慢慢旋转底部的调节螺旋，使象牙针尖与其在水银中的倒影尖部刚好接触。

(3)转动游标尺调节螺丝，使游标尺略高于玻璃管内水银面，然后缓缓下降，直到游标尺下沿与游标尺后面的金属片的下沿重合，且与水银柱凸面相切(此时视线与游标尺下沿、水银柱凸面的切线处于同一水平线上)。

(4)先读出紧靠游标尺零线以下的整数刻度值，如为1014，再从游标尺上找出正好与黄铜管标尺上某一刻度线相吻合的刻度线的数值，如为2(为小数值)，则此时气压表的示值为 $1.0142 \times 10^5 Pa$。

(5)记下温度计的读数，必要时对大气压示值做温度校正。

(6)观测完后，转动底部的调节螺旋，使水银槽内水银面离开象牙针尖 $2 \sim 3mm$。

这一类液柱式气压计结构简单、灵敏度、精密度高，常用于校正其他类型的气压计。

弹性式气压计和传感式气压计一般可直接读数，使用方便，目前在实验室中广泛使用。

第二部分　基本操作训练实验和基本原理实验

实验 1　煤气灯的使用和简单玻璃加工操作

一、目的要求

(1)了解煤气灯的构造，学会正确使用煤气灯。

(2)了解正常火焰各部分温度的高低。

(3)练习简单的玻璃加工操作。

二、实验内容

1. 煤气灯的使用

a. 拆、装煤气灯以弄清其构造

b. 煤气灯的点燃及火焰的调节

(1)点燃煤气灯并观察黄色火焰的形成。

旋转灯管，关小空气入口。先擦燃火柴，再稍打开煤气灯龙头，将点燃的火柴放在灯管口外侧上方(注意，不要将火柴放在灯管口正上方)将煤气灯点燃。调节煤气龙头或灯座的螺旋针阀，使火焰保持适当高度，这时火焰燃烧不完全，呈黄色。

(2)调节正常火焰。

旋转灯管，逐渐加大空气进入量，使火焰分为 3 层，即得正常火焰。观察黄色火焰颜色变化及各层火焰的颜色,并调节火焰的大小。

c. 了解正常火焰各部位的温度

(1)把火柴梗横放至焰心,片刻后(不要等到它燃着),观察火柴梗烧焦部位,说明火焰各部分温度的高低。

(2)将火柴头迅速插入焰心,何处先燃着?再用一段玻璃管伸入焰心,点燃玻璃管另一端逸出的煤气,将玻璃管上移,观察火焰熄灭的位置。两实验的现象说明什么?加热时器皿放在火焰的什么位置最好?

d. 关闭煤气灯

关闭煤气灯龙头,火焰即灭。

2. 简单的玻璃加工操作

a. 制作搅拌棒、玻璃钉

截取一根长约 150mm、直径 4~5mm 的玻璃棒一根,断口熔烧至圆滑。

制作一根长约 130mm 的玻璃钉搅拌棒。

b. 弯曲玻璃管

截取一根长约 200mm 的玻璃管,在它长度的 1/3 处弯成 90° 角。

c. 制作滴管

制作一根长约 150mm、尖嘴直径 1.5~2.0mm 的滴管。

熔烧滴管小口时要注意稍微烧一下即可,否则尖嘴会收缩,甚至封死。滴管粗的一端截面烧熔后,立即垂直地在石棉网上轻轻地压一下,使管口变厚。冷却后套上橡皮帽,即制成滴管。

◎思考题

1. 为什么煤气灯管被烧热,怎样避免?
2. 加热时器皿应放在火焰的什么位置最好?

实验 2　称量练习

一、目的要求

（1）了解天平的基本构造。
（2）学会正确的称量方法。
（3）掌握使用天平的规则。
（4）掌握有效数字的使用规则。

二、实验内容

1. 用半自动电光分析天平称玻璃珠

准备一个洁净干燥的小烧杯，内装一玻璃珠。先在台秤上粗称，然后在天平上精确称出它们的质量 m_1（称准至 0.0001g）。

把玻璃珠转到另一容器中，再称出小烧杯的质量（先粗称，然后精确称量）m_2。数据记录的示例如表 2-1 所示。

表 2-1　　　　　　　　　　**数据记录和处理**

	（烧杯 + 玻璃珠）质量	烧杯质量	玻璃珠质量
台秤粗称	$m'_1 =$	$m'_2 =$	
天平称量	$m_1 =$	$m_2 =$	$m_3 =$

2. 用电子分析天平称石英砂

a. 固定称量法（称取石英砂 0.5000g，3 份）

取一干净表面皿，置于电子分析天平盘正中央。待显示准确质量后，按 TAR(清零键)去皮，用药匙向表面皿中慢慢加入石英砂，至天平屏幕上显示 0.5000g。允许的偏差为 ±0.0002g，记录实际称量的石英砂的质量。称好一份后，去皮后进行下一次的称量，共计三次。熟悉用药匙加入少量样品的操作及电子天平的使用。

b. 递减称量法(称取 0.3~0.4g 石英砂两份)

向称量瓶中加入的石英砂。用递减称量法称取 0.3~0.4g 的石英砂，并用直接称量法验证操作的准确性。要求差减法与直接称量法得到的石英砂的质量之差在 ±0.0004g。具体操作如下：

(1)用滤纸条取一个干净小烧杯，在分析天平上准确称重，空烧杯质量为 m_0。

(2)用滤纸条套住称量瓶身上，从干燥器中取一干净的称量瓶。向其中加入 0.7~0.9g 石英砂，在分析天平上准确称重(准确至 0.1mg)，记下其质量为 m_1。

(3)取出称量瓶，再另一滤纸条夹住称量瓶盖柄将瓶打开，用瓶盖边缘轻敲称量瓶口边缘，转移石英砂 0.3~0.4g 于小烧杯中，并准确称出称量瓶和剩余石英砂质量为 m_2。可通过多次敲出石英砂和称量来确定实际转移出石英砂的质量。

(4)准确称出烧杯加试样的质量 m_3。

(5)重复上述操作一次，用差减去再称取 0.3~0.4g 石英砂。要求倾出石英砂的质量 $\Delta m_1 = (m_1 - m_2)$ 与称取质量 $\Delta m_2 = (m_3 - m_0)$ 之间的绝对差值每份应小于 0.4mg。若绝对差值较大，则需分析原因，反复练习，直至达到误差要求。数据填入表 2-2。

表 2-2　　　　　　　　　　　　数 据 记 录

称量编号	1	2
称量瓶 + 石英砂质量(敲出前) m_1/g		
称量瓶 + 石英砂质量(敲出后) m_2/g		
倾出石英砂质量 $\Delta m_1 = (m_1 - m_2)$/g		
烧杯 + 石英砂质量 m_3/g		
空烧杯质量 m_0/g		
称取石英砂质量 $\Delta m_2 = (m_3 - m_0)$/g		
绝对差值 ∣ $\Delta m_1 - \Delta m_2$ ∣ /g		

3. 称取 $H_2C_2O_4 \cdot 2H_2O$

（1）算出配制 250mL、$0.05 \text{mol} \cdot L^{-1} H_2C_2O_4$ 溶液所需 $H_2C_2O_4 \cdot 2H_2O$ 固体的用量。

（2）用差减法称取 $H_2C_2O_4 \cdot 2H_2O$：从干燥器内取出装有 $H_2C_2O_4 \cdot 2H_2O$ 的称量瓶（注意手指不要直接接触称量瓶，用纸条紧套在称量瓶上，见图2-1），在分析天平上准确称出称量瓶和 $H_2C_2O_4 \cdot 2H_2O$ 的总质量 m_1（称准至 0.0001g）。取出称量瓶，将它举到小烧杯上方，打开瓶盖，使称量瓶倾斜，用称量瓶盖轻轻敲瓶口，使草酸缓慢地落到烧杯中。如图2-1所示，当倾出的草酸的量已合要求时（为了能较快、较正确估计草酸的量，可将烧杯放在台秤上，

图2-1　从称量瓶中倒出固体草酸

称出其质量后，再加上和所需草酸同质量的砝码，将草酸缓慢倾入烧杯至台秤两边平衡），仍在烧杯上方将称量瓶慢慢竖起，用瓶盖轻轻敲瓶口，使粘在瓶口的草酸落入瓶内或烧杯内（如果草酸洒落在外面，需要重称）。盖好瓶盖，再在分析天平上称出称量瓶和剩余草酸的总质量 m_2。两次质量之差（$m_1 - m_2$）即为所需草酸的质量。

此草酸供实验3滴定操作用。

将实验数据及其处理以表格形式列出。

◎思考题

1. 使用分析天平时，以下操作是否允许？为什么？

（1）在砝码和称量物的质量悬殊很大的情况下，完全打开升降枢。

（2）快速打开或关闭升降枢。

（3）快速旋转圈码指数盘。

（4）用手直接拿取砝码或称量物。

2. 某同学用分析天平称某物，得出下列一组数据：1.210g，1.21000g，1.2100g。你认为哪个数值是合理的？为什么？

3. 在用减量法称取试样时，可利用天平的什么功能以免去计算两次质量之差的过程。简述基本方法。

4. 计称：$(25.5 + 4.46) \times 3.218 \div 5.0 =$

附注

有效数字

1. 有效数字位数的确定

在化学实验中，经常需要对某些物理量进行测量并根据测得的数据进行计算。那么物理量测定时，应采用几位数字，在数据处理时又应保留几位数字？为了合理地取值并能正确运算，需要了解有效数字的概念。

有效数字是实际能够测量到的数字。到底要采取几位有效数字，这与测量仪器和观察的精确程度有关。例如，在台秤上称量某物重7.8g，因为台秤只能称准到0.1g，所以该物质量可表示为(7.8±0.1)g，它的有效数字是2位。如果将该物放在分析天平上称量，得到的结果是7.8125g，由于分析天平能称准到0.0001g，所以该物重可以表示为(7.8125±0.0001)g，它的有效数字是5位。又如，在用最小刻度为1mL的量筒测量液体体积时，测得体积为17.5mL，其中17mL是直接由量筒的刻度读出的，而0.5mL是由肉眼估计的，所以该液体在量筒中准确读数可表示为(17.5±0.1)mL，它的有效数字是3位。如果将该液体用最小刻度为0.1mL的滴定管测量，则其体积为17.56mL，其中17.5mL是直接从滴定管的刻度读出的，而0.06mL是由肉眼估计的，所以该液体的体积可以表示为(17.56±0.01)mL，它的有效数字是4位。

从上面的例子可以看出，有效数字与仪器的精确程度有关，其最后一位数字是估计的(可疑数)，其他的数字都是准确的。因此，在记录测量数据时，任何超过或低于仪器精确程度的有效位数的数字都是不恰当的。如果在台秤上称得某物质量为7.8g，不可记为7.800g；在分析天平称得某物质量恰为7.800g，亦不可记为7.8g，因为前者夸大了仪器的精确度，后者缩小了仪器的精确度。

有效数字的位数可用下面几个数值来说明：

数值	0.0056	0.0506	0.5060	56	56.0	56.00
有效数字的位数	2位	3位	4位	2位	3位	4位

数字1，2，3，4，5，…，9都可作为有效数字，只有"0"有些特殊。它在数字的中间或数字后面时，则表示一定的数量，应当包括在有效数字的位数中，但是，如果"0"在数字的前面时，它只是定位数字，用来表示小数点的位置，而不是有效数字。

注意在化学数据处理中，有时会遇到一些倍数、分数或常数等，其有效数字位数可视为无限。如：

$$水的相对分子量 = 2 \times 1.008 + 16.00 = 18.02$$

在这里"2×1.008"中的"2"不能看做是一位有效数字，因为它是自然数，有效数字位数视为无限。数学运算时根据其他测定数字确定的有效数字为准。

在记录实验数据和有关的化学计算中，要特别注意有效数字的运用，否则会使计算结果不准确。

74

2. 有效数字的使用规则

a. 加减运算

在进行加减运算时，所得结果的小数点后面的位数应该与各加减数中小数点后面位数最少者相同。

例如：将 28.3，0.17，6.39 三数相加，它们的和为：

$$
\begin{array}{r}
28.\underline{3}\\
0.1\underline{7}\\
+)\quad 6.3\underline{9}\\
\hline
34.\underline{86}\quad \text{应改为 34.9}
\end{array}
$$

显然，在三个相加数值中，28.3 是小数点后面位数最少者，该数的精确度只到小数点后一位，即 28.3±0.1，所以在其余两个数值中，小数点后的第二位数是没有意义的。显然答数中小数点后第二位数值也是没有意义的。因此应当用四舍五入法弃去多余的数字。

在计算时，为简便起见，可以在进行加减前就将各数值简化，再进行计算。如上述三个数值之和可以简化为：

$$
\begin{array}{r}
28.3\\
0.2\\
+)\quad 6.4\\
\hline
34.9
\end{array}
$$

b. 乘除运算

在进行乘除运算时，所得的有效数字的位数，应与各数中最少的有效数字位数相同，而与小数点的位置无关。

例如：0.0121，25.64，1.05782 三数相乘，其积为：

$$0.0121 \times 25.64 \times 1.05782 = 0.32818230808$$

所得结果的有效数字的位数应与三个数值中最少的有效数字 0.0121 的位数（3 位）相同，故结果应改为 0.328。这是因为，在数值 0.0121 中，0.0001 是不太准确的，它和其他数值相乘时，直接影响到结果的第三位数字，显然第三位以后的数字是没有意义的。

在进行一连串数值的乘（除）运算时，也可以先将各数化简，然后运算。如上例中三个数值连乘，可先简化为：

$$0.0121 \times 25.6 \times 1.06$$

在最后答数中应保留 3 位有效数字。需要说明的是，在进行计算的中间过程中，可多保留一位有效数字运算，以消除在简化数字中累积的误差。

c. 对数运算

进行对数运算时，对数值的有效数字只由尾数部分的分数决定，因为首数部分为 10 的幂数，不是有效数字。如 2345 为 4 位有效数字，其对数 $\lg 2345 = 3.3701$，尾数部分仍保留 4 位，其中首数"3"不是有效数字。不能记成 $\lg 2345 = 3.370$，这就只有 3 位有效数字，与原数 2345

的有效数字位数不一致。

在化学中对数运算很多,如 pH 值的计算。若 $c(H^+) = 4.9 \times 10^{-11}$ mol/L,这是两位有效数字,所以 pH $= -\lg[c(H^+)/c^\ominus] = 10.31$,有效数字仍只有两位。反过来,由 pH $= 10.31$,计算时,也只能记作 4.9×10^{-11} mol/L,而不能记成 4.898×10^{-11} mol/L。

3. 数据修约规则

我国科学技术委员会正式颁布的《数字修约规则》,通常称为"四舍六入五成双"法则。四舍六入五成双,即当尾≤4 时舍去,尾数≥6 时进位,当尾数为 5 时,则应视末位数是奇数还是偶数进行修约,5 前为偶数应将 5 舍去,5 前为奇数则进一位。

这一法则的具体运用和举例如下:

(1)将 28.175 和 28.165 处理成 4 位有效数字,则分别为 28.18 和 28.16。

(2)若被舍弃的第一位数字大于 5,则其前一位数字加 1,例如 28.2645 处理成 3 为有效数字时,其被舍去的第一位数字为 6,大于 5,则有效数字应为 28.3。

(3)若被舍弃的第一位数字等于 5,而其后数字全部为零时,则视被保留末位数字为奇数或偶数定进或舍。末位数是奇数时进 1,末位数为偶数(零视为偶)时不进 1。例如 28.350、28.250、28.050 处理成 3 位有效数字时,分别为 28.4、28.2、28.0。

(4)若被舍弃的第一位数字为 5,而其后的数字并非全部为零时,则进 1,例如 28.2501,只取 3 位有效数字时,成为 28.3。

(5)若被舍弃的数字包括几位数字时,不得对该数字进行连续修约,而应根据以上各条作一次处理。如 2.154546,只取 3 位有效数字时,应为 2.15,而不得按下法连续修约为 2.16:

$$2.154546 \to 2.15455 \to 2.1546 \to 2.155 \to 2.16$$

实验 3　滴定操作练习

一、目的要求

(1)初步掌握酸碱滴定的原理和滴定操作。
(2)学习容量瓶、吸管、碱式滴定管的使用方法。
(3)标定氢氧化钠溶液的浓度。

二、原理

酸碱滴定法又叫中和法。是利用酸碱中和反应来测定酸或碱的浓度。滴定时的基本反应式为:

$$H^+ + OH^- = H_2O$$

当反应达到终点时,体系的酸和碱刚好完全中和。因此,可从所用酸(或碱)溶液的体积和标准碱(或酸)溶液的浓度、体积,计算出待测酸(或碱)的浓度。

滴定终点可借助指示剂的颜色变化来确定。一般强碱滴定酸时,常以酚酞为指示剂;而强酸滴定碱时,常以甲基橙为指示剂。(其变色 pH 值范围为多少?)

本实验用氢氧化钠溶液滴定已知浓度的草酸溶液,以标定氢氧化钠溶液的浓度。

三、实验内容

1. 标准草酸溶液的配制

加少量水使草酸固体(实验 2 所称出的)完全溶解后,移至 250mL 容量瓶

77

中,再用少量水淋洗烧杯及玻棒数次,将每次淋洗的水全部转移到容量瓶中,最后用水稀释至刻度,摇匀。计算其准确浓度。

2. NaOH 溶液浓度的标定

(1)取一支洗净的碱式滴定管①,先用蒸馏水淋洗 3 遍,再用 NaOH 溶液淋洗 3 遍,每次都要将滴定管放平、转动,最后溶液从尖嘴排出。注入 NaOH 溶液到"0"刻度以上,赶走尖嘴部分的气泡,再调整管内液面的位置恰好在"0.00"刻度处。

(2)取一支洗净的 25mL 吸管,用蒸馏水和标准草酸溶液各淋洗 3 遍。移取 25.00mL 标准草酸溶液于洁净锥形瓶中,加入 2～3 滴酚酞指示剂,摇匀。

(3)右手持锥形瓶,左手挤压滴定管下端玻璃球处橡皮管,在不停地轻轻旋转摇荡锥形瓶的同时,以"连滴不成线、逐滴加入、液滴悬而不落"的顺序滴入 NaOH 溶液。碱液滴入酸中时,局部会出现粉红色,随着摇动,粉红色很快消失。当接近滴定终点时,粉红色消失较慢,此时每加一滴碱液都要摇动均匀。锥形瓶中出现的粉红色半分钟内不消失,则可认为已达终点(在滴定过程中,碱液可能溅到锥形瓶内壁,因此快到终点时,应该用洗瓶冲洗锥形瓶的内壁,以减少误差)。记下滴定管中液面位置的准确读数。

(4)再重复滴定两次。3 次所用 NaOH 溶液的体积相差不超过 0.05mL,即可取平均值计算 NaOH 溶液的浓度。

3. 数据记录和处理

将实验数据和处理结果填入表 2-3。

表 2-3 数据记录和处理

实 验 序 号	1	2	3
标准 $H_2C_2O_4$ 溶液用量(mL)			
标准 $H_2C_2O_4$ 溶液浓度($mol \cdot L^{-1}$)			
NaOH 溶液用量(mL)			
NaOH 溶液的浓度($mol \cdot L^{-1}$)			
NaOH 溶液的平均浓度($mol \cdot L^{-1}$)($\bar{x}$)			
相对偏差($d_{r,i}$)			
相对平均偏差($\bar{d}_r$)			

---

① 也可用四氟乙烯滴定管进行滴定。

◎思考题

1. 滴定管和吸管为什么要用待量取的溶液润洗几遍？锥形瓶是否也要用同样的方法润洗？

2. 以下情况对标定 NaOH 浓度有何影响？

(1) 滴定前没有赶尽滴定管中的气泡。

(2) 滴定完后，尖嘴内有气泡。

(3) 滴定完后，滴定管尖嘴外挂有液滴。

(4) 滴定过程中，往锥形瓶内加少量蒸馏水。

3. 滴定终点时溶液呈粉红色，但放置一段时间后红色会褪去，为什么？

附注

偏差是测定值(x)与一组平行测定值的平均值($\bar{x}$)之间的差。而精密度表示各次测定结果相互接近的程度，它体现了测定结果的再现性。因此偏差是衡量精密度高低的尺度。偏差小，表示测定结果的精密度高；偏差大，表示测定结果的精密度低。偏差有各种表示方法，在此仅介绍绝对偏差和相对偏差以及平均偏差和相对平均偏差。

1. 绝对偏差和相对偏差

若某一试样平行测定 n 次，测量结果为 $x_1, x_2, \cdots, x_n$，其算术平均值为：

$$\bar{x} = \frac{x_1 + x_2 + \cdots + x_n}{n}$$

绝对偏差(d_i)是个别测定值与相应的算术平均值之差。某单次测量的绝对偏差为：

$$d_i = x_i - \bar{x}$$

相对偏差($d_{r,i}$)是绝对偏差占算术平均值的百分率：

$$d_{r,i} = \frac{d_i}{x} \times 100\%$$

d_i 值有正有负，各次平行测量的偏差之和等于零，所以分析结果的精密度不能用绝对偏差之和来表示。

2. 平均偏差和相对平均偏差

平均偏差($\bar{d}$)是指各次测量结果偏差的绝对值的平均。

$$\bar{d} = \frac{|d_1| + |d_2| + \cdots + |d_n|}{n}$$

相对平均偏差($\bar{d}_r$)表示平均偏差在测定结果的算术平均值中所占的百分率：

$$\bar{d}_r = \frac{\bar{d}}{x} \times 100\%$$

实验4 醋酸电离度和电离常数的测定

一、目的要求

(1)测定醋酸电离度和电离常数,加深对电离平衡的理解。
(2)学习使用 pH 计。

二、原理

醋酸(CH_3COOH 或 HAc)是弱电解质,在溶液中存在如下电离平衡:

$$HAc \rightleftharpoons H^+ + Ac^-$$

若 c 为 HAc 的起始浓度,$[H^+]$、$[Ac^-]$、$[HAc]$分别为 H^+、Ac^-、HAc 的平衡浓度,α 为电离度,K_a 为电离常数,在醋酸溶液中$[H^+] = [Ac^-]$、$[HAc] = c(1-\alpha)$,则

$$\alpha = \frac{[H^+]}{c} \times 100\%, \quad K_a = \frac{[H^+][Ac^-]}{[HAc]} = \frac{[H^+]^2}{c-[H^+]}$$

当 $\alpha < 5\%$ 时,

$$K_a = \frac{[H^+]^2}{c}$$

所以测定了已知浓度醋酸溶液的 pH 值,就可以计算它的电离度和电离常数。

三、实验内容

1. 醋酸溶液浓度的测定

用吸管吸取 3 份 25.00mL 醋酸溶液,分别置于 3 个 250mL 的锥形瓶中,各

加 2~3 滴酚酞指示剂。分别用标准氢氧化钠溶液滴定至溶液呈现粉红色,半分钟内不褪色视为终点(注:3 次所用 NaOH 溶液的体积相差不超过 0.05mL)。把滴定的数据及计算结果填入表 2-4。

表2-4　　　　　　　　　　　数据记录和处理

滴 定 序 号		I	II	III
NaOH 溶液的浓度(mol/L)				
HAc 溶液的用量(mL)				
NaOH 溶液的用量(mL)				
HAc 溶液的浓度(mol·L^{-1})	测定值			
	平均值			

2. 配制不同浓度的醋酸溶液

用吸管分别取 2.50mL、5.00mL、25.00mL 已测定浓度的醋酸溶液,把它们分别加入到 3 个 50mL 容量瓶中,再用蒸馏水稀释到刻度,摇匀,算出这 3 瓶 HAc 溶液的准确浓度。

3. 测定醋酸溶液的 pH 值,计算醋酸的电离度及电离常数

把以上 4 种不同浓度的醋酸溶液分别加入 4 个干燥或用相应溶液润洗过的 50mL 烧杯中,按由稀到浓的次序在 pH 计上分别测定它们的 pH 值,记录数据和室温。计算电离度和电离常数。将测得的数据及计算结果填入表 2-5。根据实验结果总结醋酸电离度、电离常数与其浓度的关系。

表2-5　　　　　　　　　　数据记录和处理　　　　　　室温____℃

溶液编号	c (mol·L^{-1})	pH	[H$^+$] (mol·L^{-1})	α	电离常数 K_a	
					测定值	平均值
1						
2						
3						
4						

◎思考题

1. 若改变所测醋酸溶液的温度,其电离度和电离常数有无变化?

2. 测定 pH 值时,为什么要按从稀到浓的次序进行?

3. 已知 pH 值的有效数字只有 2 位,那么表 2-5 中 $[H^+]$,K_a,α 的有效数字应保留几位?

实验 5　由粗食盐制备试剂级氯化钠

一、目的要求

（1）通过粗食盐提纯，了解盐类溶解度知识在无机物提纯中的应用，学习中间控制检验方法①。

（2）练习有关的基本操作：离心、过滤、蒸发、pH 试纸的使用、无水盐的干燥和滴定等。

（3）学习天平的使用和用目视比浊法进行限量分析②。

二、原理

氯化钠（NaCl）试剂由粗食盐提纯而得。一般食盐中含有泥沙等不溶性杂质及 SO_4^{2-}、Ca^{2+}、Mg^{2+} 和 K^+ 等可溶性杂质。氯化钠的溶解度随温度的变化很小，不能用重结晶的方法纯化，而需用化学法处理，使可溶性杂质都转化成难溶

---

①　在提纯过程中，取少量清液，滴加适量试剂，以检查某种杂质是否除尽，这种做法称为"中间控制检验"。

②　"限量分析"的定义：将成品配成溶液与标准溶液进行比色或比浊，以确定杂质含量范围。如果成品溶液的颜色或浊度不深于标准溶液，则杂质含量低于某一规定的限度，这种分析方法称为限量分析。

比色或比浊时应注意：

· 待测溶液与标准溶液产生颜色或浊度的实验条件要一致。

· （比色是在比色管中进行的，其用法与容量瓶同。）所用比色管玻璃质料、形状、大小要一样，比色管上指示溶液体积的刻度位置要相同。

· 比色时，将比色管塞子打开，从管口垂直向下观察，这样观察液层比从比色管侧面观察的液层要厚得多，能提高观察的灵敏度。

物,过滤除去。此方法的原理是,利用稍过量的氯化钡与氯化钠中的 SO_4^{2-} 反应转化为难溶的硫酸钡;再加碳酸钠与 Ca^{2+}、Mg^{2+} 及没有转变为硫酸钡的 Ba^{2+},生成碳酸盐沉淀,过量的碳酸钠会使产品呈碱性,将沉淀过滤后加盐酸除去过量的 CO_3^{2-},有关化学反应式如下:

$$Ba^{2+} + SO_4^{2-} = BaSO_4 \downarrow$$

$$Ca^{2+} + CO_3^{2-} = CaCO_3 \downarrow$$

$$2Mg^{2+} + 2OH^- + CO_3^{2-} = Mg_2(OH)_2CO_3 \downarrow$$

$$CO_3^{2-} + 2H^+ = CO_2 \uparrow + H_2O$$

至于用沉淀剂不能除去的其他可溶性杂质,如 K^+,在最后的浓缩结晶过程中,绝大部分仍留在母液内,而与氯化钠晶体分开,少量多余的盐酸,在干燥氯化钠时,以氯化氢形式逸出。

三、实验内容

1. 溶盐及物理除杂

用烧杯称取 10g 食盐(用怎样大小规格的烧杯?),加水 40mL(用何量器,什么规格)。加热搅拌使盐溶解,溶液中的少量不溶性杂质,留待下步过滤时一并滤去。

2. 化学处理

a. 除去 SO_4^{2-}

将食盐溶液加热至沸,用小火维持微沸(为什么?)。边搅拌,边逐滴加入 $0.5mol \cdot L$ $BaCl_2$ 溶液(为什么要逐滴加入并搅拌?),要求将溶液中全部的 SO_4^{2-} 都变成 $BaSO_4$ 沉淀。记录所用 $BaCl_2$ 溶液的量(如何确定所用的体积数?)。因 $BaCl_2$ 的用量随食盐来源不同而异,应通过实验确定最少用量。否则,为了除去有毒的 Ba^{2+},要浪费试剂和时间,因此,需要进行中间控制检验,其方法如下:

取离心管两支,各加入约 2mL 溶液,离心沉降后,沿其中一支离心管的管壁滴入 3 滴 $BaCl_2$ 溶液,另一支留作比较。如无混浊产生,说明 SO_4^{2-} 已沉淀完全(离心管中溶液如何处理?);若清液变浑,需要再往烧杯中加适量的 $BaCl_2$ 溶液,并将溶液煮沸。如此操作,反复检验、处理,直至 SO_4^{2-} 沉淀完全为止。检验液未加其他药品,观察后可倒回原溶液中。

常压过滤(有哪些注意事项?)。过滤时,不溶性杂质及 $BaSO_4$ 沉淀尽量不要倒至漏斗中。

b. 除去 Ca^{2+}、Mg^{2+}、Ba^{2+}

将滤液加热至沸,用小火维持微沸。边搅拌边逐滴加入 $0.5mol \cdot L^{-1}$ Na_2CO_3 溶液(如上法,通过实验确定用量)Ca^{2+}、Mg^{2+}、Ba^{2+} 便转变为难溶的碳酸盐或碱式碳酸盐沉淀。

确证 Ca^{2+}、Mg^{2+}、Ba^{2+} 已沉淀完全后,进行第二次常压过滤(用有柄蒸发皿收集滤液)。记录 Na_2CO_3 溶液的用量。整个过程中,应随时补充蒸馏水,维持原体积。(为什么?)

c. 除去多余的 CO_3^{2-}

往滤液中滴加 $2mol \cdot L^{-1}$ 盐酸,搅匀,使溶液的 pH = 3 ~ 4(如何测定,用什么精度的 pH 试纸?),记录所用盐酸的体积。溶液经蒸发,CO_3^{2-} 转化为 CO_2 逸出。

3. 蒸发、干燥

a. 蒸发浓缩,析出纯 NaCl

将用盐酸处理后的溶液蒸发,当液面出现晶体时,改用小火并不断搅拌,以免溶液溅出。蒸发后期,再检查溶液的 pH 值,必要时,可加 1 ~ 2 滴 $2mol \cdot L^{-1}$ 盐酸,保持溶液微酸性(pH 值约为 6)。当溶液蒸发至稀糊状时(切勿蒸干!)停止加热。冷却后,减压过滤(如何操作?),尽量将 NaCl 晶体抽干。

b. 干燥

将 NaCl 晶体放入有柄蒸发皿中,在电炉上用小火烘炒,应不停地用玻璃棒翻动,以防结块。待无水蒸气逸出后,再大火烘炒数分钟。得到的 NaCl 晶体应是洁白和松散的。放冷,在台秤上称重,计算收率。

4. 产品检验

根据中华人民共和国国家标准(简称国标)GB 1266—77,试剂级氯化钠的技术条件为:

(1)氯化钠含量不少于 99.8%;

(2)水溶液反应合格;

(3)杂质最高含量中 SO_4^{2-} 的标准(以重量%计)如表 2-6 所示。

表 2-6　　　　　　　　　杂质最高含量中 SO_4^{2-} 的标准

规格	优级纯(一级)	分析纯(二级)	化学纯(三级)
含 SO_4^{2-}	0.001	0.002	0.005

产品检验按 GB 619—77 之规定进行取样验收,测定中所需要的标准溶液、杂质标准液、制剂和制品按 GB 601—77,GB 602—77、GB 603—77 之规定制备。

a. 氯化钠含量的测定

用减量法称取 0.15g 干燥恒重的样品,称准至 0.0002g,溶于 70mL 水中,加 10mL 1% 的淀粉溶液,在摇动下用 0.1000mol/LAgNO₃ 标准溶液避光滴定,接近终点时,加 3 滴 0.5% 的荧光素指示剂,继续滴定至乳液呈粉红色。氯化钠含量(x)按下式计算:

$$x = \frac{\dfrac{V}{1\,000} \times c \times 58.44}{G}$$

式中:V——硝酸银标准溶液的用量,mL。

c——硝酸银标准溶液的浓度,mol·L⁻¹。

G——样品质量,g。

58.44——氯化钠的摩尔质量。

b. 水溶液反应

称取 5g 样品,称准至 0.01g,溶于 50mL 不含二氧化碳的水中,加 2 滴 1% 酚酞指示剂,溶液应无色,加 0.05mL 0.10mol·L⁻¹氢氧化钠溶液,溶液呈粉红色。

c. 用比浊法检验 SO₄²⁻ 的含量

在小烧杯中称取 3.0g 产品,用少量蒸馏水溶解后,完全转移到 25mL 比色管中。再加 3mL 2mol·L⁻¹盐酸(什么作用?)和 3mL 0.5mol·L⁻¹的 BaCl₂,加蒸馏水稀释至刻度,摇匀,(再静置 5min 后)与标准溶液进行比浊。根据溶液产生混浊的程度,确定产品中 SO₄²⁻ 杂质含量所达到的等级(见表 2-7)。

标准溶液实验室已配好,比浊时搅匀。

表 2-7　　　　　　　　　　　SO₄²⁻ 杂质含量的等级

规　格	一　级	二　级	三　级
含 SO₄²⁻ 量(mg)	0.03	0.06	0.15

比浊后,计算产品中 SO₄²⁻ 的百分含量范围。

d. Ca²⁺检验

取少量 NaCl,溶于水,向试液中加入几滴饱和草酸钠溶液,观察有无草酸钙沉淀生成。

e. Mg^{2+} 检验

往 NaCl 试液中滴加 6mol·L^{-3}NaOH 溶液,使之呈碱性,再加入几滴镁试剂①溶液,溶液呈蓝色时,表示镁离子存在。

◎思考题

1. 溶盐的水量过多或过少有何影响?

2. 为什么选用 BaCl$_2$、Na$_2$CO$_3$ 作沉淀剂? 为什么除去 CO$_3^{2-}$ 要用盐酸而不用其他强酸?

3. 为什么先加 BaCl$_2$ 后加 Na$_2$CO$_3$? 为什么要将 BaSO$_4$ 过滤掉才加 Na$_2$CO$_3$? 什么情况下 BaSO$_4$ 可能转化为 BaCO$_3$?

4. 为什么往粗盐溶液中加 BaCl$_2$ 和 Na$_2$CO$_3$ 后,均要加热至沸腾?

5. 如果产品的溶液呈碱性,加入 BaCl$_2$ 后有白色浑浊。问此 NaCl 可能有哪些杂质? 如何证明那些杂质确实存在?

6. 烘炒 NaCl 前,尽量将 NaCl 抽干,有何好处?

7. 什么情况下会造成产品收率过高?

8. 固液分离有哪些方法? 根据什么来选择固液分离的方法?

9. 工业上常通过将粗盐晶体粉碎后用饱和盐水浸泡再滤出 NaCl 以除去绝大部分的主要杂质 MgCl$_2$。试分析此方法的原理。

---

① 镁试剂是对硝基偶氮间苯二酚,为镁的灵敏检出试剂,检出限量为 0.5μg)

实验 6　碘盐的制备及碘含量的检测

一、目的要求

（1）了解碘盐制备的基本原理和方法；

（2）通过实验进一步熟练掌握溶液的配制、滴定等基本操作；

（3）掌握分光光度法测定溶液浓度的原理及 VIS-7220 型分光光度计的使用方法；

（4）掌握用分光光度计通过建立标准工作曲线对溶液浓度测定的方法。

二、原理

碘盐是我们日常生活的必需品，成人每天最少需摄入约 150μg 的碘，而每日安全碘摄入量的上限世界卫生组织推荐为 1000μg。碘有"智能元素"之称，它是人体甲状腺素的重要原料，与人的生长发育和新陈代谢密切相关。当人体缺碘时，会引起多种碘缺乏病（IDD Iodine-deficiency diseases），其中危害较重的有"地方性甲状腺肿"、"地方性克汀病"（聋、哑、呆、傻、矮、瘫）。IDD 有两个特点：一是危害重，二是可预防。预防 IDD 最有效、经济、实用和安全的方法就是落实以食盐加碘为主要的综合补碘措施。目前碘盐的使用已经相当普及，并且我国就碘盐含碘量也做出了明确规定。一般来说，碘盐中碘的含量用下面的公式表示：

$$碘含量 = \frac{碘盐中碘的质量（mg）}{碘盐的质量（kg）}$$

国家标准 GB 5461—1992 规定碘盐中含碘量出厂产品 ≥40mg/kg，而销售品 ≥30mg/kg。

国际中碘盐制备所用的碘添加剂主要有 KI 和 KIO_3 两种，目前通常使用的

方法是直接将 KIO_3 加入到精盐中混合均匀以加工食用碘盐。实际上 KIO_3 和 NaCl 分子是相当独立的存在于碘盐中的。纯的 KIO_3 晶体是有毒的,但在治疗剂量范围($<60mg/kg$)对人体无毒害。但如果长期服用大量碘盐也会导致碘致甲状腺肿、碘致甲亢、甲状腺功能低下和碘过敏中毒等疾病。2005 年全国性碘营养检测和碘盐质量检测结果表明,我国多数省区的平均尿碘值稍高于国际卫生组织推荐的适宜水平,因此我国也根据实际情况于 2010 年对加碘的标准进行了修改。

碘盐中含碘量的检测是碘盐出厂前的一个必要步骤。碘含量的检验一般来说有很多种不同的方法。就检测的精度而言,有定性检验、半定量检验和定量检验等;根据检测方法的不同可利用滴定分析法、分光光度法、电导发、色板法等进行分析和检验。

其中分光光度法是测定碘盐中碘含量最常用也是最方便、快速、准确的方法(分光光度计的测定原理及方法请参看:常用仪器及其使用方法——分光光度计)。碘盐溶液本身是没有光吸收特点的,但在酸性条件下,碘盐中的 KIO_3 能使 I^- 定量地氧化成 I_2:

$$IO_3^- + 5I^- + 6H^+ = 3I_2 + 3H_2O \tag{1}$$

碘遇淀粉变蓝,此蓝色溶液在紫外光区有明显地吸收。本实验就利用碘盐依据自身含碘量不同在一定条件下能制得不同吸光度蓝色溶液的特点,在最大吸收波长下,通过吸光度的标准工作曲线法对碘盐中碘含量进行定量测定。

三、实验内容

1. 食盐加碘

实验室碘盐的制备通常采用两种方法。

a. 方法一

称取 5 g 自制的试剂级 NaCl,向其中逐滴加入 1mL 含碘量为 200mg/L 的 KIO_3 标准溶液(如何配制?),搅拌均匀。在 100℃ 的恒温干燥箱中烘烤约 1h 即得碘盐。

b. 方法二

用坩埚称取 5 g 自制 NaCl,逐滴加入 1mL 200mg/L KIO_3 标准溶液。再加入 5mL 无水乙醇搅拌均匀后,将坩埚放在点滴板上,点燃无水乙醇,燃尽后冷却即得碘盐。

计算自制碘盐的碘浓度。并通过碘盐的颜色、状态及碘含量比较两种加碘方法的优劣。

2. 碘盐中碘含量的测定

a. 最大吸收波长的测定

分光光度计预热 0.5h 后,用蒸馏水作为参比溶液对分光光度计进行校正。再依次测定已知浓度的碘-淀粉溶液在不同波长下的吸光度,从而确定这一蓝色溶液的最大吸收波长。波长的扫描范围为 350 ~ 750nm,步长变化 10nm/次,但在接近最大吸收波长 λ_{max} 时,将步长减小到 5nm/次。

λ_{max} = _____

b. 标准工作曲线的建立

(1)标准溶液的配制。

移取浓度为 200mg · L^{-1} KIO$_3$ 标准溶液 25.00mL 于 250mL 容量瓶中,稀释至刻度,摇匀。取 5 支 25mL 棕色容量瓶,编号为 1、2、3、4、5。按表 1 分别移取上述 20mg · L^{-1} 的 KIO$_3$ 溶液 0.50、1.00、1.50、2.00、2.50mL 于五个对应的容量瓶中,再各加入 2mL 0.2mol · L^{-1} 硫酸和 1mL 3mol · L^{-1} KI-淀粉试剂,稀释至刻度,摇匀。(计算 5 个标准溶液中碘的摩尔浓度,填入表 2-8)

(2)吸光度的测定。

以蒸馏水为参比,在 λ_{max} 下测定所配标准溶液的吸光度,填入表 2-8 中。

表 2-8 数据记录和处理

溶液编号	V_{KIO_3}(mL)	$V_{H_2SO_4}$(mL)	$V_{KI\text{-}淀粉}$(mL)	$c(I_2)$	吸光度(A)
1	0.50	2.00	1.00		
2	1.00	2.00	1.00		
3	1.50	2.00	1.00		
4	2.00	2.00	1.00		
5	2.50	2.00	1.00		

以标准溶液中碘的摩尔浓度为横坐标,吸光度为纵坐标绘制标准工作曲线。

c. 自制碘盐碘含量的测定

准确称取约 0.2 g(精确到 0.1mg)自制碘盐,溶解后完全转移到 25mL 棕色容量瓶中,再分别加入 2mL 0.2mol·L^{-1}硫酸和 1mL 3mol·L^{-1}KI-淀粉溶液,稀释至刻度,摇匀。

(1)半定量检测。

用目视比色法比较自制碘盐所配溶液与标准溶液的颜色差异,初步确定自制碘盐中碘含量的基本范围。

(2)定量检测。

将待测溶液在 λ_{max} 下测定其吸光度,并在绘制的标准工作曲线上得到对应溶液中碘的摩尔浓度。从而计算出自制碘盐中碘的含量。

比较用不同加碘法制备的碘盐碘含量的差异。

测定市售碘盐的碘含量,并与自制碘盐进行比较。

◎思考题

1. 如何定性检测碘盐中含碘?

2. 试分析导致测定碘含量比实际加入的碘含量偏低的原因有哪些? 如何从实验方法上进行改进,提高碘的利用率?

3. KI 中碘的含量相对于 KIO$_3$要高,为什么实际生产中不加 KI 而是加入 KIO$_3$? 如果加入的碘剂是 KI,可用什么方法检测?

4. 实验中两种不同加入碘剂的方法有何优缺点? 是否还有其他加入碘剂的方法?

5. 碘剂为什么不能直接加入到食盐的浓缩液中,而是加入到精盐的结晶中?

6. 炒菜时碘盐最好什么时间放,为什么?

实验7　碳酸钠的制备和氯化铵的回收

一、目的要求

(1)了解工业制碱法的反应原理。

(2)学习利用各种盐类溶解度的差异制备某些无机化合物的方法。

(3)掌握无机制备中常用的某些基本操作。

(4)练习台秤、天平的使用,了解滴定操作。

二、原理

由氯化钠和碳酸氢铵制备碳酸钠和氯化铵,其反应方程式为:

$$NH_4HCO_3 + NaCl = NaHCO_3 + NH_4Cl \tag{1}$$

$$2NaHCO_3 \xrightarrow{\triangle} Na_2CO_3 + H_2O + CO_2\uparrow \tag{2}$$

反应(1)实际上是水溶液中离子的相互反应,在溶液中存在着 NaCl、NH_4HCO_3、$NaHCO_3$ 和 NH_4Cl 四种盐,是一个复杂的四元体系。它们的溶解度是相互影响的。本实验是根据它们的溶解度和碳酸氢钠在不同温度下的分解速度(见表 2-9,图 2-2)来确定制备碳酸钠的条件,即反应温度控制在32~35℃之间,碳酸氢钠加热分解的温度控制在300℃。(为什么选择此温度?)

回收氯化铵时,加氨水可提高碳酸氢钠的溶解度,使之不致与氯化铵共同析出,再加热使碳酸氢铵分解,从图 2-3 可以看出氯化铵和氯化钠的溶解曲线在16℃处有一交点,因此,氯化铵结晶的温度应控制在小于16℃比较合适。

碳酸钠是弱酸强碱盐。用盐酸滴定碳酸钠时有两个等当点,其反应方程式为:

第一等当点　　　$Na_2CO_3 + HCl \rightleftharpoons NaHCO_3 + NaCl$　　　$pH = 8.3$

第二等当点　　　$NaHCO_3 + HCl \Longrightarrow H_2CO_3 + NaCl$　　　$pH = 3.9$

表 2-9　　　　　　　　　　　　几种盐的溶解度(g/100g 水)

温度 ℃ 盐	0	10	20	30	40	50	60	70	80	90	100
NaCl	35.7	35.8	36.0	36.3	36.6	37.0	37.3	37.8	38.4	39.0	39.8
NH_4HCO_3	11.9	15.3	21.0	27.0	—	—	—				
$NaHCO_3$	6.9	8.15	9.60	11.1	12.7	14.5	16.4				
NH_4Cl	29.4	33.3	37.2	41.4	45.8	50.4	55.2	60.2	65.6	71.3	77.3

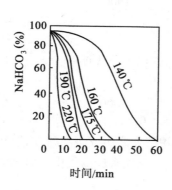

图 2-2　不同温度下 $NaHCO_3$
的分解速度

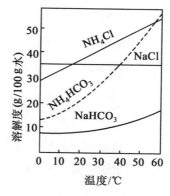

图 2-3　几种盐的溶解度曲线

在第一个等当点时,可用酚酞做指示剂。酚酞的变色范围为 $pH = 8 \sim 10$;在第二等当点时,可用甲基橙为指示剂或用溴甲酚绿—甲基红混合指示剂,甲基橙的变色范围为 $pH = 3.1 \sim 4.4$;在第一等当点时,由于 $NaHCO_3$ 的缓冲作用,突跃不明显,滴定至酚酞近无色,但在第二等当点时,由于在终点前,溶液中 H_2CO_3 和 HCO_3^- 组成缓冲体系,终点也不容易掌握。因此,在用盐酸先滴定至刚好出现橙色时,将溶液加热煮沸,去掉 CO_2,溶液变为黄色,再用极少量盐酸滴定至橙色,作为正式终点。

按下式计算碳酸钠的百分含量:

$$Na_2CO_3(\%) = \frac{c_{HCl}2V_1 \times \dfrac{M_{Na_2CO_3}}{2000}}{m} \times 100$$

式中:$M_{Na_2CO_3}$——Na_2CO_3 摩尔质量;V_1——第一等当点所消耗的 HCl 的体积(mL);c_{HCl}——HCl 的物质的量(mol·L^{-1});m——所滴定的 Na_2CO_3 固体样品的质量(g)。

提示:第一步滴定以酚酞为指示剂,其滴定终点反应为:

$$CO_3^{2-} + H^+ = HCO_3^-$$

所以中和样品中全部 Na_2CO_3 所消耗的盐酸体积为 V_1 的 2 倍($2V_1$)。而中和样品中 $NaHCO_3$ 所消耗的盐酸体积则为 $V_2 - V_1$。V_2 为滴定终点时 HCl 所消耗的体积。

碳酸氢钠的百分含量计算如下:

$$NaHCO_3(\%) = \frac{c_{HCl}(V_2 - 2V_1) \times \dfrac{M_{NaHCO_3}}{1000}}{G} \times 100$$

式中:M_{NaHCO_3} 为 $NaHCO_3$ 的摩尔质量。

工业上常用总碱度表示 Na_2CO_3 的含量,按以下公式计算:

$$Na_2CO_3 \text{ 总碱度}(\%) = \frac{c_{HCl} \cdot V_2 \cdot \dfrac{M_{Na_2CO_3}}{2000}}{G} \times 100$$

氯化铵含量的测定:在氯化铵溶液中加甲醛使之生成游离酸,用酚酞作指示剂,以标准氢氧化钠溶液滴定,根据消耗的氢氧化钠来计算氯化铵的含量。其反应式为:

$$4NH_4Cl + 6HCHO = (CH_2)_6N_4 + 4HCl + 6H_2O$$

$$HCl + NaOH = NaCl + H_2O$$

计算公式:

$$NH_4Cl\% = \frac{c \cdot \dfrac{V}{1000} \times M_{NH_4Cl}}{m} \times 100$$

式中:V——NaOH 标准溶液的用量(mL)。

c——NaOH 标准溶液的浓度(mol/L^{-1})。

m——NH_4Cl 质量(g)。

M_{NH_4Cl}——NH_4Cl 的摩尔质量。

三、实验内容

1. 制备碳酸钠

（1）称取经提纯的氯化钠6.25g，置入100mL烧杯中，加蒸馏水配制成25%的溶液。在水浴上加热，控制温度在30～35℃，在搅拌的情况下分次加入10.5g研细的碳酸氢铵，加完后继续保温并不时搅拌反应物，使反应充分进行0.5h后，静置，抽滤得碳酸氢钠沉淀，并用少量水洗涤2次，再抽干，称重。母液留待回收氯化铵。

（2）将抽干的碳酸氢钠置入编号的蒸发皿中，在马弗炉内控制温度为300℃灼烧1h，取出后，冷却至室温，称重，计算产率。

或将抽干的碳酸氢钠置入蒸发皿中，放在850W微波炉内，将火力选择旋钮调至最高挡，加热20min取出后，冷却至室温，称重，计算产率。

（3）产品含量的测定。

准确称取0.21～0.25g（准确到0.0001g）纯碱（产品）三份于250mL锥形瓶中，分别加50mL蒸馏水使其溶解。加两滴酚酞指示剂，用已知准确浓度约0.2mol·L^{-1}的盐酸溶液滴定至使溶液由红到近无色，记下所用盐酸的体积V_1，再加两滴甲基橙指示剂，这时溶液为黄色，继续用上述盐酸滴定，使溶液由黄色变至橙色，加热煮沸1～2min，冷却后，溶液又为黄色，再用盐酸溶液滴定至橙色，半分钟不褪色为止。记下所用去的盐酸的总体积V_2（V_2包括V_1）。

或用溴甲酚绿-甲基红混合指示剂代替酚酞和甲基橙。向溶液中加入9滴混合指示剂，此时溶液颜色为绿色，随着盐酸加入量的增多，溶液由绿色变为灰红褐色，加热煮沸，冷却后溶液变回绿色，再用盐酸溶液滴定至灰红褐色，半分钟不褪色，即为滴定终点。

2. 回收氯化铵

（1）将母液加热至沸，滴加6mol/L NH$_3$·H$_2$O至溶液呈碱性，继续加热蒸发，当液面出现晶膜时，冷却溶液并不断搅拌，最后使溶液冷却至10℃，使氯化铵充分结晶，抽干后转移到洁净干燥的小烧杯中，置于干燥器中干燥，称重。

（2）氯化铵含量测定。

在分析天平上，用减量法准确称取约0.2g已干燥的氯化铵两份，分别置于锥形瓶中，加水30mL，40%的甲醛2mL，酚酞3～4滴，以0.1000mol·L^{-1}NaOH

标准溶液滴定至溶液变红,半分钟内不褪色为止,计算氯化铵的百分含量。

◎思考题

1. 氯化钠不预先提纯对产品有无影响?

2. 为什么计算碳酸钠产率时,要根据氯化钠的用量? 对碳酸钠产率的影响因素有哪些?

3. 从母液中回收氯化铵时,为什么要加氨水?

4. 为什么用酚酞做指示剂时,溶液由红色变为无色并非一突变过程?

实验 8　金属 Cu 的循环制备

一、目的要求

（1）通过这一循环反应进一步熟悉四类基本化学反应（氧化还原、沉淀、分解及中和反应）的本质和分类方法；

（2）掌握化学反应现象的记录和反应数据的处理。

二、原理

实验从原料 Cu 片开始，经过一系列不同类型的反应循环得到了产物 Cu 粉。整个实验经过 5 步，得到不同铜的化合物，并根据各化合物的性质对实验过程进行设计。反应的流程图如下所示：

$$
\begin{array}{ccccc}
Cu & \xrightarrow[(1)]{\text{浓 HNO}_3} & Cu(NO_3)_2 & \xrightarrow[(2)]{\text{NaOH}} & Cu(OH)_2 \\
\uparrow & & & & \downarrow \\
\underset{(5)}{\overset{Zn,\ HCl}{}} & CuSO_4 & \xleftarrow[(4)]{H_2SO_4} & CuO & \xleftarrow{\text{加热}} \\
\end{array}
$$

每一步反应的方程式具体如下：

$$3Cu(s) + 8HNO_3(aq) + O_2(g) \rightarrow$$

$$3Cu(NO_3)_2(aq) + 4H_2O(l) + 2NO_2(g) \tag{1}$$

$$Cu(NO_3)_2(aq) + 2NaOH(aq) \rightarrow Cu(OH)_2(s) + 2NaNO_3(aq) \tag{2}$$

$$Cu(OH)_2(s) \xrightarrow{\triangle} CuO(s) + H_2O(l) \tag{3}$$

$$CuO(s) + H_2SO_4(aq) \rightarrow CuSO_4(aq) + H_2O(l) \tag{4}$$

$$CuSO_4(aq) + Zn(s) \rightarrow ZnSO_4(aq) + Cu(s) \tag{5}$$

注意事项:

(1)浓 HNO_3 沾在皮肤上会严重灼伤皮肤,其蒸汽吸入会伤到肺。在加入浓 HNO_3 时,需在通风橱内进行并戴上防护眼镜和手套。

(2)甲醇和丙酮是易燃液体,其蒸汽有毒。使用时在通风橱内进行,避开明火。

三、实验内容

1. 由 Cu 制备 $Cu(NO_3)_2$

称取约 0.5 gCu 片(如果铜片表面已被氧化,用砂纸处理并洗净)放入 250mL 的烧杯中,在通风橱中加入 4mL 的浓硝酸($16mol \cdot L^{-1}$)。搅拌溶液至 Cu 反应完全,记录实验现象。

向反应完的溶液中加蒸馏水至烧杯体积的一半。

2. 由 $Cu(NO_3)_2$ 制 $Cu(OH)_2$

在搅拌下向溶液加入 30mL $3mol \cdot L^{-1}$ NaOH,生成白色沉淀。

3. 由 $Cu(OH)_2$ 制 CuO

加热有沉淀的液体并不断搅拌至溶液微沸。当完全变黑后,停止加热,并继续搅拌几分钟。将溶液静置使生成的 CuO 沉降。倾滗法弃去上层清液,再加入 200mL 热的去离子水洗涤沉淀。待沉淀沉降后,弃去上层清液。

4. 由 CuO 制 $CuSO_4$

在搅拌下加入 15mL $6mol \cdot L^{-1}$ H_2SO_4。反应结束后将反应器放入到通风橱中。

5. 由 $CuSO_4$ 制 Cu

一次性加入 2.0 g Zn 粉,搅拌,至上层溶液由蓝色变为无色。当溶液中没有气泡出现后,弃去上层清液至指定容器内。如果在底部沉淀中看到了未反应完银灰色 Zn 粉,加入 10mL $6mol \cdot L^{-1}$ HCl 至微热。溶液中没有气泡产生后,倾滗法弃去清液,并将生成的 Cu 转移到表面皿上。用 5mL 去离子水洗产物 Cu 粉 2 次,再用 5mL 甲醇洗涤。最后将 Cu 粉放入红外灯下烘干,烘干后称重。

四、数据记录、处理及结论示例

将数据记入表2-10,并计算产物 Cu 的质量。

表2-10 数据记录和处理

1. Cu 片质量	_____ g
2. 烧杯 + 产物 Cu 质量	_____ g
3. 空烧杯质量	_____ g
4. 产物 Cu 的质量	_____ g

Cu 的回收率:

方程式及观察现象记录

(如实详尽地记录下循环中每一步反应的离子反应方程式,反应类型、反应后溶液中的物质及试验现象)

1. 反应1

离子反应方程式:

反应类型:

反应后溶液中剩余的物质:

实验现象:

2. 反应 2

离子反应方程式:

反应类型:

反应后溶液中剩余的物质:

实验现象:

3. 反应 3

离子反应方程式:

反应类型:

反应后溶液中剩余的物质:

在清洗沉淀过程中,洗去了什么物质?

实验现象:

4. 反应 4

离子反应方程式:

反应类型:

反应后溶液中剩余的物质：

实验现象：

5. 反应5

离子反应方程式：

反应类型：

反应后溶液中剩余的物质：

用水和甲醇洗沉淀的过程中,洗去了什么物质？

实验现象：

◎思考题

1. 试计算完全与 0.4mL 16mol/L HNO_3 反应,需加入的 $3mol \cdot L^{-1}$ NaOH 多少 mL ?

2. 试计算完全与 0.5 gCu 反应生成的 $Cu(OH)_2$ 反应,需加入的 $3mol \cdot L^{-1}$ NaOH 多少 mL ?

3. 结合问题 1,2 比较实际加入的 NaOH 的量和理论计算值。实际反应中是否加入了过量的 NaOH?

4. 如果实际加入的 NaOH 不足(结合反应(1)和(2)),对于产物 Cu 产率有什么影响?

5. 为什么在实际实验中设计氧气或者氢气的循环反应比设计铜的循环反应要困难得多? 试设计一个在实验室条件下可行的氧气的循环反应。

实验 9　由孔雀石制备五水硫酸铜及其质量鉴定

一、目的要求

(1)学习制备硫酸铜过程中除铁的原理和方法。

(2)学习重结晶提纯物质的原理和方法。

(3)学习无机制备过程中水浴蒸发、减压过滤、重结晶等基本操作和天平、恒温水浴箱及比重计的使用。

二、原理

孔雀石的主要成分是 $Cu(OH)_2 \cdot CuCO_3$,其主要杂质为 Fe、Si 等。用稀硫酸浸取孔雀石粉,其中铜、铁以硫酸盐的形式进入溶液,SiO_2 作为不溶物而与铜分离开来。常用的除铁的方法是用氧化剂将溶液中 Fe^{2+} 氧化为 Fe^{3+},控制不同的 pH 值,使 Fe^{3+} 离子水解析出氢氧化铁沉淀或生成溶解度小的黄铁矾沉淀而被除去。

在酸性介质中,Fe^{3+} 主要以 $[Fe(H_2O)_6]^{3+}$ 存在,随着溶液 pH 值的增大,Fe^{3+} 的水解倾向增大,当 pH = 1.6 ~ 1.8 时,溶液中的 Fe^{3+} 以 $Fe_2(OH)_2^{4+}$、$Fe_2(OH)_4^{2+}$ 形式存在,它们能与 SO_4^{2-}、K^+(或 Na^+、NH_4^+)结合,生成一种浅黄色的复盐,俗称黄铁矾。此类复盐的溶解度小,颗粒大,沉淀速度快,容易过滤。以黄铁矾为例:

$$Fe_2(SO_4)_3 + 2H_2O == 2Fe(OH)SO_4 + H_2SO_4$$

$$2Fe(OH)SO_4 + 2H_2O == Fe_2(OH)_4SO_4 + H_2SO_4$$

$$2Fe(OH)SO_4 + 2Fe_2(OH)_4SO_4 + Na_2SO_4 + 2H_2O$$

$$== Na_2Fe_6(SO_4)_4(OH)_{12} \downarrow + H_2SO_4$$

当 pH = 2 ~ 3 时，Fe^{3+} 形成聚合度大于 2 的多聚体，继续提高溶液的 pH 值，则析出胶状水合三氧化二铁（$xFe_2O_3 \cdot yH_2O$）。加热煮沸破坏胶体或加凝聚剂使 $xFe_2O_3 \cdot yH_2O$ 凝聚沉淀，过滤后便可达到除铁的目的。

溶液中含有少量的 Fe^{3+} 及其他可溶性杂质则可利用 $CuSO_4 \cdot 5H_2O$ 的溶解度随温度升高而增大的性质（附录6），通过重结晶使杂质留在母液中，以达到纯化 $CuSO_4 \cdot 5H_2O$ 的目的。

三、实验内容

1. 由孔雀石制备五水硫酸铜

a. 除铁

用稀硫酸浸取孔雀石粉，得到一定浓度的硫酸铜溶液，用密度计测量硫酸铜溶液的密度，控制硫酸铜溶液的 pH 值约为1.5 ~ 2，溶液的密度约为 1.2。量取 30mL 已知密度的硫酸铜溶液于烧杯中，水浴加热至 60 ~ 70℃，滴加约 5mL 6% H_2O_2，待滴加完后，用 2mol · L^{-1} NaOH 溶液调节溶液的酸度，控制 pH 值为3.0 ~ 3.5，将溶液加热至沸数分钟，然后再在水浴上加热保温，陈化 30 分钟，注意加盖（如何加盖），趁热过滤。

b. 蒸发结晶

将滤液转入蒸发皿中，蒸气浴加热。当溶液加热浓缩至蒸发皿边缘有小颗粒晶体出现时，停止加热，取下蒸发皿，置于冷水中冷却，观察蓝色的硫酸铜晶体析出。待充分冷却后，尽量抽干，得硫酸铜晶体，计算回收率。

c. 重结晶提纯 $CuSO_4 \cdot 5H_2O$

在上面所制得的粗产品中，以每克加 1.2mL 蒸馏水之比，加相应体积的蒸馏水，升温使其完全溶解，趁热过滤。然后让其慢慢冷却，即有晶体析出（若无晶体析出，可加一粒细小的硫酸铜晶体，作用是什么？）。待充分冷却后，尽量抽干。将晶体均匀平铺在垫有一层滤纸的表面皿上，用滤纸吸干晶体表面的水分，放在通风处晾干，称重。或放在 50℃ 的烘箱中，烘干后称重。

2. 五水硫酸铜质量鉴定

实验操作

称取 0.5g 样品，溶于 20mL 水中，加 0.5mL 6mol · L^{-1} 硝酸（HNO_3 的作用是什么？），微沸 2min，加 1.5g 氯化铵（为什么加 NH_4Cl？），滴加 6mol · L^{-1} 氨水至

生成的沉淀溶解。在水浴上加热 30min(注意加盖),用无灰滤纸过滤,用 $NH_3 \cdot H_2O\text{-}NH_4Cl$ 混合液(如何配制?),洗涤沉淀(沉淀是什么?)至滤纸上蓝色完全消失,再用热水洗涤 3 次(洗去什么?)。用 3mL $6mol \cdot L^{-1}$ 热盐酸溶解沉淀,用 10mL 水洗涤滤纸(为什么?),收集滤液及洗液于 25mL 比色管中,稀释至 25mL,取 10mL 于小烧杯中(如何取?),用 $6mol \cdot L^{-1}$ 氨水中和至 pH = 4 左右,记下所用氨水的体积 $V_{NH_3 \cdot H_2O}$。然后在 25mL 比色管中保留 10mL 溶液,加入 $V_{NH_3 \cdot H_2O}$ 体积的 $6mol \cdot L^{-1}$ 氨水,3 滴 $6mol \cdot L^{-1}$ 盐酸,2mL 10% 磺基水杨酸,摇匀,加 5mL $6mol \cdot L^{-1}$ 的氨水,稀释至 25mL 所呈黄色不得深于标准。

标准是取下列数量的 Fe:

分析纯(0.003%)　　　　　　0.006mg

化学纯(0.02%)　　　　　　　0.040mg

加 3 滴 $6mol \cdot L^{-1}$ 盐酸,加纯水 10mL,与样品同时同样处理(标准一般由实验室提供)。

通过比色法确定试样中 Fe^{3+} 的含量。

◎思考题

1. 加 H_2O_2 氧化 Fe^{2+} 时,为什么要逐滴加入?为什么加完 H_2O_2 后,再将溶液加热至沸腾?

2. 五水硫酸铜质量鉴定的基本原理是什么?

附注

$CuSO_4$ 溶液的密度和对应的重量百分比浓度如表 2-11 所示。

表 2-11　　　　　$CuSO_4$ 溶液的密度和对应的重量百分比浓度

ρ_4^{20}	1.008	1.019	1.030	1.040	1.051	1.062	1.073	1.084	1.096
%	1	2	3	4	5	6	7	8	9
ρ_4^{20}	1.107	1.119	1.130	1.142	1.154	1.167	1.180	1.193	1.206
%	10	11	12	13	14	15	16	17	18

实验 10　用废旧易拉罐制备明矾及明矾净水

一、目的要求

(1)了解两性物质的一般特点。
(2)了解由单质到化合物的一般制备方法。
(3)熟悉明矾的制备方法。
(4)掌握溶解、过滤、结晶以及沉淀的转移和洗涤等无机制备中常用的基本操作。

二、原理

　　人类生活在一个时刻处于变化的物质世界中,一种物质可用通过某些化学变化而得到另一种新的物质。无机物的合成与分解就涉及一些无机化合物之间的变化过程。本实验的旨在通过废旧铝制易拉罐的主要成分铝单质来合成在医学和净水等方面有很大功用的明矾 $[KAl(SO_4)_2 \cdot 12H_2O]$。

　　铝为一两性元素,既能与酸反应,同时又能与碱反应。将其溶于浓氢氧化钠,能生成可溶性的四羟基合铝(Ⅲ)酸钠 $Na[Al(OH)_4]$ 即偏铝酸钠,再用稀 H_2SO_4 调节溶液 pH 值,又可将其转化为氢氧化铝 $Al(OH)_3$。氢氧化铝可溶于硫酸,生成硫酸铝。硫酸铝能与碱金属的硫酸盐如硫酸钾在水溶液中结合,生成同晶复盐明矾 $[KAl(SO_4)_2 \cdot 12H_2O]$。而当溶液冷却后,溶解度较小明矾会以晶体形式析出,而未反应完的其他化合物则大多留在了溶液中。制备中涉及的化学反应如下:

$$2Al + 2NaOH + 6H_2O = 2Na[Al(OH)_4] + 3H_2 \uparrow$$
$$2Na[Al(OH)_4] + H_2SO_4 = 2Al(OH)_3 \downarrow + NaSO_4 + 2H_2O$$
$$2Al(OH)_3 + 3H_2SO_4 = Al_2(SO_4)_3 + 6H_2O$$

$$Al_2(SO_4)_3 + K_2SO_4 + 24H_2O \Longrightarrow 2KAl(SO_4)_2 \cdot 12H_2O$$

明矾是传统的净水剂,一直以来都受到了人们的关注。但由于近年来发现,明矾中所含的铝对人体有害,长期饮用明矾净化的水,可能会引发老年痴呆症。因此现在已经不再主张用明矾作为净水剂。但其作为食品改良剂和膨松剂等方面还有一定地应用。

三、实验内容

1. 铝片的前处理

从铝制易拉罐上剪下一块大小为 4cm × 4cm 的薄片,用砂纸擦去其内外表面的油漆和胶质。然后将其洗净,并蘸干表面水分。再将薄片剪成若干小片,备用。

2. Na[Al(OH)$_4$]的制备

称 0.5 g 处理好的铝片,向其中加入 25mL 2mol · L^{-1} NaOH。将烧杯置于热水浴中加热(反应激烈,防止溅出!)搅拌溶液,直至溶液中没有气泡冒出。

3. [KAl(SO$_4$)$_2$ · 12H$_2$O]的制备

趁热向溶液中快速地加入 10mL 9mol · L^{-1} H$_2$SO$_4$ 溶液,搅拌让溶液混合均匀。如果溶液中生成白色沉淀,稍稍加热使沉淀溶解,过滤。

向滤液中加入 2.00 g K$_2$SO$_4$,继续加热至溶解,将所得溶液在空气中自然冷却后,加入 3mL 无水乙醇,放入冰水浴中冷却。待结晶完全析出后,减压过滤,用 3mL 无水乙醇洗涤晶体两次;用滤纸吸干,称重,计算产率。

4. 废液处理

将第三步减压过滤后的滤液倒入烧杯中(滤液的主要成分是什么?),向其中加入约 2 g NaHCO$_3$ 固体。搅拌,可以看到固体溶解并伴有气泡产生。再向溶液中加入 1 g NaHCO$_3$,观察现象。最后向溶液中加入 NaHCO$_3$ 直至没有气泡产生为止,记录下 NaHCO$_3$ 大致的用量。然后将溶液稀释后,即可倒入下水道中。

5. 明矾的净水

将一定量的明矾投入到略有混浊的水中,观察实验现象,并思考明矾净水的原理。

◎**思考题**

1. 明矾晶体析出后,前后两次加入乙醇的目的分别是什么?

2. 若铝中含有少量铁杂质,在本实验中如何去除?

3. 在废液处理的过程中主要发生了什么化学反应? 为什么要对废液进行处理后才能排入下水道?

4. 明矾净水的原理是什么? 试根据这一原理,推测还有哪类物质可以用作净水剂。

实验 11 碘酸铜的制备及其溶度积的测定

一、目的要求

(1)通过制备碘酸铜,进一步掌握无机化合物制备的某些操作。
(2)测定碘酸铜的溶度积,加深对溶度积概念的理解。
(3)学习目视比色测定溶液浓度的方法。
(4)学习使用分光光度计。

二、原理

将硫酸铜溶液和碘酸钾溶液在一定温度下混合,反应后得碘酸铜沉淀,其反应方程式如下:

$$CuSO_4 + 2KIO_3 \Longrightarrow Cu(IO_3)_2 \downarrow + K_2SO_4$$

在碘酸铜饱和溶液中,存在一个溶解平衡:

$$Cu(IO_3)_2 \Longrightarrow Cu^{2+} + 2IO_3^-$$

在一定温度下,难溶性强电解质碘酸铜的饱和溶液中,有关离子的浓度(确切地说应是活度)的乘积是一个常数。

$$K_{sp} = [Cu^{2+}][IO_3^-]^2$$

K_{sp} 称为溶度积常数,$[Cu^{2+}]$、$[IO_3^-]$ 分别为溶解—沉淀平衡时 Cu^{2+} 和 IO_3^- 的浓度($mol \cdot L^{-1}$)。温度恒定时,K_{sp} 的数值与 Cu^{2+} 或 IO_3^- 的浓度无关,但与溶液离子强度 I 有关。

$$I = \frac{1}{2} \sum m_i Z_i$$

式中,m_i,Z_i 分别为溶液中 i 离子的质量摩尔浓度($mol \cdot kg^{-1}$)和所带的电荷数。

因此在测定溶度积时,必须保证平行实验所用溶液的离子强度相同(近)。在

实验中使用 K_2SO_4 溶液的目的就是为了尽可能地保证溶液离子强度一致。

取少量新制备的 $Cu(IO_3)_2$ 固体,将它溶于一定体积的水中,达到平衡后,分离去沉淀,测定溶液中 Cu^{2+} 和 IO_3^- 的浓度,就可以算出实验温度时的 K_{sp} 值。实验成功的关键在于使体系在一定温度下达到溶解平衡。要达到溶解平衡可有两种途径:①将难溶固体直接溶于蒸馏水从而获得饱和溶液,但若溶解过程极慢,可造成测定的 K_{sp} 实验值较真实值小;②为确保体系 K_{sp} 是在平衡态时测得的,可增加几组不同条件下的实验,通过改变(额外加入)难溶固体组成中的阳离子或阴离子的浓度,以不同的方式达到平衡(需保持体系离子强度一致)。若几次测定的 K_{sp} 相差无几,表明结果的可信度高。若某次结果相差较大,说明体系未达到平衡或操作中出现错误使该次实验失败。本实验采取两种方法测定 Cu^{2+} 的浓度,一种方法是目视比色法,另一种方法是分光光度法,测定出 Cu^{2+} 的浓度后,即可求出碘酸铜的 K_{sp}。

用目视比色法时,由相应的色阶号查出 Cu^{2+} 的浓度。用分光光度法时,可先绘制工作曲线然后得出 Cu^{2+} 浓度,或者利用具有数据处理功能的分光光度计,直接得出 Cu^{2+} 的浓度值。

三、实验内容

1. 碘酸铜的制备

用烧杯分别称取 1.3g 硫酸铜($CuSO_4 \cdot 5H_2O$),2.1g 碘酸钾(KIO_3),加蒸馏水并稍加热,使它们完全溶解(如何决定水量?),将两溶液混合(加入顺序如何?),加热并不断搅拌以免暴沸,约 20min 后,停止加热(如何判断反应是否完全?),静置至室温,弃去上层清液,用倾泻法将所得碘酸铜洗净,以洗涤液中检查不到 SO_4^{2-} 为标志(需洗 5~6 次,每次可用蒸馏水 10mL),记录产品的外形、颜色及观察到的现象,最后进行减压过滤,将碘酸铜沉淀抽干后,烘干,计算产率。

2. K_{sp} 的测定

碘酸铜 K_{sp} 的测定本实验采用目视比色和分光光度两种方法。两种方法实际操作过程虽存在差异,但原理一致,即样品的颜色与离子浓度存在对应关系,都是通过样品的颜色或吸光度与标准样品比较的方法得出样品中 Cu^{2+} 的浓度。

a. 配制含不同浓度 Cu^{2+} 和 IO_3^- 的碘酸铜饱和溶液

取 3 个干燥的小烧杯并编好号,均加入少量(黄豆粒大小)自制的碘酸铜。

如用目视比色法,向碘酸铜烧杯中加入 18.00mL 蒸馏水(应该用什么量器量水?),然后按表 2-12 加入一定量的硫酸铜和硫酸钾溶液。如用分光光度法进行测定,则向烧杯中加入 19.00mL 蒸馏水,并按表 2-14 加入硫酸铜和碘酸钾溶液。碘酸钾在溶液中起到了调节离子强度的作用,使三个溶液中的离子强度相同。溶液的总体积为 20.00mL。

不断地搅拌上述混合液约 15min,以保证配得碘酸铜饱和溶液。静置,待溶液澄清后,用致密定量滤纸、干燥漏斗常压过滤(滤纸不要用水润湿),滤液用编号的干燥小烧杯收集,沉淀不要转移到滤纸上。

b. 用目视比色法测定 Cu^{2+} 的浓度

取 3 支编好号的 25mL 比色管,各加 $2mol \cdot L^{-1}$ 氨水 2mL,再用吸量管分别吸取相应编号的上述滤液 5.00mL 分置比色管中,摇动比色管,溶液应为透明的天蓝色。加蒸馏水稀释至 25mL 刻度处,盖好塞子摇匀。将溶液与标准色阶(由实验室备好)比较,由上而下地俯视比色管并观色,由溶液颜色深浅确定它所含 Cu^{2+} 的平衡浓度 b;$b = [Cu^{2+}]_{色阶} \times \dfrac{25}{5} (mol \cdot L^{-1})$,由碘酸铜溶解而来的 $[Cu^{2+}] = b - a (mol \cdot L^{-1})$。

将实验数据列入表 2-12。

表 2-12　　　　　　　　　　　数据记录和处理

烧　杯　编　号(比色管编号)	1	2	3
$0.16mol \cdot L^{-1}CuSO_4$ 溶液的体积(mL)	0.00	1.00	2.00
$0.16mol \cdot L^{-1}K_2SO_4$ 溶液的体积(mL)	2.00	1.00	0
所加 Cu^{2+} 的浓度 a($\times 10^{-3}mol \cdot L^{-1}$)	0.00	8.00	16.00
相当的色阶号或 $[Cu^{2+}]$($\times 10^{-3}mol \cdot L^{-1}$)			
Cu^{2+} 的平衡浓度 b($\times 10^{-3}mol \cdot L^{-1}$)			
IO_3^- 的平衡浓度 $2(b-a)$($\times 10^{-3}mol \cdot L^{-1}$)			
$K_{sp} = [Cu^{2+}][IO_3^-]^2 = b[2(b-a)]^2$			
$\overline{K}_{sp}$			

c. 用分光光度法测定 Cu^{2+} 的浓度

(1)方法一:工作曲线法。

①绘制工作曲线:用吸量管分别吸取 0.2、0.4、0.6、0.8、1.0、1.2mL、

0.16mol·L^{-1}硫酸铜溶液于有标记的 6 个 50mL 容量瓶中,加 6mol·L^{-1}氨水 4.00mL,用蒸馏水稀释至刻度,摇匀,以蒸馏水作参比液,选用 2cm 比色皿,在入射光波长 610nm 条件下测定它们的吸光度,将有关数据记入表 2-13,以吸光度为纵坐标,相应的 Cu^{2+}的浓度为横坐标,绘制工作曲线。

表 2-13　　　　　　　　　　　　　　数据记录和处理　　　　　　　　　　　　λ = 610nm

容 量 瓶 编 号	1	2	3	4	5	6
0.16mol·L^{-1}CuSO$_4$ 体积(mL)	0.20	0.40	0.60	0.80	1.0	1.2
6mol·L^{-1}NH$_3$·H$_2$O 体积(mL)	4.0					
吸光度 A						
Cu^{2+}浓度(×10^{-3}mol·L^{-1})						

②碘酸铜饱和溶液中 Cu^{2+}的浓度测定:取按表 2-14 准备好的饱和碘酸铜滤液各 10.00mL 于 3 个编号的 50mL 容量瓶中,加入 6mol·L^{-1}氨水 4.00mL,用蒸馏水稀释至刻度,摇匀,用 2cm 比色皿在波长 610nm 条件下,用蒸馏水作参比液测量其吸光度,从工作曲线上查出 Cu^{2+}的浓度,将有关数据记入表 2-14。并计算 K_{sp}。

表 2-14　　　　　　　　　　　　　　数据记录和处理

容 量 瓶 编 号	1	2	3
0.16mol·L^{-1}CuSO$_4$ 的体积(mL)	0.00	0.50	1.00
0.16mol·L^{-1}K$_2$SO$_4$ 的体积(mL)	1.00	0.50	0
所加 Cu^{2+}浓度 a (×10^{-3}mol·L^{-1})	0.00	4.00	8.00
吸光度 A			
Cu^{2+}浓度			
Cu^{2+}的平衡浓度 b (×10^{-3}mol·L^{-1})			
IO$_3^-$ 的平衡浓度 $2(b-a)$ (×10^{-3}mol·L^{-1})			
$K_{sp} = [\text{Cu}^{2+}][\text{IO}_3^-]^2 = b[2(b-a)]^2$			
$\bar{K}_{sp}$			

(2)方法二:浓度直接测定法。

①溶液配制。

(ⅰ)标准铜氨溶液的配制。

按方法一 a,在 3 个 50mL 容量瓶中,分别取按表 2-13 编号为 1、3、5 的 $0.16mol \cdot L^{-1}CuSO_4$ 和 $6mol \cdot L^{-1}NH_3 \cdot H_2O$ 用量配制标 1 号、标 3 号、标 5 号三份标准铜氨溶液。其浓度分别为:64.00×10^{-5}、192.0×10^{-5}、320.0×10^{-5} $mol \cdot L^{-1}$。

(ⅱ)待测 Cu^{2+} 浓度的样品液配制。

按方法一 b,在 3 个编号为 1、2、3 的 50mL 容量瓶中,分别取按表 3 准备好的饱和碘酸铜滤液各 10.00mL 和加入 $6mol \cdot L^{-1}$ 氨水 4.00mL,用蒸馏水稀释至刻度,摇匀备用。

②测定。

用 VIS-7220 型可见分光光度计,1cm 比色皿,在 $\lambda = 610nm$ 的条件下,用蒸馏水作参比液,将配制好的标准铜氨溶液放入光路,建曲线(详见 VIS-7220 型分光光度计操作规程),按(置加数)或(置减数)键,使显示器显示标样浓度。将待测样品液放入光路,即可读出被测液的浓度值。根据 Cu^{2+} 的浓度,计算 K_{sp}。

◎思考题

1. 为什么要将所制得的碘酸铜洗净?

2. 如果配制的碘酸铜溶液不饱和或普滤时碘酸铜透过滤纸,对实验结果有何影响?

3. 配制含不同浓度 Cu^{2+} 的碘酸铜饱和溶液时,为什么要使用干烧杯并要知道溶液准确体积?

4. 普滤碘酸铜饱和溶液时,所使用的漏斗、滤纸、烧杯等是否均要干燥的?

5. 为什么用含不同 Cu^{2+} 浓度的溶液测定碘酸铜的 K_{sp}?

6. 如何判断硫酸铜与碘酸钾的反应是否基本完全?

7. 为什么配制 $Cu(NH_3)_4^{2+}$ 溶液时,所加氨水的浓度要相同?

附注

(1)$Cu(IO_3)_2$ 沉淀速度较慢,不宜用加热的方法配制其饱和溶液。

(2)标准色阶的配制。

用 1mL 的吸量管按下表吸取 $0.160mol \cdot L^{-1}$ 硫酸铜溶液,分别置于 10 支同规格、已编号的 25mL 比色管中,均加入 $2mol \cdot L^{-1}$ 氨水 2mL,摇动比色管,用蒸馏水稀释至刻度,盖好塞子摇匀,即得蓝色透明、已知准确 Cu^{2+} 浓度的标准 $Cu(NH_3)_4^{2+}$ 系列溶液。色阶配制及相应 K_{sp} 如表 2-15 所示。

表 2-15 　　　　　　　　　　　　色阶配制及相应 K_{sp}

比 色 管 编 号	1	2	3	4	5	6	7	8	9	10
$CuSO_4$ 体积(mL)	0.08	0.11	0.14	0.17	0.32	0.35	0.38	0.55	0.58	0.61
相应 Cu^{2+} 浓度($\times 10^{-3}$ mol·L^{-1})	0.51	0.70	0.90	1.1	2.0	2.2	2.4	3.5	3.7	3.9
与其比较的实验溶液	一				二			三		
Cu^{2+} 平衡浓度 b ($\times 10^{-3}$ mol·L^{-1})	2.6	3.5	4.5	5.4	10	11	12	17.6	18.6	19.5
加入 Cu^{2+} 浓度 a ($\times 10^{-3}$ mol·L^{-1})	0				8			16		
K_{sp} ($\times 10^{-7}$)	0.5	1.7	3.6	6.4	1.6	4.0	7.7	1.8	4.9	9.7

实验12　化学反应速率和活化能

一、目的要求

(1)通过试验了解浓度、温度和催化剂对反应速率的影响,加深对化学反应速率、反应级数和活化能等概念的理解。

(2)了解过二硫酸钾氧化碘化钾的反应速率测定的原理和方法;测定过二硫酸钾与碘化钾反应的平均反应速率,用作图法处理数据求出反应级数和反应活化能。

(3)学会微型实验定量加液的操作。

(4)学会使用恒温水浴装置。

(5)学习直角坐标图的绘制技巧。

二、原理

在水溶液中,过二硫酸钾与碘化钾发生如下反应:

$$S_2O_8^{2-} + 3I^- = 2SO_4^{2-} + I_3^- \tag{1}$$

此反应的反应速率与浓度的关系式可写为:

$$r = k[S_2O_8^{2-}]^m[I^-]^n \tag{a}$$

若$[S_2O_8^{2-}]$、$[I^-]$为起始浓度,则v为起始速度,k为速率常数,m与n之和是反应级数。

测定在Δt时间内$S_2O_8^{2-}$浓度的改变值$\Delta[S_2O_8^{2-}]$,则平均反应速率为:

$$\bar{v} = \frac{-\Delta[S_2O_8^{2-}]}{\Delta t} \tag{b}$$

若反应发生的时间很短,反应物几乎无消耗,则可认为这段时间内的平均速度与对应反应物起始浓度的(起始)瞬时速率相等,即

$$r_0 = k\left[\,S_2O_8^{2-}\,\right]^m\left[\,I^-\,\right]^n \approx -\frac{\Delta\left[\,S_2O_8^{2-}\,\right]}{\Delta t} \tag{c}$$

为了测出 Δt 时间内 $S_2O_8^{2-}$ 浓度的改变值 $\Delta\left[\,S_2O_8^{2-}\,\right]$,将 $K_2S_2O_8$ 溶液与 KI 溶液混合之前,在 KI 溶液中加入一定体积的已知浓度的 $Na_2S_2O_3$ 溶液和作为指示剂的淀粉溶液。这样,在反应(1)进行的同时,也发生如下反应:

$$2S_2O_3^{2-} + I_3^- = S_4O_6^{2-} + 3I^- \tag{2}$$

反应(2)的速率比反应(1)快得多,几乎瞬间完成,由反应(1)生成的 I_3^- 立即与 $S_2O_3^{2-}$ 作用,生成无色的 I^- 和 $S_4O_6^{2-}$。因此在反应开始的一段时间内,看不到碘与淀粉作用而显示的特有蓝色。一旦 $Na_2S_2O_3$ 耗尽,反应(1)继续产生的微量 I_3^- 就立即与淀粉作用,使溶液呈现蓝色。

因为从反应开始到溶液出现蓝色这段时间(Δt)内 $S_2O_3^{2-}$ 全部耗尽,所以

$$\Delta\left[\,S_2O_3^{2-}\,\right] = 0 - \left[\,S_2O_3^{2-}\,\right]_{起始} = -\left[\,S_2O_3^{2-}\,\right]_{起始} \tag{d}$$

从反应方程式(1)和(2),可以得出如下关系:

$$\Delta\left[\,S_2O_8^{2-}\,\right] = \frac{\Delta\left[\,S_2O_3^{2-}\,\right]}{2} \tag{e}$$

即由 $Na_2S_2O_3$ 的起始浓度可求 $\Delta\left[\,S_2O_8^{2-}\,\right]$,只要准确记录从反应开始到溶液出现蓝色所需要的时间 Δt,进而可计算平均反应速率 $-\dfrac{\Delta\left[\,S_2O_8^{2-}\,\right]}{\Delta t}$。(为使式(c)成立,$Na_2S_2O_3$ 的起始浓度需远小于 $\left[\,S_2O_8^{2-}\,\right]$ 和 $\left[\,I^-\,\right]$。)

对(a)式 $v = k\left[\,S_2O_8^{2-}\,\right]^m\left[\,I^-\,\right]^n$ 两边取对数,得:

$$\lg v = m\lg\left[\,S_2O_8^{2-}\,\right] + n\lg\left[\,I^-\,\right] + \lg k \tag{f}$$

当 $\left[\,I^-\,\right]$ 不变时,以 $\lg v$ 对 $\lg\left[\,S_2O_8^{2-}\,\right]$ 作图,可得一直线,斜率即为 m。同理,当 $\left[\,S_2O_8^{2-}\,\right]$ 不变时,以 $\lg v$ 对 $\lg\left[\,I^-\,\right]$ 作图,可求得 n。将求得的 m 和 n,代入(a)式,即可求得反应速率常数 k。

反应速率常数 k 与反应温度 T 一般有以下关系:

$$\lg k = A - \frac{E_a}{2.30RT} \tag{g}$$

式中:E_a 为反应的活化能,R 为气体常数,T 为绝对温度。测出不同温度时的 k 值,以 $\lg k$ 对 $\dfrac{1}{T}$ 作图,可得一直线,直线斜率为 $-\dfrac{E_a}{2.30R}$,从所得斜率值可求 E_a。

为了使每次实验的离子强度和总体积保持不变,在实验中所减少的 KI 或 $K_2S_2O_8$ 溶液量,分别用 KNO_3 或 K_2SO_4 溶液来补足。

三、实验内容

1. 浓度对化学反应速率的影响

在室温下,按表 1 所示剂量用专用移液管把一定量的 KI、$Na_2S_2O_3$、KNO_3、K_2SO_4 和淀粉溶液加入已编号的 10mL 烧杯中,搅拌均匀,然后用装有 $K_2S_2O_8$ 溶液的加液器,将一定量的 $K_2S_2O_8$ 溶液迅速加到已搅拌均匀的溶液中,同时启动秒表并不断搅拌,待溶液一出现蓝颜色时,立即按停秒表,并将时间记录于表 2-16。

表 2-16		浓度对化学反应速率的影响			室温		℃
	容器编号	1	2	3	4	5
试 剂 用 量 （mL）	$0.050mol \cdot L^{-1} K_2S_2O_8$	1.0	1.5	2.0	2.0	2.0
	$0.40mol \cdot L^{-1}$ KI	2.0	2.0	2.0	1.5	1.0
	$0.0050mol \cdot L^{-1} Na_2S_2O_3$	0.6	0.6	0.6	0.6	0.6
	0.2% 淀粉溶液	0.4	0.4	0.4	0.4	0.4
	$0.40mol \cdot L^{-1} KNO_3$	0	0	0	0.5	1.0
	$0.050mol \cdot L^{-1} K_2SO_4$	1.0	0.5	0	0	0
	反应时间(s)					

2. 温度对化学反应速率的影响

（1）用专用移液管按表 2-16 中 5 号的剂量把一定量的 KI、$Na_2S_2O_3$、KNO_3、K_2SO_4 和淀粉溶液加入到一个 10mL 的烧杯中,混合均匀,再用定量加液器将 2.0mL $0.0500mol \cdot L^{-1} K_2S_2O_8$ 溶液加入另一个 10mL 烧杯中,然后将两个烧杯同时置于恒温水浴中,待温度固定于某一稳定值,记下温度,然后将混合溶液迅速加到 $K_2S_2O_8$ 溶液中,同时启动秒表并不断搅拌溶液,待溶液出现蓝色时,按停秒表并记录时间。

（2）在 40℃ 以下,再选择 3 个合适的温度点(相邻温度差在 10℃ 左右),同上述(1)的操作进行实验,记录每次实验的温度与反应时间于表 2-17。

表 2-17　　　　　　　　　　温度对化学反应速率的影响

容器编号	6	7	8	9
反应温度(℃)				
反应时间(s)				

3. 催化剂对化学反应速率的影响

按表 2-16 中任一编号的试剂用量,先往 KI、$Na_2S_2O_3$、KNO_3、K_2SO_4、淀粉混合液中滴加 2 滴 $0.002mol \cdot L^{-1}$ 的 $Cu(NO_3)_2$,搅匀后再迅速加入相应量的 $K_2S_2O_8$ 试液,记录反应时间。与表 2-16 中相应编号的反应时间相比可得到什么结论?

四、数 据 处 理

1. 求反应级数和速率常数

计算表 2-16 中编号 1~5 的各个实验的平均反应速度,并将相应数据填入表 2-18。

表 2-18

实　　验　　编　　号		1	2	3	4	5
5.0mL 混合液中反应物的起始浓度($mol \cdot L^{-1}$)	$K_2S_2O_8$					
	KI					
	$Na_2S_2O_3$					
反应时间 $\Delta t(s)$						
$v = [Na_2S_2O_3]/2\Delta t$						
$\lg v$						
$\lg[S_2O_8^{2-}]$						
$\lg[I^-]$						
m						
n						
$k = v/[S_2O_8^{2-}]^m[I^-]^n$						

I^- 浓度不变时,用实验 1、2、3 的 v 及 $[S_2O_8^{2-}]$ 的数据,以 $\lg v$ 对 $\lg[S_2O_8^{2-}]$ 作图,直线的斜率即为 m,同理,以实验 3、4、5 的 $\lg v$ 对 $\lg[I^-]$ 作图,求出 n。

根据速度方程 $v=k[S_2O_8^{2-}]^m[I^-]^n$,求出 v 及 m、n 后,算出相应的 k。

2. 求活化能

计算编号 6~9 四个不同温度实验的平均反应速度及速度常数 k,然后以 $\lg k$ 为纵坐标,$1/T$ 为横坐标作图。由所得直线的斜率求 Ea。将有关数据录入表 2-19。

表 2-19

实　验　编　号	6	7	8	9
反　应　温　度/K				
反　应　时　间/s				
反　应　速　度/v				
速　度　常　数/k				
$\lg k$				
$1/T$				
活化能 Ea/kJ/mol				

注:(6~9 号混合液中反应物的起始浓度与 5 号同)

3. 实验数据处理

当实验中得到的数据较多时,为了清晰明了地表示实验结果,形象直观地分析数据的规律,需要对实验数据进行处理,化学实验数据处理的方法主要有列表法和作图法两种。

a. 列表法

列表法是表达实验数据最常用的方法。实验数据通过列表能一目了然,便于处理、运算和检查。并且利于分析数据之间的差别与联系。

一张完整的表格应包括:顺序号、名称、项目、说明和数据来源五部分。做好表格应注意以下几点:

(1)每张表格应编有序号,有简明又完备的名称。

(2)表格的横排称为"行",竖排称为"列"。每个变量占表格中的一行,一般先列自变量,后列应变量。每一行或列的第一栏应标注出变量的名称和单位。

（3）数据应化为最简单的形式表示,公共的乘方因子应在第一栏的名称下注明。

（4）每一行所记数据,应注意其有效数字的位数。同一列数据的小数点要对齐。数据应按自变量递增或递减的顺序排列,以更好的显示数据的变化规律。

（5）原始数据可与处理后的结果并列于一张表上,处理方法和运算公式在表上注明。

b. 作图法

作图法是指根据实验数据作出因变量随自变量变化的关系曲线图。相较于列表法,作图可以更形象、直观地显示数据的特点,数值的变化规律,还能利用图像作进一步的求解,获得斜率、截距和外推值等;也更方便数值间的比较。作图技术的高低直接关系到科学实验结论的正确性。要做出偏差最小、光滑、规范的图形,必须遵循的一些步骤和规律,下面就常用的直角坐标系绘图技术作简要介绍。

（1）选择合适的坐标纸与比例尺,用铅笔作图。

坐标的选择应遵循以下三个原则:

①一般以横坐标表示自变量,纵坐标表示因变量。

②横、纵坐标不一定由"0"刻度开始,应视数据分布范围而定。充分利用图纸的全部面积,全图分布均匀合理。如所做图形为直线,则不要使各点过分集中偏于一角,以直线与横坐标的夹角应在 $45°$ 左右为宜,角度过大、过小都会带来较大的误差。

③坐标轴的比例尺选择要适宜,使图上各物理量的全部有效数字能恰当表示出来。图纸中每一小格所对应的数值应便于读取,一般采用 1,2,3…或 5,10,15…及其倍数。其最小分度值与数据的最小分度值一致。

（2）画坐标轴。

选定比例后,画出坐标轴。在轴旁标明该轴所表示变量的名称和单位。一般将坐标轴表示的物理化学量除以其基本单位得到的纯数字量作为坐标。如用温度 T 除以其基本单位 1K(或 1℃),其结果就为纯数字量。所以单位一般写出如 $T/K,t/s$,不宜写成 $T(K),t(s)$。这样处理使绘图更规范。纵坐标每隔一定距离应标出该变量相应的数值,以便作图和读数;不要把实验值写在坐标轴旁或代表点旁。从图中读出的数据时应注意单位变化。

（3）作代表点。

将测定数据的各点用⊗、▲、●等符号绘于图上,"●"一般表示测定值的正确值,圆或三角形面积的大小与紧密度相适应。代表点一般不宜画小,以免在添加趋势线或者连成直线或曲线后被覆盖在所添加的线下而不明显。若在同一图中作多组数据点,则用不同的符号区分不同组别的点。

(4)图形的绘制。

根据实验数据值在图纸上标出各点后,按各点分布情况连成直线或曲线,以更明确地表明物理量的变化规律。连线时尽量采用曲线板绘制,直线/曲线最好能通过尽可能多的实验点,但不必通过所有点,并使线以外的实验点尽可能均匀、对称地分布在线的两侧为原则。若有个别点偏离太远,绘制时刻不必考虑。所做线应平衡、均匀、清晰,切忌为了让连线全部通过实验点而作出"折线"。

(5)由直线图形求斜率。

对于直线图形可用方程 $y = kx + b$ 代表,为求其斜率可在直线上任取两点(两点距离不宜太近)或者取两组实验数据代替(这两点必须刚好都在直线上)。

如两点的坐标值为 (x_1, y_1)、(x_2, y_2),则直线斜率为 $k = \dfrac{y_2 - y_1}{x_2 - x_1}$。

(6)图形要清洁,曲线要细而无毛刺,涂改时不要留下污迹。

除手工作图外,也可以采用 Excel、Origin 等计算机数据处理软件作图,此类软件还可根据要求进行数据分析,如比较、拟合等。

◎思考题

1. 实验中为什么可以由反应溶液出现蓝色时间的长短来计算反应速度?反应溶液出现蓝色后,$S_2O_8^{2-}$ 与 I^- 的反应是否就终止了?

2. 若不用 $S_2O_8^{2-}$ 而用 I^- 的浓度变化来表示反应速度,则反应速度常数是否一样?具体说明。

3. 下述情况对实验有何影响?

(1)移液管混用。

(2)先加 $K_2S_2O_8$ 溶液,最后加 KI 溶液。

(3)往 KI 等混合液中加 $K_2S_2O_8$ 溶液时,不是迅速而是慢慢加入。

(4)做温度对反应速度的影响实验时,加入 $K_2S_2O_8$ 后将盛反应溶液的容器移出恒温水浴反应。

实验13 酸碱平衡和沉淀溶解平衡

一、目的要求

(1)认识酸碱平衡及影响平衡移动的因素。
(2)了解缓冲溶液的性质。
(3)试验沉淀的生成、溶解及转化条件。

二、实验内容

1. 同离子效应

(1)取 2 支试管,各加 1mL 0.1mol·L^{-1}HAc 溶液和 1 滴甲基橙指示剂,摇匀,观察溶液的颜色。然后在 1 支试管中加入少量 3 mol·L^{-1}NH$_4$Ac 溶液,摇匀后与另 1 支试管比较,溶液颜色有何变化? 解释之。

(2)用 0.1mol·L^{-1}NH$_3$·H$_2$O、酚酞指示剂、NH$_4$Ac 溶液进行类同实验。试验 NH$_4$Ac 对 NH$_3$·H$_2$O 电离平衡的影响。

(3)参照上述实验另设计一实验证明同离子效应。

2. 缓冲溶液的配制和性质

(1)加 30mL 蒸馏水于小烧杯中,测定其 pH 值。往蒸馏水中加 2 滴 0.1mol·L^{-1}HCl 溶液,搅匀后再测定它的 pH 值,变化了多少?

(2)用 0.1mol·L^{-1}HAc 和 0.1mol·L^{-1}NaAc 溶液配制 pH 值为 4.7 的缓冲溶液 30mL,测定它的实际 pH 值。将缓冲溶液分为两份,第一份加入 1 滴 0.1mol·L^{-1}NaOH 溶液,混合均匀后测定它的 pH 值。往第二份缓冲溶液中加 1 滴 0.1 mol·L^{-1}HCl 溶液,测定其 pH 值。再加入 5mL 0.1mol·L^{-1}HCl 溶液,注

意混匀,此时 pH 值是多少?

比较上述两个实验,对缓冲溶液的缓冲能力作一结论。(本实验的 pH 值用 pH 计或精密 pH 试纸测定。)

3. 盐类水解和影响水解平衡的因素

a. 用精密 pH 试纸测定 pH 值

用精密 pH 试纸分别测定 $0.1mol \cdot L^{-1} NaAc, NaCl, NH_4Ac, NH_4Cl, Na_2CO_3,$ $NaHCO_3$ 的 pH 值,与计算值相比较。解释现象并比较说明。

b. 试验浓度和酸度对水解平衡的影响

取几滴 $0.2mol \cdot L^{-1} SbCl_3$ 溶液于试管中,加水稀释,观察沉淀的生成,往沉淀中滴加 $2mol \cdot L^{-1}$ 盐酸,至沉淀刚好消失,再加水稀释,观察沉淀又重新出现。

$$SbCl_3 + H_2O \rightleftharpoons SbOCl \downarrow + 2HCl$$

c. 试验温度和酸度对水解平衡的影响

取绿豆大小的 $Fe(NO_3)_3 \cdot 9H_2O$ 晶体,用少量蒸馏水溶解后,用试纸测溶液的 pH 值。将溶液分成 3 份,第一份留作比较,第二份加几滴 $6mol \cdot L^{-1} HNO_3$,第三份用小火加热煮沸。溶液发生什么变化? 解释所观察到的实验现象。

d. 盐的水解会相互影响,在 $1mL 0.1mol \cdot L^{-1} Al_2(SO_4)_3$ 溶液中加入 $1mL 0.5mol \cdot L^{-1} NaHCO_3$,观察现象并解释之。

4. 沉淀的生成与溶解

a. AgCl 和 $Ag(NH_3)_2^+$ 的生成

取 $0.5mL 0.5mol \cdot L^{-1} NaCl$ 溶液,加几滴 $0.1mol \cdot L^{-1}$ 的 $AgNO_3$ 溶液,观察 AgCl 沉淀的产生,再往其中加入 $2mol \cdot L^{-1} NH_3 \cdot H_2O$,观察由于配离子的生成而导致沉淀溶解。

b. $Mg(OH)_2$、$Fe(OH)_3$ 沉淀的生成和溶解

用 $2mol \cdot L^{-1} NaOH$ 溶液分别与 $MgCl_2$、$FeCl_3$ 溶液作用,制得沉淀量相近的 $Mg(OH)_2$ 和 $Fe(OH)_3$,离心,弃去清液,往 $Mg(OH)_2$ 沉淀中滴加 $6mol \cdot L^{-1}$ NH_4Ac 溶液至沉淀溶解,再往 $Fe(OH)_3$ 中沉淀加入同量的 NH_4Ac 溶液,沉淀是否溶解? 从平衡原理

$$M(OH)_n + nNH_4^+ \rightleftharpoons M^{n+} + nNH_3 \cdot H_2O$$

解释实验现象。

c. $BaCO_3$、$BaCrO_4$、$BaSO_4$ 的生成和溶解

在 3 支离心管中分别加入 2 滴 $0.5mol \cdot L^{-1} Na_2CO_3$、$K_2CrO_4$、$Na_2SO_4$ 溶液,

各加 2 滴 $0.5 mol \cdot L^{-1} BaCl_2$ 溶液,观察 $BaCO_3$、$BaCrO_4$、$BaSO_4$ 沉淀的生成;试验沉淀能否溶于 $2 mol \cdot L^{-1} HAc$ 中,将不溶者离心分离,弃去溶液,试验沉淀在 $2 mol \cdot L^{-1}$ 盐酸中的溶解情况。

用化学平衡原理解释实验 1、2、3 的现象,总结沉淀生成和溶解的条件。

5. 沉淀的转化和分步沉淀

(1)取两支离心管,分别加几滴 $0.5 mol \cdot L^{-1} K_2CrO_4$、NaCl 溶液,均滴入 2 滴 $0.1 mol \cdot L^{-1} AgNO_3$ 溶液,观察 Ag_2CrO_4 和 AgCl 沉淀的生成和颜色。离心,弃去清液,往 Ag_2CrO_4 沉淀中加入 $0.5 mol \cdot L^{-1}$ NaCl 溶液,往 AgCl 沉淀中加入 $0.5 mol \cdot L^{-1} K_2CrO_4$ 溶液,充分搅动,哪种沉淀的颜色发生变化?实验说明 Ag_2CrO_4、AgCl 中何者溶解度较小?

(2)往试管中加 2 滴 $0.5 mol \cdot L^{-1}$ NaCl 和 K_2CrO_4 溶液,混合均匀后,逐滴加入 $0.1 mol \cdot L^{-1} AgNO_3$ 溶液,并随即摇荡试管,观察沉淀的出现与颜色的变化。最后得到外观为砖红色的沉淀中有无 AgCl?用实验证实你的想法(提示:可往沉淀中加 $6 mol \cdot L^{-1} HNO_3$,使其中的 Ag_2CrO_4 溶解后观察之)。

用溶度积规则解释实验现象,并总结沉淀转化条件。

6. 配位平衡移动

a. 配位平衡与酸碱平衡

向盛有 1mL $0.5 mol \cdot L^{-1} FeCl_3$ 溶液的试管中逐滴加入 10% NH_4F 溶液至溶液呈无色。将溶液分成两份,分别滴加 $2 mol \cdot L^{-1}$ NaOH 和 $6 mol \cdot L^{-1} H_2SO_4$,观察现象,并解释。

b. 配位平衡与沉淀溶解平衡

向盛有约 0.5mL $0.1 mol \cdot L^{-1} AgNO_3$ 溶液的试管中逐滴加入等量 $0.1 mol \cdot L^{-1}$ NaCl 溶液。离心分离出沉淀,并洗涤沉淀,后向沉淀中加入 $2 mol \cdot L^{-1} NH_3 \cdot H_2O$ 至沉底刚好溶解,将溶液分成两份。向其中一份中滴加 1 滴 $0.1 mol \cdot L^{-1}$ NaCl,另一份中滴加 1 滴 $0.1 mol \cdot L^{-1}$ KBr 溶液。观察现象并解释之。

c. 配位平衡与氧化还原平衡

向两支小试管中均加入 2 滴 $0.1 mol \cdot L^{-1} FeCl_3$ 溶液,然后向其中一支中加入 5 滴饱和草酸铵溶液,另一支中加入 5 滴去离子水。在向两支试管中均加入 3 滴 $0.1 mol \cdot L^{-1}$ KI 溶液和 5 滴 CCl_4,震荡试管,观察 CCl_4 层颜色的变化与差别,解释实验现象。

d. 配位平衡移动

取米粒大小的 $CoCl_2 \cdot 6H_2O$ 于试管中,滴加水使之溶解,观察溶解过程中体系颜色变化。再往试管中滴加浓 HCl,观察颜色变化,再滴加水,颜色又如何变化。解释实验现象。

◎思考题

1. 同离子效应与缓冲溶液的原理有何异同?

2. 如何抑制或促进水解? 举例说明。

3. 是否一定要在碱性条件下,才能生成氢氧化物沉淀? 不同浓度的金属离子溶液,开始生成氢氧化物沉淀时,溶液的 pH 值是否相同?

4. 请计算下列反应的平衡常数:

(1) $Mg(OH)_2 + 2NH_4^+ \rightleftharpoons Mg^{2+} + 2NH_3 \cdot H_2O$

(2) $Fe(OH)_3 + 3NH_4^+ \rightleftharpoons Fe^{3+} + 3NH_3 \cdot H_2O$

(3) $Ag_2CrO_4 + 2Cl^- \rightleftharpoons 2AgCl + CrO_4^{2-}$

(4) $2AgCl + CrO_4^{2-} \rightleftharpoons Ag_2CrO_4 + 2Cl^-$

比较(1)和(2),(3)和(4)平衡常数的大小,可得出什么结论? 与你的实验结果是否一致?

实验 14　氧化还原反应

一、目的要求

（1）了解氧化还原反应和电极电势的关系。

（2）试验溶液酸度、反应物（或产物）浓度、催化剂对氧化还原反应的影响。

（3）观察并了解氧化态或还原态浓度变化对电极电势的影响。

（4）观察利用原电池电解水，观察金属的电化学腐蚀现象。

（5）学习利用微型仪器进行化学实验操作，树立环境保护意识。

二、实验内容

1. 电极电势和氧化还原反应

a. 金属活泼性比较

在井穴板的四个井穴中，分别放入四块 $\phi2cm$ 的滤纸，依次滴入 1 滴 $0.1mol \cdot L^{-1}AgNO_3$，$0.5mol \cdot L^{-1}CuCl_2$ 和 $0.5mol \cdot L^{-1}Pb(NO_3)_2$ 溶液于滤纸片上，然后在每块滤纸片的中央放一片 $2mm^2$ 大小的已打磨好的锌片，用放大镜观察金属树的生长和形状。

b. 定性比较某些电对电极电势的大小（此实验在 5mL 小试管中进行）

（1）在试管中滴加 5 滴 $0.1mol \cdot L^{-1}KI$ 溶液和 2 滴 $0.1mol \cdot L^{-1}FeCl_3$ 溶液，溶液颜色有何变化？再加 3 滴 CCl_4 溶液，充分振荡，观察 CCl_4 层是否出现紫红色（若 CCl_4 层看不清楚，可往试管中补加 $1mL$ 蒸馏水稀释一下，为什么？）。顺着试管壁再滴加 1 滴 $0.5 mol \cdot L^{-1}K_3[Fe(CN)_6]$ 溶液，不要振荡，如有 Fe^{2+} 生成，则出现蓝色沉淀。

$$K^+ + Fe^{2+} + [Fe(CN)_6]^{3-} = KFe[Fe(CN)_6] \downarrow 蓝$$

（2）用同浓度的 KBr 代替 KI 进行同样实验，观察 CCl_4 层是否有 Br_2 的橙红色?

(3)取 5 滴溴水于小试管中,加入 2 滴 0.2mol·$L^{-1}Fe^{2+}$ 盐溶液,观察溴水颜色褪去,说明溴水褪色的原因。

根据以上实验结果,定性比较 Br_2/Br^-,I_2/I^-,Fe^{3+}/Fe^{2+} 三个反应的电极电势的相对大小,并指出哪个是最强的氧化剂,哪个是最强的还原剂。

2. 酸度对氧化还原反应的影响

以下实验在井穴板或点滴板中进行。

a. 酸度对氧化还原反应产物的影响

在井穴板 $C_1 \sim C_3$ 三个井穴(或点滴板)中各滴入 5 滴 0.01mol·$L^{-1}KMnO_4$ 溶液,依次加入 2 滴 2mol·$L^{-1}H_2SO_4$ 溶液,2 滴 H_2O,2 滴 6mol·$L^{-1}NaOH$ 溶液;再分别向三个井穴中滴加 5 滴 0.5mol·$L^{-1}Na_2SO_3$ 溶液,观察现象有何不同。在实验报告中写出有关反应方程式。

b. 酸度对氧化还原反应方向的影响

(卤素在不同介质中的歧化反应及其逆反应)

点滴板的一个凹穴中滴加 1 滴碘水,往其中滴加 6mol·L^{-1} 的 NaOH 至颜色刚好褪去,然后再往其中滴加 3mol·$L^{-1}H_2SO_4$,观察溶液颜色的变化(如果现象不明显,可往其中滴入 1 滴淀粉溶液)。配平下列反应式:

$$I_2 + OH^- \longrightarrow IO_3^- + I^-$$
$$IO_3^- + I^- + H^+ \longrightarrow I_2$$

并用标准电极电势定性解释实验现象。

c. 酸度对某些物质氧化还原能力的影响

(1)取 1 滴 0.2mol·$L^{-1}K_2Cr_2O_7$ 溶液于点滴板凹穴中,往其中加 2 滴 0.5mol·$L^{-1}Na_2SO_3$ 溶液,颜色有无变化?再往其中加 1~2 滴 3mol·$L^{-1}H_2SO_4$,又有何变化?配平下列离子反应方程式:

$$Cr_2O_7^{2-} + SO_3^{2-} + H^+ \longrightarrow Cr^{3+}(绿色) + SO_4^{2-}$$

并用电极电势表达式解释实验现象。

(2)取 1 滴 0.5mol·$L^{-1}MnSO_4$ 于点滴板的凹穴中,加 1 滴 2mol·$L^{-1}NaOH$,观察实验现象,放置后再观察。用电极电势解释所观察到的现象。

3. 浓度对氧化还原反应的影响

(1)在 2 支小试管中,各加入 5 滴 0.1mol·$L^{-1}KI$ 和 2 滴 0.2mol·$L^{-1}FeCl_3$ 溶液,再向其中 1 支试管中加入少量 NH_4F 固体,摇动试管,观察两支试管的颜色有什么不同?(加入 NH_4F 后将有配离子 FeF^{2+} 生成,使反应物 Fe^{3+} 浓度减少。)

（2）往小试管中加 0.5mL 0.1mol·L^{-1}KI，2 滴 0.5 mol·$L^{-1}$$K_3[Fe(CN)_6]$ 和 2 滴 CCl_4，振荡观察有无 I_2 的生成？再往其中加入几滴 0.2 mol·L^{-1}ZnSO$_4$，充分振荡后静置，观察现象。配平下列反应式：

$$Fe(CN)_6^{3-} + I^- + Zn^{2+} \longrightarrow Zn_2[Fe(CN)_6] \downarrow (白) + I_2$$

用电极电势解释实验现象。

4. 催化剂对氧化还原反应速度的影响

a. 均相催化

在井穴板中的 $C_1 \sim C_3$ 井穴中，各加入 0.2mol·L^{-1}H$_2$C$_2$O$_4$，3mol·L^{-1}H$_2$SO$_4$ 各 5 滴，然后往一个井穴中加 1 滴 0.5mol·L^{-1}MnSO$_4$ 溶液，往另一个井穴中加 1 滴 1mol·L^{-1}NH$_4$F 溶液，最后往三个井穴中都各加入 1 滴 0.01mol·L^{-1}KMnO$_4$ 溶液，比较三个井穴中紫红色褪去的快慢（注：F^- 与 Mn^{2+} 可形成配合物）。

b. 非均相催化

取 3mL 6% H_2O_2 于小试管中，加入少量 MnO_2，将带有余烬的火柴放于试管口，观察现象并解释。

向 10mL 0.5mol·L^{-1} 的 $CuSO_4$ 溶液中分别加入等质量的 Zn 粉和 Zn 粒，比较现象有何不同，说明原因。

5. 原电池和电解（此实验在井穴板中进行）

以原电池为电源电解 Na_2SO_4 溶液。

取一块 5mL 井穴板按图 2-4 装好实验装置。

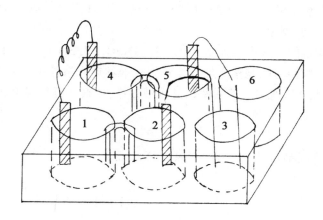

图 2-4　原电池和电解

在 1#、5#井穴中分别加入 4mL 0.5mol·L^{-1}CuSO$_4$ 溶液。在 2#、4#井穴中分别加入 4mL 0.5mol·L^{-1}ZnSO$_4$ 溶液。将盛有 ZnSO$_4$ 和 CuSO$_4$ 的井穴用盐桥连接,在 1#、5#井穴中插入 Cu 片,在 2#、4#井穴中插入 Zn 片,把 1#、4#井穴中的 Cu、Zn 片用铜丝连接,将两个原电池串联起来,在 2#、5#的 Zn、Cu 片上分别连接上一根 Ni-Cr 丝。在 3#井穴中加入 4mL 0.5mol·L^{-1} Na$_2$SO$_4$ 溶液和 2 滴酚酞,将连有 Cu、Zn 片的两根 Ni-Cr 丝插入有 Na$_2$SO$_4$ 溶液的井穴中。

观察连接 Zn 片的那根 Ni-Cr 丝周围的溶液有何变化? 两极上有何现象发生,写出电解池两极上发生的反应式,并解释之。

6. 浓度改变对原电池电动势的影响

(1)采用"原电池和电解"实验所用的一个原电池装置,用 pH 计或伏特计测量原电池电动势。

(2)取下盐桥,往盛 CuSO$_4$ 溶液的井穴中滴加浓氨水,边加边搅拌至生成沉淀溶解为止。此时形成深蓝色 Cu(NH$_3$)$_4^{2+}$ 溶液,使 Cu^{2+} 的浓度明显下降。再测量原电池电动势,数值有何变化?

同上操作,用另外一组原电池,加浓氨水使 Zn^{2+} 的浓度下降,电动势又有何变化? 用 Nernst 方程解释实验现象。

7. 金属电化学腐蚀与防护

(1)在井穴板的三个井穴中分别加入 0.5mol·L^{-1}NaCl 溶液 2mL,将三个打磨好的小铁钉中的一个用棉线绑上 Zn 片,第二个绑上 Cu 片,第三个是铁钉自身,用棉线分别悬挂在三个井穴中,线的另一端绑在井穴上的废火柴梗上,20~30min 后,观察实验现象。

(2)在井穴板的井穴内加入 0.3mol·L^{-1}H$_2$SO$_4$(用 3mol·L^{-1}H$_2$SO$_4$ 稀释)1mL,放进一小片纯锌片,观察有何现象? 将一铜丝插入溶液中,不与锌片接触,观察铜丝上有无气泡逸出? 然后使铜丝接触锌片,观察并解释实验现象。

◎思考题

举例说明介质的酸碱性对哪些氧化还原反应有影响。

实验 15　电解法测定阿伏伽德罗常数

一、目的要求

(1)了解电解法测定阿伏伽德罗常数的原理和方法。
(2)练习电解的基本操作。

二、原理

阿伏伽德罗常数(N_A)是一个十分重要的物理常数,有许多测定方法,本实验是用电解法进行测定。

用两块已知质量的铜片做阴极和阳极,以硫酸铜溶液为电解质进行电解。在阴极 Cu^{2+} 得到电子成为金属铜沉积在铜片上,使其质量增加;在阳极等量的金属铜溶解,生成 Cu^{2+} 进入溶液,使铜片质量减少。

阴极反应：　$Cu^{2+} + 2e = Cu$

阳极反应：　$Cu = Cu^{2+} + 2e$

电解时,当电流强度为 $I(A)$,则在时间 $t(s)$ 内,通过的总电量是：

$$Q = It \qquad Q \text{ 的单位是库仑或安培·秒}$$

如果在阴极上铜片增加的质量为 mg,则每增加 1g 质量所需的电量为 It/m (库仑/g)。因为 1mol 铜的质量为 63.5g,所以电解析出 1mol 铜所需的电量为：

$$\frac{It}{m} \times 63.5 (\text{库仑})$$

已知一个一价离子所带的电量(即一个电子带的电量)是 1.60×10^{-19} 库仑,一个二价离子所带的电量是 $2 \times 1.60 \times 10^{-19}$ 库仑,则 1mol 铜所含的原子个数为：

$$N_A = \frac{It \times 63.5}{m \times 2 \times 1.60 \times 10^{-19}}$$

　　理论上,阴极上 Cu^{2+} 得到的电子数应与阳极上 Cu 失去的电子数相等。因此在无副反应的情况下,阴极增加的质量应该等于阳极减少的质量。但往往因铜片不够纯等原因,阳极损失的质量一般比阴极增加的质量大,所以一般从阴极增加的质量算得的结果较为准确。

三、实验内容

1. 电极的处理、称量

　　取两块 $3cm \times 5cm$ 薄的纯紫铜片,分别用砂纸擦去表面氧化物,然后用水冲洗,再用蘸有酒精的棉花擦净,待完全干后,用小刀在铜片一端做上记号。一块作阴极,另一块作阳极,分别在分析天平上称重(精确到0.0001g)。

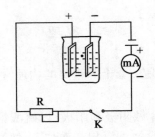

图 2-5　硫酸铜溶液电解示意图
mA—毫安表　K—开关　R—变阻箱

2. 安装仪器

　　在 50mL 烧杯中加入 40mL 的 $CuSO_4$ 溶液(每升含 $125gCuSO_4$ 和 25mL 浓 H_2SO_4),将阴、阳极高度的 2/3 浸没在 $CuSO_4$ 溶液中,两极的距离保持 1.5cm,然后按图 2-5 用导线将电极与毫安表、变阻箱、直流稳压电源相连。调节稳压电源的输出电压为 10V,变阻箱的电阻为 $90 \sim 100\Omega$。

3. 电解

　　按下开关,迅速调节电阻使毫安表指针在 120mA 处,同时开动秒表,准确记下时间。通电 50min 后,拉开开关停止电解。在电解过程中,随时调节电阻使毫安表始终指在 120mA 处。电解完毕,将仪器复原,$CuSO_4$ 溶液回收。

取下阴、阳极,先用蒸馏水漂洗,再在上面滴几滴乙醇,晾干后在分析天平上称重。

数据记录和结果记入表 2-20。

表 2-20 　　　　　　　　　　**数据记录和结果**

电极质量改变值	阴极质量增加	阳极质量减少
	电解后: 电解前: $m =$ 　　 (g)	电解前: 电解后: $m' =$ 　　 (g)
电解时间 t/s		
电流强度 I/A		
N_A 值		
百分误差		

◎**思考题**

1. 电解过程中电流不能维持恒定,对实验结果有何影响?
2. 根据实验原理,分析产生误差的主要原因,由此得出关键操作步骤。

实验 16　纯水的制取

Ⅰ. 生活用水总硬度的测定

Ca^{2+}、Mg^{2+} 是生活用水中的主要杂质离子,它们以碳酸氢盐、氯化物、硫酸盐、硝酸盐等形式溶于水中,生活用水中还含有微量的 Fe^{3+}、Al^{3+} 等离子。由于 Ca^{2+}、Mg^{2+} 含量远比其他几种离子的含量高,所以通常用 Ca^{2+}、Mg^{2+} 总量来表示水的硬度。我国以 Ca^{2+}、Mg^{2+} 离子总量折合成 CaO 的量来计算水的硬度,其法定计量单位是 $mmol \cdot L^{-1}$,习惯上采用 1 升水中含有 $10mgCaO$ 时为 $1°$,即表示十万份水中含有一份 CaO。按水的总硬度大小可将水质分类如表 2-21 所示。

表 2-21　　　　　　　　　　　　　水质分类

总硬度	$0°\sim4°$	$4°\sim8°$	$8°\sim16°$	$16°\sim30°$	$30°$以上
水质	很软水	软水	中等硬水	硬水	很硬水

生活用水的硬度不得超过 $25°$,各种工业用水各有不同要求。所以,水的硬度是水质的一项重要指标。

一、实验目的

了解用配位滴定法测定生活用水总硬度的原理、条件和方法。

二、原理

测定水的总硬度,一般采用络合滴定法,用 EDTA 标准溶液直接滴定水中的

Ca^{2+}、Mg^{2+} 总量,然后换算为相应的硬度单位。

用 EDTA 滴定 Ca^{2+}、Mg^{2+} 总量时一般是在 $pH=10$ 的氨性缓冲溶液中进行,以铬黑 T(简写为 EBT)作指示剂,用 EDTA 标准溶液滴定水中 Ca^{2+}、Mg^{2+} 至溶液由紫红色经紫蓝色转变为纯蓝色即为终点。反应式如下:

滴定前

$$EBT + M^{2+}(Ca^{2+}, Mg^{2+}) \xLongequal{pH=10} M\text{-}EBT$$
$$\text{(蓝色)} \qquad\qquad\qquad \text{(紫红色)}$$

滴定开始至等当点前

$$H_2Y^{2-} + Ca^{2+} = CaY^{2-} + 2H^+$$
$$H_2Y^{2-} + Mg^{2+} = MgY^{2-} + 2H^+$$

等当点时

$$H_2Y^{2-} + Mg\text{-}EBT = MgY^{2-} + EBT + 2H^+$$

亦可用酸性铬蓝 K-萘酚绿 B 混合指示剂,此时终点颜色由紫红色变为蓝绿色。

滴定时 Fe^{3+}、Al^{3+} 等干扰离子用三乙醇胺掩蔽,Cu^{2+}、Pb^{2+}、Zn^{2+} 等重金属离子可用 KCN、Na_2S 或巯基乙酸掩蔽。

测定结果的钙镁离子总量常以氧化钙的量计算水的硬度。

三、试剂

(1)EDTA 标准溶液 $0.01mol \cdot L^{-1}$

称取 3.7g 乙二胺四乙酸二钠盐用温热水溶解后,稀释至 1L。

(2)氨性缓冲溶液($pH=10$)

溶解 $20gNH_4Cl$ 于少量水中,加入 100mL 浓氨水,用水稀释至 1L。

(3)三乙醇胺:20%

(4)铬黑 T 指示剂:0.5%

称取 0.5g 铬黑 T 加 20mL 三乙醇胺,加水稀释至 1L。

(5)HCl:1:1

(6)Na_2S:2%

(7)纯金属锌片

(8)氨水:1:1

四、步骤

1. 0.01mol · L⁻¹EDTA 溶液的标定

准确称取纯金属锌片 0.17～0.2g 于100mL 烧杯中,加入1:1 的 HCl 溶液5mL,盖上表面皿,待完全溶解后(必要时可加热)用水吹洗表面皿和烧杯壁,将溶液转移至 250mL 容量瓶中,用水稀释至刻度,摇匀。

用移液管移取上述溶液 25.00mL 置于 250mL 锥瓶中,滴加1:2 氨水至开始析出 $Zn(OH)_2$ 白色絮状沉淀,加 NH_4^+-NH_3 缓冲液(pH = 10)10mL,并加水约20mL,滴加 2～3 滴 0.5% 铬黑 T 指示剂,用 EDTA 溶液滴定至溶液由紫红色变为纯蓝色即为终点(平行标定 3 次)。记下用去 EDTA 溶液的毫升数,计算 ED-TA 溶液的摩尔浓度。

2. 水样分析

量取水样 100mL 于 250mL 锥瓶中,加入 5mL 三乙醇胺(20%),5mL 氨性缓冲溶液,及铬黑 T 指示剂 2～3 滴(若有重金属离子则加入1mL Na_2S 溶液),用EDTA 标准溶液滴定至溶液由紫红色变为纯蓝色即为终点。平行测定 3 次,计算水的总硬度。

Ⅱ. 离子交换法制备纯水

天然水和自来水中常含有一些无机离子,如 Mg^{2+}、Ca^{2+}、SO_4^{2-}、CO_3^{2-}、Cl^-,但工农业生产、科学研究以及日常生活对水质都有一定的要求,因此常常需要对自来水进行不同程度的净化。蒸馏法、离子交换法和电渗析法是目前广泛采用的制备纯水的 3 种方法。

一、目的要求

(1)了解制备纯水的常用方法及基本原理。
(2)练习使用离子交换树脂的一般操作方法。
(3)学习正确使用电导率仪。

二、制备纯水常用方法

1. 蒸馏法制备纯水

蒸馏是分离或提纯物质的常用方法之一。不同的物质有不同的沸点,在混合液体中,沸点低的先蒸发出来,一般在一确定的温度下收集到的蒸馏物即为纯物质。含有无机杂质的水样在蒸馏过程中,在水的沸点下收集的冷凝液体即为蒸馏水。

2. 离子交换法制备纯水

离子交换法制备纯水就是利用离子交换树脂除去水中的杂质离子。通过离子交换树脂精制的纯水称离子交换水或去离子水。离子交换树脂是一种难溶性的高分子聚合物,对酸碱及一般溶剂相当稳定。它具有网状的骨架结构。如果在骨架上引入磺酸活性基团($—SO_3—H^+$)就成为强酸性阳离子交换树脂;如果引入季胺活性基团($\equiv N^+ OH^-$)就成为强碱性阴离子交换树脂。当水流过离子交换树脂床时,树脂骨架上的活性基团中的 H^+ 或 OH^- 就与水中的 Na^+、Ca^{2+} 或 Cl^-、SO_4^{2-} 等离子进行交换,其交换反应可简单表示为:

$$R—SO_3—H^+ + Na^+ \rightleftharpoons R—SO_3—Na^+ + H^+$$

$$2R—SO_3—H^+ + Ca^{2+} \rightleftharpoons (R—SO_3—)_2Ca^{2+} + 2H^+$$

$$R\equiv N^+ OH^- + Cl^- \rightleftharpoons R\equiv N^+ Cl^- + OH^-$$

$$2R\equiv N^+ OH^- + SO_4^{2-} \rightleftharpoons (R\equiv N^+)_2SO_4^{2-} + 2OH^-$$

这样,水中的无机离子被截留在树脂床上,而交换出来的 OH^- 与 H^+ 发生中和反应,使水得到了净化。这种交换反应是可逆的,当用一定浓度的酸或碱处理树脂时,无机离子便从树脂上解脱出来,树脂得到再生。

用离子交换树脂制备纯水一般有复床法、混床法和联合法等几种。

3. 电渗析法

电渗析法主要利用水中阴、阳离子在直流电作用下发生离子迁移,并借助于阳离子交换树脂只允许阳离子通过,而阴离子交换树脂只允许阴离子通过的性质,达到提纯水的目的。

本实验采用混合床离子交换法制备纯水。选用的树脂为国产 732 型强酸性阳离子交换树脂和 717 型强碱性阴离子交换树脂。这些商品树脂为了方便贮存,通常为中性盐,因此在使用时必须进行预处理。

纯水是弱电解质,导电能力极弱,当溶入杂质离子时常使其导电能力增大,用电导率仪可间接测水的纯度。习惯上用电阻率(即电导率的倒数)表示水的纯度。实验时通常使用电导率仪测定水的电导率,然后再换算为电阻率。理想的纯水电导率极小,其电阻率在 25℃ 时为 $18 \times 16^6 \Omega \cdot cm$。普通化学实验用水的电阻率是 $1 \times 10^5 \Omega \cdot cm$,若离子交换水的测定值达到这个数值,即符合要求。

三、实验内容

1. 树脂的预处理

a. 732 型树脂的处理

取 732 型阳离子交换树脂约 40g 于烧杯中,用自来水反复漂洗,除去其中色素、水溶性杂质及其他夹杂物,直至水澄清无色后,改用纯水浸泡 4h。再用 $3mol \cdot L^{-1}$ HCl 浸泡 4h。倾去盐酸溶液,最后用纯水洗至水中检不出 Cl^-(洗至 pH = 3 ~ 4)。

b. 717 型树脂的处理

取 717 型阴离子交换树脂约 80g 如同上法漂洗和浸泡后,改用 $1mol \cdot L^{-1}$ NaOH 浸泡 4h。倾去 NaOH 溶液,再用纯水洗至 pH = 8 ~ 9。

上述的预处理工作,可由实验预准备室完成。

2. 交换柱的制作及纯水的制取

a. 交换柱下部空气的排除

取 1 支下端带有活塞的玻璃管,管内底部放入一些玻璃丝。然后加入蒸馏水至管的 1/3 处,排除管下部玻璃丝中的空气。

b. 装柱

将前面处理好的树脂混合后与水一起倒入玻璃管中,与此同时打开玻璃管的活塞,让水缓慢流出(水的流速不能太快,防止树脂床露出水面),使树脂均匀自然沉降。填充的树脂床的高度约40cm,床上部的水高为 4 ~ 6cm。

c. 交换

将自来水慢慢倒入柱中,同时打开活塞,控制水的流出速度为每分钟 60 滴左右(柱中液面的位置应始终略高于树脂),当流出的水约 100mL 后,接取流出液(称离子交换水)作水质检验。

3. 水质检验

a. 电导率的测定

用小烧杯取 2/3 杯离子交换水(取水时,必须先用被测水荡洗烧杯 2～3 次),用电导率仪测定其电导率,记录数据。同时测定自来水的电导率,进行比较。

b. Mg^{2+} 离子的检验

取少量水样于试管中,加入 2 滴 NH_3-NH_4Cl 缓冲液及 0.5% 铬黑 T 溶液,摇匀。若溶液呈红色,表示有 Mg^{2+} 存在,呈天蓝色则为合格。

c. Ca^{2+} 离子的检验

取少量水样于试管中,滴加 $2mol \cdot L^{-1}$ 氨水调节 pH = 12～12.5,再加入适量的钙指示剂,摇匀。若溶液呈红色,表示有 Ca^{2+} 存在,呈蓝色则为合格。

d. Cl^- 离子的检验

取少量水样于试管中,加入 $1mol \cdot L^{-1} HNO_3$ 使之酸化,然后加入 1～2 滴 $0.1mol \cdot L^{-1} AgNO_3$ 溶液,摇匀。观察是否出现白色浑浊,无白色混浊为合格。

e. SO_4^{2-} 离子的检验

取少量水样于试管中,加入 3～4 滴 $1mol \cdot L^{-1} BaCl_2$ 溶液,并加 $1mol \cdot L^{-1}$ HNO_3 酸化,摇匀,无白色混浊为合格。

4. 树脂的再生

树脂使用一段时间失去正常的交换能力后,可按如下方法再生:

a. 树脂的分离

放出交换柱内的水,加入适量 $1mol \cdot L^{-1}$ 的 NaCl 溶液,用一支长玻璃棒充分搅拌,阴、阳树脂因比重不同而分成两层,阴离子树脂在上,阳离子树脂在下,用倾滗法将上层阴离子树脂倒入烧杯中,重复此操作直至阴、阳离子树脂完全分离为止。将剩下的阳离子树脂倒入另一烧杯中。

b. 阴离子树脂再生

用自来水漂洗树脂 2～3 次,倾出水后加入 $1mol \cdot L^{-1} NaOH$ 溶液(浸过树脂面)浸泡约 20min,倾去碱液,再用适量 $1mol \cdot L^{-1} NaOH$ 溶液洗涤 2～3 次,最后用纯水洗至 pH = 8～9。

c. 阳离子树脂再生

树脂水洗程序同上。然后用 $3mol \cdot L^{-1}$ 的盐酸浸泡约 20min,再用

3mol·L^{-1}盐酸洗涤 2~3 次,再用纯水洗至水中检不出 Cl$^-$。

◎思考题

1. 装好的离子交换柱应没有气泡,为什么?
2. 用钙指示剂检验水样中的钙离子时,溶液应调至 pH≈12,为什么?

实验 17 磺基水杨酸铁(Ⅲ)配合物的组成及稳定常数的测定

一、目的要求

(1) 了解光度法测定配合物组成及稳定常数的原理和方法。

(2) 测定 pH = 2 时,磺基水杨酸铁(Ⅲ)的组成及其稳定常数。

(3) 学习使用分光光度计。

二、原理

磺基水杨酸(HO—⟨COOH⟩—SO₃H,简式为 H_3R)与 Fe^{3+} 可以形成稳定的配合物。配合物的组成因溶液 pH 值的不同而改变。本实验是测定 pH = 2 ~ 3 时所形成的红褐色磺基水杨酸铁配离子的组成及其稳定常数。实验中通过加入一定量的 $HClO_4$ 溶液来控制溶液的 pH 值。

由于所测溶液中磺基水杨酸是无色的,Fe^{3+} 溶液的浓度很稀,也可认为是无色的,只有磺基水杨酸铁配离子(MRn)是有色的。根据朗伯-比耳定律,当波长一定、溶液的温度及比色皿(溶液的厚度)均一定时,溶液的吸光度只与配离子的浓度成正比。通过对溶液吸光度的测定,可以求出配离子的组成。

用光度法测定配离子组成时,常用连续变化法(也叫浓比递变法)。所谓等摩尔连续变化法就是:保持溶液中金属离子的浓度(c_M)与配体的浓度(c_R)之和不变的前提下,改变 c_M 与 c_R 的相对量,配制成一系列溶液,并测定相应的吸光度。以吸光度为纵坐标,以 c_R 在总浓度中所占分数为横坐标作图,得一曲线(如图 1)。将曲线两边的直线延长相交于 B',B' 点的吸光度 A' 最大,由 B' 点横坐标

139

值 F 可以计算配离子中金属离子与配体的配位比,即可求出配离子 MR_n 中配体的数目 n。

由图 2-6 可以看出,最大吸光度 A' 可被认为 M 与 R 全部形成配合物时的吸光度。但由于配离子处于平衡时有部分离解,其浓度要稍小一些,因此,实验测得的最大吸光度在 B 点,其值为 A。配离子离解度 $\alpha = A' - A/A'$。

配离子的表观稳定常数 K 可由以下平衡关系导出:

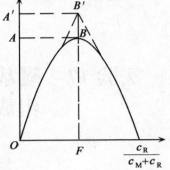

图 2-6 连续变化法

$$M + nR = MR_n$$

平衡浓度 $\quad c\alpha \quad c\alpha \quad c(1-\alpha)$

$$K = \frac{[MR_n]}{[M][R]} = \frac{c(1-\alpha)}{c\alpha \cdot (c\alpha)^n} = \frac{(1-\alpha)}{c^n \cdot \alpha^{n+1}}$$

式中:c 为 B 点时 M 的浓度。

三、实验内容

1. 配制系列溶液

将 11 个 50mL 容量瓶洗净编号。

(1)在 $1^\#$ 容量瓶中,分别用刻度吸管注入 5.00mL 0.1mol·L^{-1} HClO$_4$ 溶液①和 5.00mL 0.01mol·L^{-1} Fe^{3+} 溶液,然后加蒸馏水稀释到刻度,摇匀备用。

(2)用 3 支 5mL 刻度吸管按表 1 列出的体积数,分别吸取 0.1mol·L^{-1} HClO$_4$、0.01mol·L^{-1} Fe^{3+} 溶液和 0.01mol·L^{-1} 磺基水杨酸溶液,一一注入 $2^\#$ ~ $11^\#$ 容量瓶,将溶液配好备用。

2. 测定系列溶液的吸光度

用 72 型分光光度计、用波长为 500nm 的光源,1cm 比色皿,以蒸馏水为空白测定 $1^\#$ ~ $11^\#$ 系列溶液的吸光度。

将测得的数据记入表 2-22。

---

① HClO$_4$ 具有强腐蚀性和强氧化性,使用时应小心避免沾到皮肤上,如不慎沾上则首先用大量水冲洗。

表 2-22 　　　　　　　　　　　　　　**数据记录**

序号	$HClO_4$ 溶液的体积/mL	Fe^{3+} 溶液的体积/mL	H_3R 溶液的体积/mL	$\dfrac{c_R}{c_M+c_R}$	吸光度 A
1	5.00	5.00	0.00		
2	5.00	4.50	0.50		
3	5.00	4.00	1.00		
4	5.00	3.50	1.50		
5	5.00	3.00	2.00		
6	5.00	2.50	2.50		
7	5.00	2.00	3.00		
8	5.00	1.50	3.50		
9	5.00	1.00	4.00		
10	5.00	0.50	4.50		
11	5.00	0.00	5.00		

以吸光度 A 为纵坐标，$\dfrac{c_R}{c_M+c_R}$ 为横坐标作图，求出磺基水杨酸铁（Ⅲ）的组成和计算表观稳定常数 K。

◎**思考题**

1. 在测定吸光度时，如果温度有较大变化对测定的稳定常数有何影响？
2. 实验中，每个溶液的 pH 值是否一样？如不一样对结果有何影响？

附注

1. 酸度对配合平衡有较大的影响。如果考虑弱酸的电离平衡（磺基水杨酸是一个二元弱酸），则对表观稳定常数要加以校正，校正后即可得 $K_稳$。校正公式为：

$$\lg K_稳 = \lg K + \lg\alpha$$

式中：$K_稳$ 为绝对稳定常数，K 为表观稳定常数，α 为酸效应系数。对于磺基水杨酸，当 pH = 2 时，$\lg\alpha = 10.3$。

2. $0.01\,mol \cdot L^{-1}\,Fe^{3+}$ 溶液的配制：称取 $0.4820g(NH_4)_2Fe(SO_4)_2 \cdot 12H_2O$，以 $0.1\,mol \cdot L^{-1}$ $HClO_4$ 溶液溶解，全部转移至 100mL 容量瓶中，并用 $0.1\,mol \cdot L^{-1}\,HClO_4$ 溶液稀释至刻度。

3. $0.01\,mol \cdot L^{-1}$ 磺基水杨酸溶液的配制：称取 0.2540g 磺基水杨酸，用 $0.1\,mol \cdot L^{-1}$ $HClO_4$ 溶液溶解，全部转移至 100mL 容量瓶中，并用 $0.1\,mol \cdot L^{-1}\,HClO_4$ 溶液稀释至刻度。

实验 18 铁、钴、镍、铜和锌的纸上层析分离

一、目的要求

(1)通过实验了解色谱分离技术的基本原理及方法;
(2)掌握纸色谱分离的基本步骤和方法;
(3)了解流动相选取的一般原则和影响分离的因素;
(4)掌握无机离子纸色谱分离的一般方法。

二、原理

色谱分离法是一种物理分离方法。它是利用混合物中各组分物理化学性质的差别,使各组分不同程度分布在固定相和流动相中,并以不同速度移动,从而达到分离的目的。具体地说即:流动相流经惰性支持物时与固定相之间对混合物进行连续抽提,从而使物质在分配系数存在一定差异的两相间不断地分配而达到分离。利用这一技术可以实现物质的分离、定性或者半定量检测和分析等。常用的层析技术有纸色谱、柱色谱、薄板色谱、高效液相色谱和气相色谱。

纸色谱(paper chromatography, P.C),又称纸层析,是以滤纸作为惰性支持物的一种分配层析方法。其固定相为纸纤维上—OH 基吸附的一层水(其含量约为 20%),而流动相则通常为一些有机溶剂。当把试样点在滤纸上时,部分试样即溶解在作为固定相的吸附水中,作为流动相的溶剂由于滤纸的毛细作用能在纸上渗透扩展。随着流动相的渗透扩展,试样即在两相之间进行分配平衡。而全部的过程可以看做物质在两相中无限次重复地抽提、溶解、再重提。因此,物质就通过在滤纸中水和有机溶剂中的分配而达到分离的目的。一般来说,在流动相中分配系数较大的物质,其随流动相移动较快,会在固定相上移动较长一段距离;反之,则移动较慢,距离初始点距离较近。正因为如此,混合物试样可根

据其性质,因两相分配作用在滤纸条上分成不同的斑点,从而达到分离的目的。

试样中如果待分离的物质本身具有一定的颜色,则比较容易观测到滤纸条上不同颜色的斑点,但如果物质本身无色则需要用显色剂使其显色。

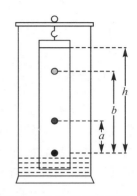

在显色的滤纸条上,可以测定不同斑点移动的距离,再根据溶剂前沿(即溶剂在滤纸上渗透终点的边沿线)移动的距离(见图2-7),计算出各溶质的比移值 R_f,其表达式如下:

$$R_{f_1} = \frac{a}{h}, R_{f_2} = \frac{b}{h}$$

两种物质的 R_f 值差别越大,则两者的斑点分得越开,分离效果也就越好。

图 2-7 纸上层析示意图

一般来说,展开溶剂的选择是决定分离成败的关键。通常状况下,展开剂是有机溶剂与水的混合物,一般不用单一的有机溶剂作展开剂。在选择展开剂时,要充分考虑到待分离物质的性质特别是极性,因此有时采用混合有机溶剂。此外还要考虑到溶剂的酸碱性、氧化还原性等。不同的展开剂会对试样产生不同的分离效果。其次,展开时间也对分离的效果有一定影响,通常时间越长,溶剂渗透前沿移动距离越大,各组分斑点中心之间的距离也加大,当达到各组分斑点无一重叠,稍有间隙,就可以说已经分离完全。

本实验研究铁、钴、镍、铜和锌这五种性质相近离子在固定相吸附水和流动相展开剂丙酮、$6mol \cdot L^{-1}$盐酸(体积比7∶3混合)的混合溶液中层析分离。并以$K_4[Fe(CN)_6]$ + $K_3[Fe(CN)_6]$和丁二酮肟混合溶液为显色剂,对不同的离子进行鉴定。$K_4[Fe(CN)_6]$和$K_3[Fe(CN)_6]$均可与Fe^{3+}、Co^{2+}、Ni^{2+}、Cu^{2+}和Zn^{2+}发生显色反应,生成的两种有色物质混合后,会使色斑更加鲜艳,尤其有利于Co^{2+}、Ni^{2+}色斑的辨识。

$$\left.\begin{array}{l} KFe[Fe(CN)_6] \text{ 深蓝} \downarrow \\ Fe[Fe(CN)_6] \text{ 黄绿} \downarrow \end{array}\right\} \text{深蓝} \downarrow \quad \left.\begin{array}{l} Co_2[Fe(CN)_6] \text{ 灰绿色} \downarrow \\ Co_3[Fe(CN)_6]_2 \text{ 暗红色} \downarrow \end{array}\right\} \text{紫色} \downarrow$$

$$\left.\begin{array}{l} Ni_2[Fe(CN)_6] \text{ 浅绿色} \downarrow \\ Ni_3[Fe(CN)_6]_2 \text{ 黄棕色} \downarrow \end{array}\right\} \text{蓝色} \downarrow \quad \left.\begin{array}{l} Cu_2[Fe(CN)_6] \text{ 红棕色} \downarrow \\ Cu_3[Fe(CN)_6]_2 \text{ 黄棕色} \downarrow \end{array}\right\} \text{红棕色} \downarrow$$

$$\left.\begin{array}{l} Zn_2[Fe(CN)_6] \text{ 白色} \downarrow \\ Zn_3[Fe(CN)_6]_2 \text{ 黄褐色} \downarrow \end{array}\right\} \text{黄色} \downarrow$$

丁二酮肟可与Ni^{2+}在浓氨水存在的条件下发生显色反应,使原本不明显的蓝色斑点变为鲜红色。而受到浓氨水的影响,Co^{2+}离子形成的紫色斑点变成红紫色,Fe^{3+}离子的深蓝色斑点转变成为黑紫色。

三、实验内容

1. 点样

用铅笔在裁剪为 $10cm \times 12cm$ 中速定性滤纸。下缘约 $2cm$ 处画一横线,作为起始线。然后如图 2-8 所示,将滤纸折成均等的四折,并在每栏起始线中间画一小"×",作为点样的原点。用四支玻璃毛细管分别蘸取少量含 $0.05mol \cdot L^{-1}$ 的 Fe^{3+}、Co^{2+}、Ni^{2+} Cu^{2+} 和 Zn^{2+} 的溶液,在有"×"处点样,重复点 $2 \sim 3$ 次,保证原点直径不超过 $0.5cm$。并记录下每个点样点所点的溶液。

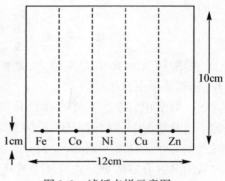

图 2-8　滤纸点样示意图

2. 展开

将约 $20mL$ 展开剂加入 $250mL$ 干燥的烧杯,如图 2-9 所示将折好滤纸小心放入烧杯,在杯口盖上保鲜膜并有橡皮筋固定。在展开剂上行展开的过程中不要移动烧杯,当溶剂前沿距滤纸上缘约 $2cm$,取出滤纸条,用铅笔经溶剂前沿画一横线作为终止线。将滤纸晾干(或在 $60℃$ 的烘箱内烘干)。

图 2-9　纸上层析示意图

3. 显色并计算 R_f 值

用喷壶将体积比为 $6:1:1(0.25mol \cdot L^{-1} K_4Fe(CN)_6:0.25mol \cdot L^{-1} K_3Fe(CN)_6:$ 丁二酮肟)的混合显色剂①均匀地喷在滤纸条被流动相湿润的区域。观察并记

---

①　本实验也可选择浓氨水、丁二酮肟和 8-羟基喹啉共同作为显色剂。

144

录滤纸条上斑点的颜色及位置。然后用浓氨水熏滤纸条,尤其是靠近原点的区域(此操作需在通风橱内进行),观察原点附近斑点及其他斑点的颜色变化,并记录其位置。统计实验结果计算混合液四种不同离子的 R_f 值。

4. 分析

用同样的方法测定混合溶液和两瓶未知混合液,分析未知混合液中含有上述五种离子中的哪几种。

◎思考题

1. 试分析可能产生层析样品斑点拖尾现象的原因?
2. 展开剂即流动相的性质对样品中不同物质的分离有何影响?
3. 待分离试样的浓度对分离效果有何影响?
4. 试从几种离子的结构和性质说明它们在本实验条件下 R_f 值不同的原因。

实验 19　配合物晶体场分裂能的测定

一、目的要求

(1)了解配合物的吸收光谱。
(2)进一步熟悉分光光度计的使用。
(3)掌握分光光度法测定配合物晶体场分裂能的基本原理,学会简单配合物晶体场分裂能的计算方法。
(4)了解中心离子、配离子类型和溶液的浓度对晶体场分裂能大小的影响。

二、原理

过渡金属离子在形成配合物时其 d 轨道会受到配体的影响而发生能级裂分,d 轨道具体的裂分情况与 d 轨道中的电子数及配体类型和空间分布有关。当 d 轨道没有被电子完全占据时,处于低能级 d 轨道的电子能吸收一定波长的可见光跃迁到高能级 d 轨道,这种跃迁称为 d-d 跃迁。d-d 跃迁所需的能量即分裂轨道的能量差可以通过可见光谱来测定,从而计算出晶体场分裂能。

对于 d_1 和 d_9 组态的配合物,如本实验的研究对象 $[Ti(H_2O)_6]^{3+}$,中心离子的 d 轨道分裂相对简单。中心离子由于配体的作用,原来简并的 5 个 3d 轨道分裂成两组,二重简并的 e_g 轨道和三重简并的 t_{2g} 轨道(如图 2-10 所示)。中心金属离子 Ti^{3+} 的 d 轨道上仅有的一个 d 电子能吸收一定频率的光,由原来所在的基态 t_{2g} 轨道跃迁至能量较高的 e_g 轨道,其吸收光谱仅有一个吸收峰。因此可以从其吸收光子的能量,即最大吸收峰所对应的波长值,直接得到 $(E_{eg} - E_{t2g})$ 的能级差,而这个能量即为金属离子配合物所对应的晶体场分裂能 Δ_o。各能量与最大吸收波长有如下关系:

$$E_光 = h\nu_{max} = E_{e_g} - E_{t2g} = \Delta_o \tag{1}$$

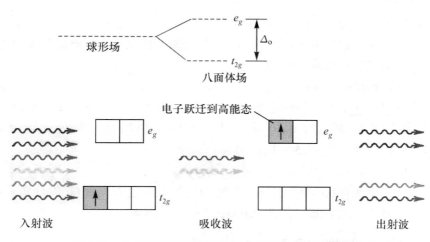

图 2-10 d₁ 组态的配合物能级分裂图及光吸收示意图

而 $$\nu_{max} = c/\lambda_{max} \quad (2)$$

故 $$\Delta_o = h\nu_{max} = hc/\lambda_{max} \quad (3)$$

式中,h 为普朗克常量,$5.539 \times 10^{-35} cm^{-1} \cdot s$;c 为光速,$2.9979 \times 10^{10} cm/s$;$E_光$为可见光光能,$cm^{-1}$;$\nu_{max}$为最大吸收所对应的频率,$s^{-1}$;$\lambda_{max}$为最大吸收波长,nm。

对于多电子的过渡金属离子而言,除了配体影响 d 轨道的能级分裂外,电子-电子之间的相互作用也会影响轨道分裂,因此轨道分裂情况要复杂得多。如本实验中的$[Cr(H_2O)_3]^{3+}$,为 d^{3+} 组态,d 轨道被裂分为 4 组。吸收光后既存在 d-d 跃迁也存在电子转移跃迁,在可见光区应该存在三个吸收峰,但由于强的电子跃迁吸收峰的覆盖,通常在图谱中只出现两个甚至一个吸收峰。其中能量最低的吸收峰即最大波长的吸收峰所对应的能量为分裂能 Δ_o。

此外同一金属离子不同配体对 d 轨道的分裂也存在差异,可以通过测定不同 Cr^{3+} 配合物的吸收光谱进行比较。

三、实验内容

1. 溶液的配制

a. $[Ti(H_2O)_6]^{3+}$ 溶液的配制

分别用移液管取 1mL 和 5mL 15% 的 $TiCl_3$ 溶液于 50mL 容量瓶中,加蒸馏水稀释至刻度。

b. [Cr(H₂O)₆]³⁺溶液的配制

称取约 0.3 g CrCl₃·6H₂O 于小烧杯中,加少量蒸馏水溶解后加热至沸腾,放置冷却至室温后稀释至约 50mL。

c. [Cr(EDTA)]⁻溶液的配制

称取约 0.5 g 乙二胺四乙酸二钠盐(EDTA)于小烧杯中,加入 30mL 蒸馏水,加热溶解后加入约 0.05 g CrCl₃·6H₂O,稍加热得紫色的溶液即为 [Cr-EDTA]⁻。稀释至约 50mL,摇匀。

d. K₃[Cr(C₂O₄)₃]溶液的配制

参考三草酸合铁酸钾的制备(实验 23)过程,通过查阅资料,设计实验制备 K₃[Cr(C₂O₄)₃],并配成浓度为 0.003mol·L⁻¹的溶液。

2. 晶体场分裂能的测定

以蒸馏水为参比液,校正分光光度计。待仪器达到稳定后,在波长为 360 ~ 650 nm 范围内,每 10 nm 测定一次 [Ti(H₂O)₆]³⁺溶液的吸光度。注意在接近最大吸收峰附近,适当减小波长间隔测定吸光度。以波长λ为横坐标,吸光度 A 为纵坐标作图可得到吸收曲线,从曲线中找到 [Ti(H₂O)₆]³⁺对应的最大吸收波长 λ_max。计算配合物 [Ti(H₂O)₆]³⁺的晶体场分裂能。

同样的方法测定 [Cr(H₂O)₆]³⁺、[Cr(EDTA)]⁻和 [Cr(C₂O₄)₃]³⁻的晶体场分裂能。其波长的扫描范围分别为 480 ~ 620 nm、500 ~ 640 nm 和 360 ~ 660nm。

比较各不同金属离子配合物及同一金属离子不同配体配合物的晶体场分裂能的大小,并结合理论加以解释。

◎思考题

1. 配合物的分裂能 Δ(10Dq)受哪些因素影响?

2. 实验中由吸收曲线求配合物的分裂能时,溶液的浓度高低对测定 Δ 值是否有影响?为什么溶液要保持一定的浓度?同一配体离子,金属配合物分裂能的一般变化规律如何,是否与实验结果相符?

3. 试从实验原理分析,用分光光度法测定晶体场分裂能有何优缺点。

第三部分 无机物的制备、提纯及配合物的合成实验

实验20 二氧化碳的制备及分子量的测定

一、目的要求

(1)学习实验室常用气体的制备方法。
(2)学习正确使用启普发生器和气压计。
(3)了解气体相对密度法测定分子量的原理和方法。
(4)制备二氧化碳气体并测其分子量。

二、原理

根据阿伏伽德罗定律,在同温同压下,同体积的各种气体含有相同数目的分子(即相同的摩尔数)。其关系式为:$n_1 = n_2$ 而 $n = \dfrac{m}{M}$,所以 $\dfrac{m_1}{M_1} = \dfrac{m_2}{M_2}$。

式中:n_1、m_1、M_1 分别为第一种气体的摩尔数、质量、分子量,n_2、m_2、M_2 为第二种气体的摩尔数、质量和分子量。这样,只要在同温同压下测定同体积的两种气体的质量,其中一种气体的分子量为已知,即可求得另一种气体的分子量。

本实验是把同体积的二氧化碳与空气(其平均分子量为 28.98)的质量相比,这时,二氧化碳的分子量可根据下式计算:

$$m_{CO_2} = \frac{m_{CO_2}}{m_{空气}} \times 28.98$$

三、实验内容

1. 二氧化碳气体的制备和净化

按图 3-1 装配好制备二氧化碳的装置。(加入的盐酸的量以反应时刚好浸没大理石为宜。)产生的二氧化碳气体中带有的硫化氢、酸雾、水汽等杂质,可通过碳酸氢钠溶液净化和浓硫酸干燥。

反应结束后,将 $CaCl_2$ 废液回收,留做下一个实验用。

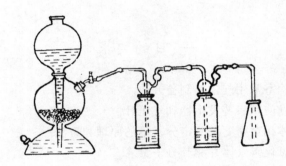

图 3-1 CO_2 的发生、净化、干燥和收集装置

2. 二氧化碳分子量的测定

取一个洁净且干燥带有磨口塞的锥瓶,在分析天平上称量(空气 + 瓶 + 塞子)质量。

从启普发生器中产生的二氧化碳气体,经净化、干燥后导入锥形瓶内,因为二氧化碳气体的比重大于空气,所以必须把导管插入瓶底,才能把瓶内的空气赶尽。等 1~2min 后,用燃着的火柴伸向锥形瓶口,若火柴有熄灭倾向,说明二氧化碳基本充满。缓慢取出导管,塞住瓶口,再关上发生器。在天平上称量(二氧化碳 + 瓶 + 塞子)质量。重复通入二氧化碳气体和称量操作,直到前后两次称量的质量相符为止(两次质量相差不超过 2mg)。

最后在瓶内装满水,塞好塞子,在台秤上称准至 0.1g。记下实验时的室温和大气压。

3. 数据记录和结果处理

室温 t(℃) ＿＿＿＿ ℃

大气压 P(Pa) ＿＿＿ Pa

(空气＋瓶＋塞子的)质量 m_1 ＿＿＿ g

第一次(二氧化碳＋瓶＋塞子的)质量 ＿＿＿ g

第二次(二氧化碳＋瓶＋塞子的)质量 ＿＿＿ g

(二氧化碳＋瓶＋塞子的)质量 m_2 ＿＿＿ g

(水＋瓶＋塞子的)质量 m_3 ＿＿＿ g

瓶的容积 $V = \dfrac{m_3 - m_2}{\text{水的密度}}$ ＿＿＿ mL

瓶内空气的质量 $W_{\text{空气}} = \dfrac{PVm_{\text{空气}}}{RT}$ ＿＿＿ g

(瓶＋塞子)的质量 $m_4 = m_1 - m_{\text{空气}}$ ＿＿＿ g

二氧化碳气体的质量 $m_{CO_2} = m_2 - m_4$ ＿＿＿ g

二氧化碳分子量 $M_{CO_2} = \dfrac{m_{CO_2}}{m_{\text{空气}}} \times 28.98$ ＿＿＿

相对误差 $= \dfrac{\text{测定值} - \text{理论值}}{\text{理论值}} \times 100\%$ ＿＿＿

◎思考题

1. 为什么(二氧化碳＋瓶＋塞子的)质量要在分析天平上称量,而(水＋瓶＋塞子的)质量则可以在台秤上称量?

2. 试分析本实验误差的来源,这些误差对实验结果影响的大小。

3. 通过查阅资料,列举出其他测定物质分子量的方法。

4. 哪些气体可用本法测定分子量,哪些不可以,为什么?

附注

R 的单位及值如表3-1所示。

表3-1 <center>**R 的单位及值**</center>

单 位 制	P	V	n	T		R
通用单位制	atm	L	mol	K	0.08206	$\dfrac{atm \cdot L}{mol \cdot K}$
	mmHg	mL	mol	K	6.236×10^4	$\dfrac{mmHg \cdot mL}{mol \cdot K}$
国际单位制	Pa	m^3	mol	K	8.314	$\dfrac{Pa \cdot m^3}{mol \cdot K}$
	kPa	dm^3	mol	K	8.314	$\dfrac{kPa \cdot dm^3}{mol \cdot K}$

（ $1atm = 760mmHg = 1.01325 \times 10^5 Pa$ ）

实验 21　过氧化钙的制备及含量测定

一、目的要求

(1)了解过氧化钙的制备原理和方法。
(2)练习无机化合物制备的一些操作。
(3)学习量气法的基本操作。

二、原理

本实验以大理石、过氧化氢为原料,制备过氧化钙。大理石的主要成分是碳酸钙,还含有其他金属离子(铁、镁等)及不溶性杂质。首先制取纯的碳酸钙固体,再将碳酸钙溶于适量的盐酸中,在低温和碱性条件下,与过氧化氢反应制得过氧化钙。

$$CaCO_3 + 2HCl \longrightarrow CaCl_2 + CO_2 + H_2O$$

$$CaCl_2 + H_2O_2 + 2NH_3 \cdot H_2O + 6H_2O \longrightarrow CaO_2 \cdot 8H_2O + 2NH_4Cl$$

从溶液中制得的过氧化钙含有结晶水,其结晶水的含量随制备方法不同而有所变化,最高可达 8 个结晶水,含结晶水的过氧化钙呈白色,在 100℃下脱水生成米黄色的无水过氧化钙。加热至 350℃左右,过氧化钙迅速分解,生成氧化钙,并放出氧气。反应方程式为:

$$2CaO_2 \xrightarrow{350℃} 2CaO + O_2$$

实验中采用量气法测定过氧化钙含量。称取一定量的无水过氧化钙,加热使之完全分解,并在一定温度和压力下,测量放出的氧气体积,根据反应方程式和理想气体状态方程式计算产品中过氧化钙的含量。

三、实验内容

1. 制取纯的碳酸钙

量取实验 20"二氧化碳的制备及分子量测定"中的氯化钙废液 20mL(或者称取 5g 大理石溶于 20mL 6mol·L^{-1}的盐酸溶液中,反应减慢后,将溶液加热至 60~80℃,待反应完全),加 50mL 水稀释,往稀释后的溶液中滴加 2~3mL 6%的过氧化氢溶液(为什么?),并用 6mol·L^{-1}的氨水调节溶液的 pH 值至弱碱性(参考附录 4),以除去杂质铁,再将溶液用小火煮沸数分钟,趁热过滤。另取 7.5g 碳酸铵固体,溶于 35mL 水中,在不断搅拌下,将其慢慢加入到上述热的滤液中,同时加入 5mL 浓氨水(作用是什么?),搅拌均匀后,放置、过滤,以倾滗法用热水将沉淀物洗涤数次后抽干。

2. 过氧化钙的制备

将以上制得的碳酸钙置于烧杯中,逐滴加入 6mol·L^{-1}的盐酸,直至烧杯中仅剩余极少量的碳酸钙固体为止(为什么不反应完?),将溶液加热煮沸,趁热过滤除去未溶的碳酸钙。

另外量取 30mL 6%的过氧化氢,加入到 15mL 浓氨水中,将制得的氯化钙溶液和过氧化氢-氨水混合液分别置于冰水中冷却。

待溶液充分冷却后,在剧烈搅拌下将氯化钙溶液逐滴滴入过氧化氢-氨水溶液中(滴加时溶液仍置于冰水浴内)。滴加完后,继续在冰水浴内放置半小时,观察白色的过氧化钙晶体的生成;抽滤,用 5mL 无水乙醇洗涤 2~3 次,将晶体抽干。

将抽干后的过氧化钙晶体放在表面皿上,于烘箱内在 105℃下烘 1h,最后取出冷却,称重,计算产率。

将产品转入干燥的小烧杯中,放于干燥器,备用。

3. 过氧化钙的定性检验

取少量自制的过氧化钙固体于试管中,加热。将带有余烬的卫生香伸入试管,观察实验现象,判断是否为过氧化钙。

4. 过氧化钙含量的测定

按装置图 3-2 将量气管与水准管用橡皮管连接,旋转量气管上方的三通活塞,使量气管与大气相通,向水准管内注入水,并将水准管上下移动,以除去橡皮管内的空气。

测试前需检查系统是否漏气,先旋转三通活塞,将量气管通向大气,提高水准管,使量气管内液面升至接近顶端处,再旋转三通活塞,将量气管通向试管,然后将量气管向下移动一段距离,使两管内的液面高度保持较大差距。固定水准管位置,观察量气管内液面是否有变化,如果数分钟后液面保持不变,表示系统不漏气。

精确称取 0.20g(精确到 0.01g)无水过氧化钙加入试管中,转动试管使过氧化钙在试管内均匀铺成薄层。把试管连接到量气管上,塞紧橡皮塞。

旋转活塞,使量气管通向大气,调整量气管内液面读数在1~2mL之间,再旋转活塞使量气管通向试管,并与水准管的液面相平,记下量气管内液面的初读数。

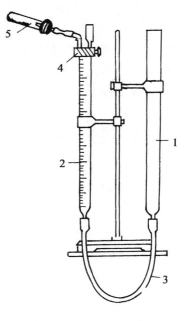

图 3-2　测定过氧化钙含量的装置图
1. 水准管　2. 量气管　3. 橡皮管　4. 三通活塞　5. 试管

用小火缓缓加热试管,过氧化钙逐渐分解放出氧气,量气管内的液面随即下降,为了避免系统内外压差太大,水准管也应相应地向下移动,待过氧化钙大部分分解后,加大火焰,使之完全分解,然后停止加热。当试管完全冷却后,使量气管与水准管的液面相平,记下量气管内液面的终读数,并记录实验时的温度和大气压力。计算出产品中过氧化钙的百分含量。

注意事项

1. 注意三通活塞的使用,防止它在实验过程中自动旋转。
2. 注意水准管中加入水的量。

◎思考题

1. 大理石中一般都含有少量的铁、锰等重金属,如果不提纯,对过氧化钙的制备有何影响?

2. 在碳酸钙纯化过程中,前后两次将溶液加热煮沸,其目的分别是什么?

3. 写出由测得的实验数据计算过氧化钙百分含量的计算式。

4. 将本实验制备过氧化钙的方法与其他碱土金属和碱金属过氧化物的制备方法相比较。

5. 此量气装置还可用于测定气体状态常数 R。试简述实验方案。

实验 22　由废白铁制备硫酸亚铁和硫酸亚铁铵

一、目的要求

（1）制备硫酸亚铁和硫酸亚铁铵，了解它们的性质与制备条件。

（2）学习制备无机化合物有关投料、产率、产品限量分析等的计算方法。

（3）练习与巩固无机物制备的操作。

二、原理

铁与稀硫酸反应生成硫酸亚铁：

$$Fe + H_2SO_4 =\!\!=\!\!= FeSO_4 + H_2 \uparrow$$

将溶液浓缩后冷却至室温，可得晶体 $FeSO_4 \cdot 7H_2O$（俗称绿矾），它在空气中会逐渐风化失去部分结晶水，加热至 $65℃$ 失水得白色 $FeSO_4 \cdot H_2O$。硫酸亚铁在空气中被氧化，生成黄褐色碱式铁（Ⅲ）盐：

$$4FeSO_4 + O_2 + 2H_2O =\!\!=\!\!= 4Fe(OH)SO_4$$

将等摩尔的硫酸亚铁与硫酸铵溶液混合，可以制得复盐硫酸亚铁铵，又称莫尔（Mohr）盐。

因为在 $0 \sim 60℃$ 的温度范围内，硫酸亚铁铵在水中的溶解度比组成它的组分的溶解度小，因此，它很容易从浓 $(NH_4)_2SO_4$ 和 $FeSO_4$ 混合溶液中结晶出来。

$$(NH_4)_2SO_4 + FeSO_4 + 6H_2O =\!\!=\!\!= (NH_4)_2SO_4 \cdot FeSO_4 \cdot 6H_2O$$

摩尔盐为复盐，是浅蓝绿色透明单斜晶系晶体。其氧化还原稳定性比一般的亚铁盐高，常作为 Fe^{2+} 的标准试剂使用。另外亚铁盐在酸性较弱的条件下，水解程度也会增大，溶液需保持足够酸度。

三、实验内容

1. 废白铁的预处理

用小烧杯作容器称取约 3g 白铁,加约 6mL 3mol·L⁻¹H₂SO₄ 浸泡。将烧杯放通风橱内,防止溢出的刺激性气体污染空气(气体是什么,如何检验?)待白铁表面的锌层全部作用后(氢气逸出的速度由快至慢,铁片由银白色变成灰色),用倾滗法将溶液倒至指定容器中,可回收硫酸锌。用水洗净铁片,用滤纸吸干,在台秤上称重(称准至 0.1g)。

回收硫酸锌的实验放在开放实验时进行。

2. 硫酸亚铁的制备

将经过处理、称出质量的铁片放入锥形瓶内,加入 20mL 3mol·L⁻¹H₂SO₄,置通风橱的水浴箱中加热,水浴温度控制在 80℃,使铁与硫酸反应至气泡冒出速度很慢为止(约 1h),注意加盖。反应后期注意补充水分,保持溶液原有体积,避免硫酸亚铁析出。停止反应后,迅速趁热减压过滤,及时将滤液转移到准备好的容器中。将未反应的铁片吸干后称重(附在滤纸上的少许铁末可以忽略不计),算出已反应的铁的质量。

将 FeSO₄ 溶液可分成两份,一份置简易水浴中,在 60℃ 左右的温度下蒸发浓缩至表面出现晶膜,停止加热,冷却至室温,可得 FeSO₄·7H₂O 晶体(如果作用的铁量少,也可不做此步)。另一份用作制备复盐。

3. 硫酸亚铁铵的制备

按作用 1g 铁需 2.2g(NH₄)₂SO₄ 的比例,称取化学纯(NH₄)₂SO₄,参照它的溶解度数据,量取适量水配成饱和溶液,加到 FeSO₄ 溶液中,用简易水浴加热,蒸发浓缩至溶液稍变浑浊,或溶液表面与器皿接触处有晶体薄膜出现为止。放置,让其自然冷却,约 2h 后即得到(NH₄)₂SO₄·FeSO₄·6H₂O 晶体,减压过滤除去母液,将晶体尽量抽干后,转移至表面皿上,晾干,称重,计算产率。母液回收可做第二次结晶。观察和描述产品的颜色和形状。

欲制备复盐大晶体可在开放实验时进行。

4. 产品含 Fe³⁺ 的限量分析

产品的主要杂质是 Fe³⁺,利用 Fe³⁺ 与硫氰化钾形成血红色配离子

$[Fe(CNS)_n]^{3-n}$颜色的深浅,用目视比色法可确定其含Fe^{3+}的级别。

在小烧杯中称取1g产品(称准至0.10g),用少量不含氧的蒸馏水溶解后,转移至25mL比色管中,再加1mL 3mol·$L^{-1}$$H_2SO_4$和2mL 1mol·$L^{-1}$KSCN溶液,继续加不含氧气的蒸馏水至25mL刻度,摇匀,与下列四种标准溶液比色,确定产品中杂质Fe^{3+}含量所达的级别(见表3-2)。

表3-2 杂质 Fe^{3+} 含量的级别

级别	一	二	三	四
含Fe^{3+}量(mg)	0.050	0.10	0.15	0.20

比色后,算出产品中Fe^{3+}的百分含量范围。

标准色阶溶液的配制(当天配好):

依次用吸量管吸取每毫升含 Fe^{3+}0.01mg 的标准溶液5.00mL、10.0mL、15.0mL、20.0mL 分别加到 4 支 25mL 的比色管中,各加入1mL 3mol·$L^{-1}$$H_2SO_4$和2mL 1mol·$L^{-1}$KSCN溶液,用蒸馏水稀释至刻度,摇匀。

不含氧的蒸馏水的制取:将蒸馏水小火煮沸约10min,驱除水中所溶解的氧,盖好冷却后备用。

注意事项

1. 在硫酸与铁皮反应时,需补充水,但不宜过多。
2. 在实验过程中要防止Fe(Ⅱ)氧化。
3. 掌握溶液浓缩的程度。

◎思考题

1. 实验中采取了什么措施防止Fe^{2+}被氧化?如果你的产品含Fe^{3+}较多,请分析原因。

2. 在铁与硫酸反应、蒸发浓缩溶液时,为什么采用水浴加热?

3. 作产品含Fe^{3+}的限量分析时,为什么要用不含氧气的蒸馏水溶解产品?

4. 怎样才能得到较大的晶体?可用实验证实你的想法。

5. 如果要配制每毫升含Fe^{3+}0.1mg 的溶液 1L,需称取多少硫酸铁(Ⅲ)铵$NH_4Fe(SO_4)_2·12H_2O$?(提示:482.2g $NH_4Fe(SO_4)_2·12H_2O$ 含 Fe^{3+}55.85g)

6. 试简述检验废白铁预处理时产生的刺激性气味气体的方案。

7. 制备$(NH_4)_2Fe(SO_4)_2$过程中,溶液可能会出现黄色。分析原因,并提出解决方案。

实验 23　三草酸合铁(Ⅲ)酸钾的制备及其性质

一、目的要求

(1)制备三草酸合铁(Ⅲ)酸钾,学习简单配合物的制备方法。
(2)练习用"溶剂替换法"进行结晶的操作。
(3)了解三草酸合铁(Ⅲ)酸钾的光化学性质及用途。
(4)了解酸度、浓度等对配位平衡的影响,比较配位离子的相对稳定性。

二、原理

本实验是用铁(Ⅱ)盐与草酸反应制备难溶的 $FeC_2O_4 \cdot 2H_2O$,然后在有 $K_2C_2O_4$ 存在下,用 H_2O_2 将 FeC_2O_4 氧化成 $K_3[Fe(C_2O_4)_3]$,同时有 $Fe(OH)_3$ 生成,加适量的 $H_2C_2O_4$ 溶液,可使其转化成配合物。

$$6FeC_2O_4 \cdot 2H_2O + 3H_2O_2 + 6K_2C_2O_4 = 4K_3[Fe(C_2O_4)_3] + 2Fe(OH)_3 + 12H_2O$$

$$2Fe(OH)_3 + 3H_2C_2O_4 + 3K_2C_2O_4 = 2K_3[Fe(C_2O_4)_3] + 6H_2O$$

总反应式为:

$$2FeC_2O_4 \cdot 2H_2O + H_2O_2 + 3K_2C_2O_4 + H_2C_2O_4 = 2K_3[Fe(C_2O_4)_3] + 6H_2O$$

三草酸合铁(Ⅲ)酸钾是翠绿色单斜晶体,溶于水,难溶于乙醇,往该化合物的水溶液中加入乙醇后,可析出 $K_3[Fe(C_2O_4)_3] \cdot 3H_2O$ 结晶。它能吸收光能发生光化学反应,变成黄色。

$$2K_3[Fe(C_2O_4)_3] \xrightarrow{\text{光}} 2FeC_2O_4 + 3K_2C_2O_4 + 2CO_2$$

Fe(Ⅱ)与六氰合铁(Ⅲ)酸钾反应生成蓝色的 $KFe[Fe(CN)_6]$。

$K_3[Fe(C_2O_4)_3] \cdot 3H_2O$ 在100℃失去结晶水,230℃分解。$FeC_2O_4 \cdot 2H_2O$ 在温度高于100℃时分解。

每一种配离子,在水溶液中均同时存在配位和电离过程,即所谓配位平衡:

$$Fe^{3+} + 3C_2O_4^{2-} \rightleftharpoons Fe(C_2O_4)_3^{3-}$$

$$K_{稳} = \frac{[Fe(C_2O_4)_3^{3-}]}{[Fe^{3+}][C_2O_4^{2-}]^3} = 2 \times 10^{20}$$

在 $K_3Fe(C_2O_4)_3$ 溶液中加入酸、碱、沉淀剂或比 $C_2O_4^{2-}$ 配位能力强的配合剂,将会改变 $C_2O_4^{2-}$ 或 Fe^{3+} 离子的浓度,使配位平衡移动,甚至平衡遭到破坏或转化成另一种配合物。

三、实验内容

1. 制备三草酸合铁(Ⅲ)酸钾

a. 制 $FeC_2O_4 \cdot 2H_2O$

称取 5.0g 自制的 $(NH_4)_2SO_4 \cdot FeSO_4 \cdot 6H_2O$(或 3.6g 自制的 $FeSO_4 \cdot 7H_2O$),加数滴 $3mol \cdot L^{-1} H_2SO_4$(防止该固体溶于水时水解),另称取 $1.7g H_2C_2O_4 \cdot 2H_2O$,将它们分别用蒸馏水溶解(自己根据反应物与产物的溶解度确定水的用量),如有不溶物,应过滤。将两溶液徐徐混合,加热至沸,同时不断搅拌以免暴沸,维持微沸约 4min 后停止加热。取少量清液于试管中,煮沸,根据有否沉淀产生判断是否还需要加热。证实反应基本完全后,将溶液静置,待 $FeC_2O_4 \cdot 2H_2O$ 充分沉降后,用倾滗法弃去上层清液,用热蒸馏水少量多次地将 $FeC_2O_4 \cdot 2H_2O$ 洗净,洗净的标准是洗涤液中检验不到 SO_4^{2-}(检验 SO_4^{2-} 时,如何消除 $C_2O_4^{2-}$ 的干扰?)。

b. 进行氧化与配位反应制备 $K_3Fe(C_2O_4)_3$

称 $3.5g K_2C_2O_4 \cdot H_2O$,加 10mL 蒸馏水,微热使之溶解,所得 $K_2C_2O_4$ 溶液加到已洗净的 $FeC_2O_4 \cdot 2H_2O$ 中,将盛混合物的容器置于 40℃ 左右的热水中,用滴管慢慢加入 8mL 6% H_2O_2 溶液,边加边充分搅拌,在生成 $K_3Fe(C_2O_4)_3$ 的同时,有 $Fe(OH)_3$ 沉淀生成。加完 H_2O_2 后,取 1 滴所得悬浊液于点滴板凹穴中,加 1 滴 $K_3Fe(CN)_6$ 溶液,如果出现蓝色,说明还有 $Fe(Ⅱ)$,需再加入 H_2O_2,至检验不到 $Fe(Ⅱ)$。

证实 $Fe(Ⅱ)$ 已氧化完全后,将溶液加热至沸(加热过程要充分搅拌),先一次加入 6mL $0.5mol \cdot L^{-1} H_2C_2O_4$ 溶液,在保持微沸的情况下,继续滴加 $0.5mol \cdot L^{-1} H_2C_2O_4$,至溶液完全变为透明的绿色。记录所用 $H_2C_2O_4$ 溶液的量。

c. 用溶剂替换法析出结晶

往所得透明的绿色溶液中加入 10mL 乙醇,将一小段棉线悬挂在溶液中,棉线可固定在一段比烧杯口径稍大的塑料条上。将烧杯盖好,在暗处放置数小时后,即有 $K_3Fe(C_2O_4)_3 \cdot 3H_2O$ 晶体析出,减压过滤,往晶体上滴少量乙醇,继续抽干,置于表面皿上,放入烘箱内烘 20min,称重,计算产率。

2. 产品的光化学试验

(1)在表面皿或点滴板上放少许 $K_3Fe(C_2O_4)_3 \cdot 3H_2O$ 产品,置于日光下一段时间,观察晶体颜色变化,与放暗处的晶体比较。

(2)取 0.5mL 上述产品的饱和溶液与等体积的 $0.5mol \cdot L^{-1} K_3Fe(CN)_6$ 溶液混合均匀。

用毛笔蘸此混合液在白纸上写字,字迹经强光照射后,由浅黄色变为蓝色。

或用毛笔蘸此混合液均匀涂在纸上,放暗处晾干后,附上图案,在强光下照射,曝光部分变深蓝色,即得到蓝底白线的图案。

3. 配合物的性质

称取 1g 产品溶于 20mL 蒸馏水中,溶液供下面实验用。

a. 确定配合物的内外界

(1)检定 K^+。

取少量 $0.1mol \cdot L^{-1} K_2C_2O_4$ 及产品溶液,分别与饱和酒石酸氢钠 $NaHC_4H_4O_6$ 溶液作用。充分摇匀,观察现象是否相同。如果现象不明显,可用玻璃棒摩擦试管内壁,稍等,再观察。

(2)检定 $C_2O_4^{2-}$。

在少量 $0.1mol \cdot L^{-1} K_2C_2O_4$ 及产品溶液中分别加入 2 滴 $0.5mol \cdot L^{-1} CaCl_2$ 溶液,观察现象有何不同?

(3)检定 Fe^{3+}。

在少量 $0.2mol \cdot L^{-1} FeCl_3$ 及产品溶液中,分别加入 1 滴 $1mol \cdot L^{-1} KSCN$ 溶液,观察现象有何不同?

综合以上实验现象,确定所制得的配合物中哪种离子在内界,哪种离子在外界?

b. 酸度对配合平衡的影响

(1)在两支盛有少量产品溶液的试管中,各加 1 滴 $1mol \cdot L^{-1} KSCN$ 溶液,然

后分别滴加 $6mol \cdot L^{-1}$ 的 HAc 和 $3mol \cdot L^{-1}$ H_2SO_4,观察溶液颜色有何变化?

（2）在少量产品溶液中滴加 $2mol \cdot L^{-1}$ 氨水,观察有何变化。

试用影响配合平衡的酸效应及水解效应解释你观察到的现象。

c. 沉淀反应对配合平衡的影响

在少量产品溶液中加 1 滴 $0.5mol \cdot L^{-1}$ Na_2S 溶液,观察现象,写出反应式,并加以解释。

d. 配合物相互转变及稳定性比较

（1）往少量 $0.2mol \cdot L^{-1}$ $FeCl_3$ 溶液中加 1 滴 $1mol \cdot L^{-1}$ KSCN,溶液立即变为血红色,再往溶液中滴入 $1mol \cdot L^{-1}$ NH_4F,至血红色刚好褪去。将所得 FeF^{2+} 溶液分为两份,往一份溶液中加入 $1mol \cdot L^{-1}$ KSCN,观察血红色是否容易重现? 从实验现象比较 $FeSCN^{2+} \underset{SCN^-}{\overset{F^-}{\rightleftharpoons}} FeF^{2+}$ 的难易。

往另一份 FeF^{2+} 溶液中滴入 $1mol \cdot L^{-1}$ $K_2C_2O_4$,至溶液刚好转为黄绿色,记下 $K_2C_2O_4$ 的用量,再往此溶液中滴入 $1mol \cdot L^{-1}$ NH_4F,至黄绿色刚好褪去,比较 $K_2C_2O_4$ 和 NH_4F 的用量,判断 $FeF^{2+} \underset{F^-}{\overset{C_2O_4^{2-}}{\rightleftharpoons}} Fe(C_2O_4)_3^{3-}$ 的难易。

（2）在 $0.5mol \cdot L^{-1}$ $K_3Fe(CN)_6$ 和产品溶液中分别滴入 $2mol \cdot L^{-1}$ NaOH,对比现象有何不同? $Fe(CN)_6^{3-}$ 与 $Fe(C_2O_4)_3^{3-}$ 比较,何者较稳定?

综合以上实验现象,定性判断配位体 SCN^-、F^-、$C_2O_4^{2-}$、CN^- 与 Fe^{3+} 配位能力的强弱。

注意事项

（1）Fe(Ⅱ)一定要氧化完全,如果 $FeC_2O_4 \cdot 2H_2O$ 未氧化完全,即使加非常多的 $H_2C_2O_4$ 溶液,也不能使溶液变透明,此时应采取趁热过滤,或往沉淀上再加 H_2O_2 等补救措施。

（2）控制好反应后 $K_3Fe(C_2O_4)_3$ 的总体积,以对结晶有利。

（3）将 $K_3Fe(C_2O_4)_3$ 溶液转移至一个干净的小烧杯中,再悬挂一根棉线,使结晶在棉线上进行。

◎**思考题**

1. 在三草酸合铁（Ⅲ）酸钾制备的实验中:

（1）加入过氧化氢溶液的速度过慢或过快各有何缺点? 用过氧化氢作氧化剂有何优越之处?

（2）最后一步能否用蒸干溶液的办法来提高产率?

(3)制得草酸亚铁后,要洗去哪些杂质?

(4)能否直接由 Fe^{3+} 制备 $K_3Fe(C_2O_4)_3$？有无更佳制备方法？查阅资料后回答。

(5)哪些试剂不可以过量？为什么最后加入草酸溶液要逐滴滴加？

(6)应根据哪种试剂的用量计算产率？

2. 影响配合物稳定性的因素有哪些?

实验 24　离子交换法测定三草酸合铁（Ⅲ）配离子的电荷

一、目的要求

（1）了解用离子交换法测定配合物电荷的方法。

（2）练习微型滴定操作。

（3）了解树脂的处理方法，练习装柱操作。

（4）准确测定三草酸合铁（Ⅲ）酸根离子的电荷数。

二、原理

离子交换（ion exchange process）是液相中的离子和固相中的离子在离子交换树脂①中进行的一种可逆性化学反应。离子交换法，或者称为离子交换层析法，是利用离子交换树脂对某些离子具有特别的亲和力，当含有这些离子的溶液流过交换树脂时，会吸附在树脂上，而树脂上原有的另一类同号的离子会被溶液带出，从而实现交换。交换过程体系为电中性，电荷平衡即离子以等电荷原则进行交换。利用不同离子的亲和力的差异，离子交换树脂还可以实现组分的分离和制备等。

本实验是利用三草酸合铁（Ⅲ）酸根与阴离子交换树脂中的阴离子交换，通过测定流出阴离子的含量从而得到三草酸合铁（Ⅲ）配离子所带的电荷。可用 Cl^- 型阴离子交换树脂，也可用 $S_2O_3^{2-}$ 型的阴离子交换树脂。

将准确质量的三草酸合铁（Ⅲ）酸钾样品溶于水后，使其完全通过交换树脂柱。此时 $[Fe(C_2O_4)_3]^{3-}$ 与交换树脂上吸附的阴离子经充分交换，$[Fe(C_2O_4)_3]^{3-}$

---

① 交换树脂的介绍见实验 16 纯水的制取。

完全吸附在树脂上,置换出的一定摩尔的阴离子随溶液流出。

如用 Cl^- 型阴离子交换树脂,则三草酸合铁(Ⅲ)酸根离子的电荷数 n 为

$$n = \frac{Cl^- \text{的物质的量}}{\text{配合物的物质的量}}$$

交换出的 Cl^- 用沉淀滴定法测定,可用法扬司法也可用莫尔法。两种方法都是用标准硝酸银溶液滴定氯离子的含量,其中法扬司法以荧光素(HFL)为指示剂,在滴定终点由黄绿色变为淡红色;莫尔法则以 K_2CrO_4 为指示剂,以生成 Ag_2CrO_4 砖红色沉淀作为滴定终点。

如用 $S_2O_3^{2-}$ 型交换树脂(请根据原理写出配离子电荷数 n 的计算公式),则可通过碘量法以淀粉为指示剂用碘标液来滴定交换出的 $S_2O_3^{2-}$ 的含量。

本实验采用微型滴定,操作过程中使用微型交换柱和微型滴定管及 25mL 小锥形瓶。

三、实验内容

1. 树脂的处理

将市售的树脂用水洗多次以除去可溶性杂质,再用蒸馏水浸泡 24 h,使其充分膨胀,然后用 5 倍于树脂体积的 $1mol \cdot L^{-1}$ NaCl(或 $Na_2S_2O_3$)溶液交替处理,最后再用蒸馏水洗涤数次。

2. 装柱

将处理好的树脂和蒸馏水一起慢慢倒入交换柱中,与此同时打开交换柱下端的活塞让水缓慢流出使树脂均匀自然沉降,至树脂填充柱体积的 2/3。注意填装的树脂中不要有气泡和空隙,以免影响交换效率;此外水面一定要高出树脂面,防止树脂露出水面。用约 10mL 蒸馏水淋洗树脂一次,控制流速为每秒 1 滴。待 10mL 蒸馏水淋洗完毕后,再加入蒸馏水淋洗第二次,收集淋洗液约 5mL,加入硝酸银标液(或加 6 滴 0.5% 的淀粉溶液和 1 滴碘液),如出现混浊(或蓝色)即停止洗涤。否则再收集约 5mL 淋洗液检验直到出现混浊(或蓝色)。

3. 交换

准确称取 0.1 g(准至 0.1mg)自制的三草酸合铁(Ⅲ)酸钾,用 5mL 蒸馏水

将其溶解,并小心将全部溶液转移至交换柱内,以每秒 1 滴的速度流经交换柱,收集在 25mL 容量瓶中。待溶液接近树脂表面时,再继续用约 4mL 洗过小烧杯的蒸馏水洗柱,如此反复,直到接收的淋洗液接近容量瓶的刻度时停止淋洗,再用蒸馏水稀释至容量瓶刻度,摇匀。

4. 滴定

准确吸取 5.00mL 淋洗液于 25mL 锥瓶内,加对应指示剂,用标准溶液滴定至终点。计算出收集的阴离子的总物质的量,即可算出配合物阴离子的电荷数(取最接近的整数)。

5. 树脂的再生

测定完后,树脂可进行再生处理。如 Cl^- 型交换树脂可用 $1mol \cdot L^{-1} NaCl$ 溶液淋洗树脂柱,直至流出液酸化后检不出 Fe^{3+} 为止,然后再用 $3mol \cdot L^{-1}$ $HClO_4$ 溶液淋洗,将树脂上的 Cl^- 洗脱下来,最后用 HCl 溶液淋洗,使树脂再次转化为 Cl^- 型,以便重复使用。

注意事项:

(1)装好的交换柱,树脂是均匀的,无气泡和空隙。
(2)整个交换过程,保持树脂不露出液面。
(3)微型滴定时注意掌握好滴定终点。

◎思考题

1. 本实验中影响 n 值的因素有哪些?
2. 查资料说明法扬司法和莫尔法滴定 Cl^- 的基本原理。
3. 除了用离子交换法测定离子电荷数外,还可用什么其他方法测定离子所带电荷数。

实验 25　热致变色物质四氯合铜二二乙胺盐的制备及性质测定

一、目的要求

(1) 了解热致变色物质变色的原理。
(2) 进一步熟悉简单配合物的制备方法。
(3) 学习实验设计的基本方法。

二、原理

热致变色物质(thermochromic material)是指物质的颜色会随温度变化而发生变化的一类材料。最初这类物质主要应用于作示温材料,到 20 世纪 80 年代后期应用领域逐渐拓展到纺织品、印刷、涂料和防伪等方面。由于物质的种类和性质不同,热致变色现象可以分为可逆热致变色和不可逆热致变色,连续性热致变色和非连续性热致变色。而根据材料的组成和性质则可分为三类:无机材料类、液晶类和有机材料类。总体上分属无机物和有机物。

不同的热致变色物质其变色机理也各不相同,其中无机材料类的变色多与晶体结构、配合物类型变化有关。而有机类则多由其异构化现象引起。液晶类变色则多与螺距随温度的变化有关,如运用较多的胆甾类化合物。

无机热致变色材料大多数为 Ag、Cu、Hg、Co、Ni 和 Cr 等过渡金属的碘化物、氧化物、配合物、复盐等。本实验研究的热致变色物质为 Cu 的配合物 $[(CH_3CH_2)_2NH_2]_2CuCl_4$,室温下为亮绿色,当温度稍升高,则变为黄褐色。其变色原因是由于配合物几何构型的变化,在室温下四个 Cl^- 与 Cu^{2+} 配位形成平面四边形的结构,而当温度升高,由于平衡电荷离子 $[(CH_3CH_2)_2NH_2]^-$ 的热振动,使得 N—H···Cl 的氢键发生变化,这一作用使原来的平面四边形结构发生扭曲而变成四面体结构(如图 3-3 所示),因而呈现不同的颜色。

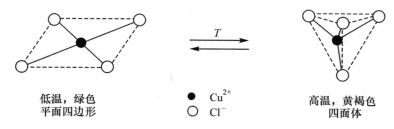

图 3-3 平面四边形结构转变成四面体结构

本实验以 $CuCl_2$ 与二乙胺盐酸盐反应制备目标产物。

$$CuCl_2 + CH_3CH_2CH_2NH_2 \cdot 2HCl \Longrightarrow [CH_3(CH_2)_2NH_2]_2CuCl_4$$

四氯合铜二二乙胺盐易溶于乙醇,而在异丙醇中溶解度较小,易吸湿。二乙胺盐酸盐也可通过二乙胺与盐酸 1:2 反应制得。

三、实验内容

1. 四氯合铜二二乙胺盐的制备

称取 0.01mol 二乙胺盐酸盐溶于 7mL 异丙醇,稍加热使之溶解。另称取 0.005mol 无水 $CuCl_2$ 溶于 2mL 的无水乙醇,如不溶解可稍加热搅拌使之溶解。将 $CuCl_2$ 溶液逐滴加入二乙胺盐酸盐的溶液中,观察溶液颜色变化。

此处如果直接将溶液冷却晶体不易析出,通过查阅资料,设计实验促使晶体快速从溶液中析出,可比较不同晶体析出方式的优缺点。记录过程中体现的颜色变化,并解释。

待有绿色针状晶体析出,迅速抽滤,并用异丙醇洗涤后放入真空干燥器内晾干,称重,计算产率。

2. 热致变色性能测试

取少量样品,装入封口熔点毛细管中敦实,并将毛细管另一端封口。用橡皮筋将毛细管固定于温度计上,置于水浴中缓缓加热,当温度升至 40～55℃ 区间时,注意观察样品颜色变化并记录变色温度。将样品取出,在室温下冷却,观察颜色变化再次记录变色温度。

◎思考题

1.为什么样品要在干燥器内晾干而不用烘箱烘干？基于这一性质,在操作过程中应该注意什么？

2.本实验中晶体可能不易析出,用什么方法可以促进晶体的析出？

3.测定变色温度时,哪些因素会影响测定的准确性,如何减少这种影响？

4.$[(CH_3CH_2)_2NH_2]_2NiCl_4$也具有热致变色性能,试通过查阅资料设计实验合成这一镍配合物并测定其变色温度。

◎扩展阅读

1. 无机变色材料的主要变色机理

(1)晶型转变,如HgI_2在温度低于137℃为红色,而高于此温度时变为蓝色,原因就在于在此温度时HgI_2由原来的正方形结构变为斜方体晶型。

(2)分子结构改变,如$NiCl_2 \cdot 2C_6H_{12}N_4 \cdot 10H_2O$在常温下为绿色,在110℃左右开始失水呈黄色,一旦吸水又会变成原来的颜色。

(3)分子间化学反应,如$PbCrO_4$在温度升高后,CrO_4^{2-}的氧化能力增强,与Pb^{2+}发生氧化还原反应产生Pb^{4+},由黄色变成红色。冷却后,Pb^{4+}变得不稳定,重新氧化CrO_4^{2-}的还原产物,颜色复原。

(4)配体发生变化,$CoCl_2$的HCl水溶液,在温度低于20℃时Co^{2+}主要与H_2O配位形成$[Co(H_2O)_6]^{2+}$,为紫红色;而当温度高于20℃后Cl^-取代水为配体,形成$[CoCl_4]^{2-}$为蓝色。

(5)配位几何构型变化:如本实验中合成的铜离子配合物。

2. $[(CH_3CH_2)_2NH_2]_2CuCl_4$的低温固相合成

除了可在溶液中合成外,本实验的目标产物也可通过低温固相合成得到,方法如下:

室温下,将二乙胺盐酸盐和无水$CuCl_2$按物质的量比2:1混合研磨10min后,迅速转移至具塞锥形瓶中。水浴60℃恒温2.5 h取出后冷却,用少量异丙醇洗涤,真空干燥后得产品。

实验 26　钴(Ⅲ)配合物的合成及表征

一、目的要求

(1)掌握制备金属配合物最常用的方法,水溶液中的取代和氧化还原反应;
(2)了解基本的实验原理和方法;
(3)掌握配合物组成结构分析的一般方法。

二、原理

本实验合成两种 Co(Ⅲ)的配合物,[Co(NH₃)₆]Cl₃ 和 [Co(NH₃)₅Cl]Cl₂。制备过程均以 Co(Ⅱ)化合物为原料,采用以配体来取代水合配离子中的水分子制备相应的 Co(Ⅱ)配合物,然后利用氧化还原反应在配体存在下使其氧化得到目标配合物。之所以采用 Co(Ⅱ)氧化是因为 Co(Ⅱ)的配合物对取代反应具有较强的反应活性,而 Co(Ⅲ)配合物的取代反应活性较小,不易发生配位。将 Co(Ⅱ)氧化为 Co(Ⅲ)实验室一般采用空气氧化或氧化剂如双氧水氧化,氧化反应过程中以活性炭为催化剂。

三氯化六氨合钴(Ⅲ)—[Co(NH₃)₆]Cl₃ 为橙黄色晶体,中心原子 Co 与六个氨分子配位,形成六配位的配合物。反应方程式如下:

$$CoCl_2 + 2NH_4Cl + 10NH_3 + H_2O_2 = 2[Co(NH_3)_6]Cl_3 + 2H_2O$$

二氯化一氯五氨合钴(Ⅲ)—[Co(NH₃)₅Cl]Cl₂ 与 [Co(NH₃)₆]Cl₃ 均为 Co(Ⅲ)的氯氨配合物,但结构上略有差异。[Co(NH₃)₅Cl]Cl₂ 中心原子 Co 与 5 个氨和一个氯配位,同样形成六配位的配合物。[Co(NH₃)₅Cl]Cl₂ 为紫红色晶体,制备方法与[Co(NH₃)₆]Cl₃ 类似。同样以 Co²⁺ 盐为原料经过配位氧化得到 [Co(NH₃)₅H₂O]Cl₃(砖红色晶体),然后再向热溶液中加入浓盐酸,将原来配位的 H₂O 分子置换为 Cl⁻,从而得到产物。

$$2CoCl_2 + 2NH_4Cl + 8NH_3 + H_2O_2 \rlap{\,=\!=\!=}{} 2[Co(NH_3)_5H_2O]Cl_3$$

$$[Co(NH_3)_5H_2O]Cl_3 + \overset{HCl}{\rlap{\,=\!=\!=}{}} [Co(NH_3)_5Cl]Cl_2 + H_2O$$

对配合物结构分析可用电导率法,通过测定配合物溶液的摩尔电导率来确定配合物的电离类型,从而对配合物结构进行测定。溶液的摩尔电导率(Λ_m)是指把含有1mol的电解质溶液置于相距为1m的两个电极之间的电导。若以 c 表示溶液的物质的量浓度,则含有1mol电解质溶液的体积为 $c^{-1} \times 10^{-3} m^3$,则溶液的摩尔电导率为

$$\Lambda_m = \sigma \times 10^{-3}/c \quad (\Lambda_m : S \cdot m^2 \cdot mol^{-1})$$

式中,σ 表示溶液电导率。在一定温度下,测得配合物稀溶液的电导率 σ 后,即可求得溶液的摩尔电导率。然后将其与已知电解质溶液的摩尔电导率加以对照,即可确定该配合物的电离类型。25℃时,在不同溶剂中 $\Lambda_m (S \cdot m^2 \cdot mol^{-1})$ 的一般范围如表3-3所示。

表3-3　　　　　　　**25℃时,在不同溶剂中 Λ_m 的一般范围**　　　　　　$S \cdot m^2 \cdot mol^{-1}$

溶剂	1:1	1:2	1:3	1:4
水	118~131	235~273	408~435	~560
乙醇	35~45	70~90	~120	~160
甲醇	80~115	160~220	290~350	~450
二甲基甲酰胺	65~90	130~170	200~240	~300
乙腈	120~160	220~300	340~420	~500
丙酮	100~140	160~200	~270	~360

三、实验内容

1. [Co(NH$_3$)$_6$]Cl$_3$的制备

称取 1.0 g NH$_3$Cl 于试管中,加入 1.5mL 水使其溶解。加热煮沸,分批加入 1.5 g 研细的 CoCl$_2 \cdot$6H$_2$O,溶解后加入 0.2 g 活性炭。冷却,加入 3mL 浓氨水,继续冷却至10℃以下,滴加 2mL 30% H$_2$O$_2$,搅拌均匀。50~60℃恒温约20min,冰水冷却后离心分离,弃去上层清液。向 10mL 沸水中加入 0.5mL 浓盐酸,用此溶液把离心试管中的沉淀溶解,倒入烧杯后趁热过滤。向滤液中加 2mL 浓盐酸,冷却,即有晶体析出。抽滤,晶体用冷的 6 mol $\cdot$ L^{-1} HCl 洗涤 2 次,抽干。100~

110℃下干燥 1h。

2. $[Co(NH_3)_5Cl]Cl_2$ 的制备

向 3.0mL 浓氨水中加入 0.8g 氯化铵搅拌使其溶解。在不断搅拌下,分次加入 1.5 g 研细的 $CoCl_2 \cdot 6H_2O$,得黄红色沉淀 $[Co(NH_3)_6]Cl_2$。

在不断搅拌下慢慢滴加 1.5mL 30% H_2O_2 溶液,生成溶液变成砖红色。慢慢注入 6mL 浓盐酸,有紫红色晶体析出。将此混合物在水浴上加热 15min 后,冷却至室温,离心分离,用 3mL 冰水将沉淀洗涤 2 次,然后用 3mL 6mol·L^{-1}冰盐酸洗涤 2 次,少量乙醇洗涤 1 次,最后用丙酮洗涤 1 次,每次洗涤后均需离心分离。产品在烘箱中于 100~110℃干燥 1 h。

3. 组成分析鉴定

分别对上述两种配合物进行组成分析。

取 0.4 g $[Co(NH_3)_6]Cl_3$ 和 $[Co(NH_3)_5Cl]Cl_2$,分别配成 10mL 的溶液。

a. Cl^- 的检验

取 $[Co(NH_3)_6]Cl_3$ 溶液 1mL,向其中加入 1mol·L^{-1} $AgNO_3$,观察实验现象。再取 1mL $[Co(NH_3)_5Cl]Cl_2$ 溶液,向其中也加入 1mol·L^{-1} $AgNO_3$,比较两次现象,并解释之。

b. NH_3 的检验

分别加热两种溶液,观察溶液颜色变化。至溶液完全变为棕黑色停止加热,冷却,过滤。向滤液中分别加入奈斯勒试剂,记录实验现象,并解释。如不加热溶液,加入奈斯勒试剂现象又如何?

c. Co^{3+} 的检验

分别向两种溶液中加入几滴 2mol·L^{-1} H_2SO_4,再加入几滴 0.5mol·L^{-1} $SnCl_2$。观察样品中的变化。再加入一粒 KSCN 固体,振荡后加入戊醇并观察有机层颜色变化。

4. 电导率的测量

用 100mL 容量瓶分别配置浓度为 0.001mol·L^{-1} 的 $[Co(NH_3)_6]Cl_3$ 和 $[Co(NH_3)_5Cl]Cl_2$ 水溶液,测定其电导率。根据测量数据,计算出各配合物的摩尔电导率,并进一步推断各配合物的离子类型。

◎思考题

如果采用空气氧化法,在实验装置和操作上应如何实现?

实验 27　葡萄糖酸锌的合成及表征

一、目的要求

(1)初步掌握简单药物的制备方法及表征手段。
(2)进一步熟悉无机化合物的制备方法。
(3)了解锌的生物意义

二、原理

锌是人体所需的重要微量元素,在生物体内以不同的方式发挥着极其重要的作用,有"生命之花"之称。锌具有多种生物作用,含锌的配合物是生物无机化学研究的重要领域之一。葡萄糖酸锌是目前最常用的补锌剂,具有显效快、生物利用率高、副作用小、使用方便等特点。葡萄糖酸锌为白色或接近白色的结晶性粉末,无臭略有不适味,溶于水,易溶于沸水,不溶于无水乙醇,氯仿和乙醚。

以葡萄糖酸钙为原料合成葡萄糖酸锌有直接合成法和间接合成法。本实验即用这两种方法合成葡萄糖酸锌,并对所得到的产品进行表征。

直接合成法,又称复分解法,是以葡萄糖酸钙与硫酸锌反应直接得到葡萄糖酸锌的粗产品,后经过重结晶得到产品。其化学反应式为:

$$Ca(C_6H_{11}O_7)_2 + ZnSO_4 =\!=\!= Zn(C_6H_{11}O_7)_2 + CaSO_4\downarrow$$

此法由于硫酸钙微溶于水,残留在产品中的硫酸根离子不易除尽,产品质量相对不高。

间接合成法同样以葡萄糖酸钙为原料,经阳离子交换树脂得葡萄糖酸,再与氧化锌反应得葡萄糖酸锌。它具有工艺条件容易控制,产品纯度较高等特点。反应方程式如下:

$$Ca^{2+}\left[\begin{array}{c} COO^- \\ H-C-OH \\ HO-C-H \\ H-C-OH \\ H-C-OH \\ CH_2OH \end{array}\right]_2 + H_2SO_4 \longrightarrow 2\begin{array}{c} COOH \\ H-C-OH \\ HO-C-H \\ H-C-OH \\ H-C-OH \\ CH_2OH \end{array} + CaSO_4$$

$$2CH_2OH(CHOH)_4COOH + ZnO \longrightarrow Zn[CH_2OH(CHOH)_4COO]_2 + H_2O$$

三、实验内容

1. 葡萄糖酸锌的合成

a. 直接合成法

量取 20mL 蒸馏水置烧杯中,加热至 80~90℃,加入 3.2 g ZnSO$_4$·7H$_2$O 使完全溶解,将烧杯放在 90℃的恒温水浴中,再逐渐加入葡萄糖酸钙 5 g,并不断搅拌。在 90℃水浴上保温 20min 后趁热抽滤,滤液移至蒸发皿中并在沸水浴上浓缩至黏稠状(体积约为 10mL,如浓缩液有沉淀,需过滤掉)。滤液冷至室温,加 95% 乙醇 7mL 并不断搅拌,此时有大量的胶状葡萄糖酸锌析出。充分搅拌后,用倾析法去除乙醇液。再在沉淀上加 95% 乙醇 7mL,充分搅拌后,沉淀慢慢转变成晶体状,抽滤至干,即得粗品(母液回收)。再将粗品加水 10mL,加热至溶解,趁热抽滤,滤液冷至室温,加 95% 乙醇 7mL 充分搅拌,结晶析出后,抽滤至干,即得精品,在 50℃烘干。

b. 间接合成法

(1)葡萄糖酸的制备。

向 25mL 蒸馏水中缓缓加入 0.8mL 的浓硫酸,混合均匀。在搅拌下分批加入 5.6 g 葡萄糖酸钙。90℃水浴中反应约 1h 后趁热滤除去生成的 CaSO$_4$,并用少量水洗涤沉淀。若得到的滤液为淡黄色,则以活性炭进行脱色处理。滤液冷却后,将其完全加入强酸性的离子交换柱,10min 内完成过柱,最后得到无色高纯度的葡萄糖酸溶液。

(2)葡萄糖酸锌的制备。

取上述得到的高纯溶液,分批加入 1.0 g 氧化锌,在 60℃水浴中搅拌加热 2 h,其后用稀硫酸调节溶液 pH 为 5.8,过滤。向滤液中加入 35mL 无水乙醇,边加边搅拌,加入过程不得有白色胶状沉淀析出。将溶液冰水浴冷却,有白色结晶状晶体析出。得到的晶体可加入少量温水溶解后,再加入乙醇进行重结晶,干燥,称重。得纯度较高的葡萄糖酸锌。

2. 葡萄糖酸锌的表征

(1)用显微熔点仪或提勒管测定合成产物的熔点。

(2)葡萄糖酸锌中锌含量的测定

准确称取约0.4g(准确至0.1mg)葡萄糖酸锌溶于20mL水中(可微热),加NH_3-NH_4Cl 缓冲溶液10mL,加铬黑T指示剂4滴,用$0.05\,mol\,L^{-1}$ EDTA标准溶液滴定至溶液呈蓝色,依下式计算样品中Zn的含量:

$$Zn\ 的含量\% = \frac{C_{EDTA} \cdot V_{EDTA} \times 65}{W_S \times 1000} \times 100\%$$

式中,W_S 为称取葡萄糖酸锌样品的质量(g)。

(3)用压片法测定合成产物的红外吸收光谱。主要吸收峰有:—OH 伸缩振动 $3200 \sim 3500\,cm^{-1}$,—COO—伸缩振动 1589、1447、$1400\,cm^{-1}$。

◎**思考题**

1. 试评述分析上述两种制备方法的优缺点?

2. 为什么工业上在直接合成中不直接采用葡萄糖酸为原料与锌的盐反应,而是从葡萄糖酸钙中制备得到葡萄糖酸其后在与锌盐反应得到葡萄糖酸锌?

3. 工业上制备葡萄糖酸锌的方法有哪些,各有何特点?

◎**扩展阅读**

1. Zn 的作用

人们用含锌药炉甘石($ZnCO_3$)治病始于三千多年前的古埃及。1934 年 Todd 指出锌是人体必需微量元素;1961 年 Prasad 首先发现人体缺锌可引起疾病,并用锌制剂治疗伊朗乡村病获得成功。

锌对维持机体的正常生理功能起着重要作用,目前已知锌存在于人体 70 种以上的酶系中,如呼吸酶、乳酸脱氢酶、碳酸脱氢酶、DNA 和 RNA 聚合酶、羧肽酶等,是人体必不可少的微量元素之一。锌与核酸、蛋白质的合成,与碳水化合物、维生素 A 的代谢以及胰腺、性腺和垂体的活动都有关系。补充锌可加速学龄儿童的生长发育,改善食欲和消化机能,预防感冒。补锌可增强创伤组织的再生能力,促进术后创伤愈合,增强免疫功能。但体内锌过量时可抑制铁的利用,发生顽固性贫血等一些疾病。

食物中锌含量较高的有牛肉、羊肉、鱼类、动物肝脏、蘑菇等。治疗性用药过去常用硫酸锌和醋酸锌等,但硫酸锌会在胃液中发生反应,产生的 $ZnCl_2$ 是具有毒性的强腐蚀剂,可致胃黏膜损伤,故硫酸锌需在饭后服用,但吸收效果会受到影响。目前多采用葡萄糖酸锌作为补锌的药物。在含锌相近的剂量下,葡萄糖酸锌的生物利用度约为硫酸锌的 1.6 倍。

2. 葡萄糖酸钙的制备

通常葡萄糖酸盐的制备都是以葡萄糖酸钙为原料经过酸化的葡萄糖酸,然后再与金属盐反应得到的。下面给出葡萄糖酸钙的制备方法——葡萄糖的催化氧化法。

称取 1.28 g 葡萄糖,加入试管。再加入 4mL 去离子水,使其溶解。将试管置于 50~60℃ 的水浴中加热约 10min。然后边摇晃边滴加 1% 的溴水,需待溶液褪色后再加第二滴,直到溴水加入后不再褪色或者微黄时为止。然后提高水浴温度到 70℃,保温 15min。

将 0.66 g 的 $CaCO_3$ 粉末缓慢加入到上述溶液,在水浴中不断晃动试管,直至无气泡产生,此时,若还有固体物,可以用事先准备好的热过滤装置过滤,除去固体物。

缓慢冷却溶液至室温,加入等体积的 95% 乙醇,振荡,将溶液转移到离心试管中离心 3 分钟。用滴管小心移去离心后的上层清液,然后用 40% 的乙醇水溶液洗涤沉淀,边洗涤边检查,至无 Br^- 存在。再用 5mL 40% 的乙醇水溶液将沉淀制成悬浊液,过滤,产品用滤纸吸干水分后,置于表面皿中于 80℃ 左右干燥。(该产品约在 180℃ 时分解,不可过热干燥)。

3. 关于葡萄糖酸锌 2010 版中国药典修订增订内容

葡萄糖酸锌 Putaotangsuanxin　Zinc Gluconate

书页号:2005 年版二部-696　[修订]

【鉴别】取本品约 0.5 g,置试管中,加水 5mL,微热溶解后,加冰醋酸 0.7mL 与新蒸馏的苯肼 1mL,置水浴上加热 30min 后,放冷,用玻璃棒摩擦试管内壁,渐析出黄色结晶;滤取结晶,用加有少量活性炭的热水 10mL 溶解,滤过,滤液重结晶后,经 4 号垂熔漏斗滤过,滤渣在 105℃ 干燥 1h,依法测定(附录ⅥC),熔点为

195～200℃,熔融时同时分解。

【检查】镉盐 取本品约 1 g,精密称定,置 50mL 凯氏烧瓶中,加硝酸与浓过氧化氢溶液各 6mL,在瓶口放一小漏斗使烧瓶成 45°斜置,用直火缓缓加热,待溶液澄清后,放冷,移至 25mL 量瓶中,并加水稀释至刻度,摇匀,作为溶液(B);另取等量供试品,加硝酸镉溶液【取金属镉 0.5 g,精密称定,至 1000mL 量瓶中,加硝酸 20ml 使其溶解,加水稀释至刻度,摇匀,精密量取 1mL,置 200mL 量瓶中,加 1%(g/mL)硝酸溶液稀释至刻度,摇匀。每 1mL 相当于 5 μg 的 Cd】1ml 同法制成的溶液,作为溶液(A)。照原子吸收分光光度法(附录ⅣD 第二法 杂质限度检查法),在 228.8nm 的波长处依法检查,应符合规定(0.0005%)。

砷盐 取本品 1.0g,加水 23ml 使其溶解,加盐酸 5ml,依法检查(附录ⅧJ,第一法),应符合规定(0.0002%)。

实验 28　由钛铁矿制备二氧化钛

一、目的要求

(1)了解硫酸法溶钛铁矿制备二氧化钛的原理和方法。
(2)掌握无机制备中的沙浴、溶矿浸取、高温煅烧等操作。
(3)了解钛盐的性质。

二、原理

钛铁矿的主要成分为 $FeTiO_3$,杂质主要为镁、锰、钒、铬、铝等。

在 160~200℃时,过量的浓硫酸与钛铁矿发生下列反应:

$$FeTiO_3 + 2H_2SO_4 =\!=\!= TiOSO_4 + FeSO_4 + 2H_2O$$
$$FeTiO_3 + 3H_2SO_4 =\!=\!= Ti(SO_4)_2 + FeSO_4 + 3H_2O$$

它们都是放热反应,反应一开始便进行得很激烈。

用水浸取分解产物,这时钛和铁等以 $TiOSO_4$ 和 $FeSO_4$ 的形式进入溶液。此外,部分 $Fe_2(SO_4)_3$ 也进入溶液,因此需在浸出液中加入金属铁粉,把 Fe^{3+} 完全还原为 Fe^{2+},铁粉可稍微过量一点,可以把少量的 TiO^{2+} 还原为 Ti^{3+},以保护 Fe^{2+} 不被氧化。有关的电极电势如下:

$$Fe^{2+} + 2e =\!=\!= Fe \qquad E^{\ominus} = -0.45$$
$$Fe^{3+} + e =\!=\!= Fe^{2+} \qquad E^{\ominus} = +0.77V$$
$$TiO^{2+} + 2H^+ =\!=\!= Ti^{3+} + H_2O \qquad E^{\ominus} = +0.10V$$

将溶液冷却至 0℃以下,便有大量的 $FeSO_4 \cdot 7H_2O$ 晶体析出。剩下的 Fe^{2+} 可以在水洗偏钛酸时除去。

为了使 $TiOSO_4$ 在高酸度下水解,可先取一部分上述 $TiOSO_4$ 溶液,使其水解并分散为偏钛酸溶胶,以此作为沉淀凝聚中心与其余的 $TiOSO_4$ 溶液一起加热至沸腾,使其水解,即得偏钛酸沉淀。

$$TiOSO_4 + 2H_2O \Longrightarrow H_2TiO_3\downarrow + H_2SO_4$$

将偏钛酸在 800 ~ 1000℃ 灼烧,即得二氧化钛。

$$H_2TiO_3 \xrightarrow{\quad 800 \sim 1000℃ \quad} TiO_2 + H_2O\uparrow$$

三、实验内容

1. 硫酸分解钛铁矿

称取 25g 钛铁矿粉 (300 目, 含 TiO_2 约 50%),放入有柄蒸发皿中,加入 20mL 浓硫酸,搅拌均匀后放在沙浴中加热,并不停地搅动,观察反应物的变化。用温度计测量反应物的温度。当温度升至 110 ~ 120℃ 时,注意反应物的变化:开始有白烟冒出,反应物变为蓝黑色,黏度增大,搅拌要用力。当温度上升到 150℃ 时,反应激烈进行,反应物迅速变稠变硬,这一过程几分钟内即可结束,故这段时间要大力搅拌,避免反应物凝固在蒸发皿上,激烈反应后,把温度计插入沙浴中,在 200℃ 左右保持温度约 0.5h,不时搅动以防结成大块,最后移出沙浴,冷却至室温。

2. 硫酸溶矿的浸取

将产物转入烧杯中,加入 60mL 约 50℃ 的温水,此时溶液温度有所升高,搅拌至产物全部分散为止,保持体系温度不得超过 70℃,浸取时间为 1h,然后抽滤,滤渣用 10mL 水洗涤一次,溶液体积保持在 70mL,观察滤液的颜色。

证实浸取液中有 Ti(Ⅳ)化合物存在。

3. 除去主要杂质铁

往浸取液中加入适量铁粉,并不断搅拌至溶液变为紫黑色(Ti^{3+} 为紫色)为止,立即抽滤,滤液用冰盐水冷却至 0℃ 以下,观察 $FeSO_4 \cdot 7H_2O$ 结晶析出,再冷却一段时间后,进行抽滤,回收 $FeSO_4 \cdot 7H_2O$。

4. 钛盐水解

将上述实验中得到的浸取液,取出 1/5 的体积,在不停地搅拌下逐滴加入到约400mL的沸水中,继续煮沸约10~15min后,再慢慢加入其余全部浸取液,继续煮沸约0.5h后(应适当补充水),静置沉降,先用倾滗法除去上层水,再用热的稀硫酸($2mol \cdot L^{-1}$)洗两次,并用热水冲洗沉淀,直至检查不出 Fe^{2+} 为止,抽滤,得偏钛酸。

5. 煅烧

把偏钛酸放在瓷坩埚中,先小火烘干后大火烧至不再冒白烟为止(亦可在马福炉内850℃灼烧),冷却,即得白色二氧化钛粉末,称重并计算产率。

◎思考题

1. 温度对浸取产物有何影响? 为什么温度要控制在75℃以下?
2. 实验中能否用其他金属来还原 Fe^{3+}?
3. 浸取硫酸溶矿时,加水的多少对实验有何影响?

实验 29　由钛白粉副产物制备氧化铁颜料

一、目的要求

（1）掌握浓度、温度和酸度对钛水解的影响。

（2）掌握由钛白粉副产物硫酸亚铁制备氧化铁颜料的原理和方法。

（3）熟练掌握无机物制备的一些基本操作。

（4）测定硫酸亚铁中钛的含量，了解分光光度法的原理和 72 型分光光度计的使用方法。

二、原理

硫酸法溶钛铁矿生产钛白粉，主要副产物为硫酸亚铁，但在硫酸亚铁中含有钛、锰、铬、钒等杂质，不能直接作为化工原料。用它来制备铁黄、铁红颜料时，主要有害杂质为钛，钛的含量 >0.3% 时，影响氧化铁颜料的色相，工业除钛纯化硫酸亚铁的方法有：加无机或有机絮凝剂、通氮超滤和加铁粉还原等。本实验采用加热水解法。根据水解平衡移动原理，钛液的浓度、酸度及温度均能影响水解反应的进行。浓度越小、酸度越小、温度越高水解反应越容易发生，水解反应方程式为：

$$TiOSO_4 + 2H_2O = TiO_2 \cdot H_2O \downarrow + H_2SO_4$$

在颜料中，铁系颜料为重要品种，其产量仅次于钛白（一种性能很好的颜料）而居第二位，硫酸亚铁是生产铁黄和铁红的基本原料。制取铁黄和铁红的方法有湿法和干法两种。

1. 湿法制备铁黄

以硫酸亚铁为原料，加入碳酸钠为沉淀剂，控制硫酸亚铁与碳酸钠的配比和体系的 pH 值,先生成氢氧化亚铁,通空气氧化,制备出 FeO(OH),然后抽滤、洗涤沉淀,再将沉淀物在 80~100℃ 下热处理后即得铁黄,反应如下:

$$Fe^{2+} + 2OH^- \Longrightarrow Fe(OH)_2$$

$$4Fe(OH)_2 + O_2 \Longrightarrow 4FeO(OH) \downarrow + 2H_2O$$

$$(或\ 2FeSO_4 + 2Na_2CO_3 + \frac{1}{2}O_2 + H_2O \Longrightarrow FeO(OH) \downarrow + 2Na_2SO_4 + CO_2 \uparrow)$$

$$2FeO(OH) \xrightarrow[\triangle]{80~100℃} Fe_2O_3 + H_2O$$

2. 由铁黄干法制备铁红

铁红也可以用硫酸亚铁为原料,采取干法或湿法来制备,只需控制一定的原料配比和 pH 值即可得到铁红。本实验采取从铁黄进一步热处理得到铁红的方法。差热分析结果说明铁黄在 250℃ 时发生明显的相变,从 α-FeO(OH) 针铁矿(铁黄)转化为 α-FeO(OH) 赤铁矿(铁红)。

实验中用分光光度法测定硫酸亚铁中钛的含量。在盐酸溶液中 Ti(Ⅳ) 与二安替比啉甲烷生成黄色配合物,借此作比色测定,Fe^{3+} 被抗坏血酸还原,硫酸亚铁中常量的钒、铬、锰对本法干扰甚微。

三、实验内容

1. 除去硫酸亚铁中的钛

称取 15g $FeSO_4 \cdot 7H_2O$(上次实验中的回收物)溶于 200mL 沸水中,静置,过滤除去 $TiO_2 \cdot H_2O$ 沉淀。

2. 铁黄颜料的制备

配制 0.25mol · L^{-1} Na_2CO_3 溶液 150mL 于 500mL 三口烧瓶中(见反应装置图 3-4),在水浴中恒温加热,控制反应温度为 45~50℃。温度恒定后,在搅拌的情况下,从空气进入口慢慢加入 150mL 纯化后的硫酸亚铁溶液(约为 1mol · L^{-1}),控制 pH 值为 3~4,反应液中产生灰白色的沉淀,在空气入口插入导气管,开动抽气泵,通空气约 45min,观察沉淀颜色逐渐由灰白色→灰绿色→深绿色→棕红色。停止反应,将沉淀物抽滤、洗涤、抽干后置于蒸发皿中。

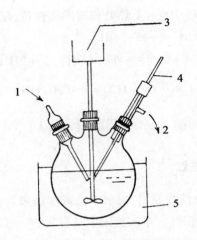

图 3-4　反应装置图

1—空气入口　2—接水泵　3—电动搅拌器　4—温度计　5—水浴箱

将沉淀置于干燥箱中,控制温度为 80 ~ 100℃,恒温 2h,取出后,冷却、称重,计算产率。将生成物取出一半,研细,观察产物的颜色。

3. 铁红颜料的制备

取上述所得产物的另一半于瓷坩埚中,放入马福炉内,控制温度为 300℃,恒温 2h,取出产品,冷却、研细,观察产物的颜色。

4. 硫酸亚铁中钛含量测定

a. 标准溶液的配制(由实验室配制)

(1)标准钛溶液的配制:称取 0.1668g 灼烧过的二氧化钛于瓷坩埚中,加入 2 ~ 4g 焦硫酸钾,先低温预热至熔,再于 700℃熔融至红色透明,继续熔融 3min,冷却,用适量体积的硫酸(95%)浸取熔块,加热溶解,冷却后移入 1000mL 容量瓶中,用 5% 的硫酸稀释至刻度,摇匀。此溶液 1mL 含钛 0.1mg。

(2)标准铁溶液的配制:用分析纯硫酸亚铁配制浓度为 $0.018 mol \cdot L^{-1}$ 的标准溶液。

b. 工作曲线的绘制

用吸量管分别取标准钛溶液(0.1mg/mL) 0.2、0.4、0.6、0.8、1.0mL 于 5 只 50mL 容量瓶中,分别加标准铁溶液($0.018 mol \cdot L^{-1}$)2mL,再分别加入 $3 mol \cdot L^{-1}$

盐酸 10mL,5% 抗坏血酸 5mL 和 5% 二安替比啉甲烷溶液 5mL,用水稀释至刻度。在第六只 50mL 容量瓶中加入 3mol·L^{-1} 盐酸 10mL,5% 抗坏血酸 5mL 用水稀释至刻度,作参比溶液。放置 0.5h 后,在 420nm 波长测吸光度 A。以 Ti(Ⅳ) 标准液中钛的含量为横坐标,吸光度 A 为纵坐标,绘出 A-mg 工作曲线。

　　c. 钛含量的测定

　　分别取 2mL 纯化后的 1mol·L^{-1} $FeSO_4$ 溶液于两只 50mL 容量瓶中,加入 3mol·L^{-1} 的盐酸 10mL,5% 抗坏血酸 5mL,5% 二安替比啉甲烷溶液 5mL,用水稀释至刻度,放置 0.5h,在 420nm 波长下测其吸光度 A,并从工作曲线上查出对应的钛的含量。

　　计算出 $FeSO_4·7H_2O$ 中 TiO_2 的含量。

◎思考题

　　1. 钛白粉副产物硫酸亚铁中,钛以什么形式存在?

　　2. 在除去硫酸亚铁中的钛时,为什么要将硫酸亚铁溶于已煮沸的水中? 是否可以用加热煮沸硫酸亚铁溶液的办法来破坏 $TiO_2·H_2O$ 胶体?

　　3. 比较 Ti(Ⅳ) 和 Fe(Ⅲ) 离子的水解产物有何不同?

实验 30　非水溶剂重结晶法提纯硫化钠

一、目的要求

(1)学习非水溶剂重结晶方法和操作。
(2)练习冷凝管使用操作。

二、原理

硫化钠俗称硫化碱,纯的硫化钠是含有不同数目结晶水的无色晶体,如 $Na_2S \cdot 6H_2O$、$Na_2S \cdot 9H_2O$ 等,工业硫化钠因含有大量杂质(重金属硫化物、煤粉等)而呈现红色至黑色。本实验利用硫化钠能溶于热酒精,其他杂质可在趁热过滤时除去,或在硫化钠结晶析出时留在母液中而被除去。

三、实验内容

硫化钠的提纯

称取已粉碎的工业硫化钠 36g,放入 500mL 圆底烧瓶内,加入 300mL 工业酒精,再加入 40mL 水。按图 3-5 回流加热装置,装上球形冷凝管,并向冷凝管中通入冷却水。水浴加热,从烧瓶内酒精开始沸腾起,回流约 40min,停止加热。将烧瓶在水浴锅中静置 5min 后取下,趁热抽滤,除去不溶物。

将滤液转移到烧杯中,不断搅拌促使硫化钠晶体大量析出,冷却后抽滤,将产品置于干燥器中干燥、称量、计算产率。

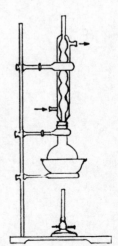

图 3-5　回流加热装置

本法制得的产品为 $Na_2S \cdot 9H_2O$ 晶体。

产物留作实验 31 用。

◎ **思考题**

用非水溶剂重结晶法提纯工业硫化钠时,为什么要用水浴加热? 为何要回流?

实验 31 硫代硫酸钠的制备

一、目的要求

(1)学习实验室制备二氧化硫的方法和操作。
(2)训练无机化合物制备过程中气-液反应的基本操作。
(3)学习制备硫代硫酸钠的原理和方法。

二、原理

用浓硫酸与亚硫酸钠反应制取二氧化硫,其反应方程式为:
$$Na_2SO_3 + H_2SO_4 =\!=\!= Na_2SO_4 + H_2O + SO_2 \uparrow$$
制备硫代硫酸钠的方法有多种,本实验介绍两种方法,一种方法是将硫化钠与纯碱按一定比例配制成溶液再用二氧化硫饱和之,制备原理如下:
$$Na_2CO_3 + SO_2 =\!=\!= Na_2SO_3 + CO_2$$
$$2Na_2S + 3SO_2 =\!=\!= 2Na_2SO_3 + 3S$$
$$Na_2SO_3 + S =\!=\!= Na_2S_2O_3$$

总反应式为:
$$2Na_2S + 4SO_2 + Na_2CO_3 =\!=\!= 3Na_2S_2O_3 + CO_2$$
$Na_2S_2O_3 \cdot 5H_2O$ 于 40~45℃熔化,48℃分解,100℃失去 5 个结晶水。
另一种方法是将 S 粉溶解于亚硫酸钠溶液中。

三、实验内容

1. 硫代硫酸钠制备方法(一)

按图 3-6 安装制备硫代硫酸钠的装置。

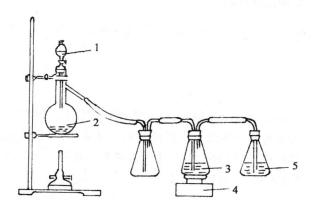

图 3-6　$Na_2S_2O_3$ 制备装置

1—浓 H_2SO_4　2—Na_2SO_3　3—Na_2CO_3-Na_2S + H_2O　4—电动搅拌器　5—稀碱

（1）往滴液漏斗、圆底烧瓶中分别加入比理论量稍多些的浓硫酸、亚硫酸钠固体,反应产生 SO_2 气体。在吸收瓶中加入 $2mol \cdot L^{-1}$NaOH溶液,以吸收多余的 SO_2。

（2）称取 15g 提纯后的硫化钠和计算量的碳酸钠于反应器 3 中,加入 150mL 蒸馏水,开动电动搅拌器,搅拌使其溶解。

（3）待反应器中原料完全溶解后,慢慢打开滴液漏斗的活塞,以每滴 13s 的速度将浓硫酸滴入烧瓶中,观察所产生的二氧化硫气体与硫化钠、碳酸钠作用情况。40min 左右溶液透明(pH 值不得小于 7),停止反应。过滤所得硫代硫酸钠碱液,并转移到蒸发皿中,蒸发浓缩到溶液体积约为原来的 1/4(不能蒸发得太浓)。冷却,结晶,抽滤,晶体在 40℃ 下干燥40 ~ 60min,称重,按 $Na_2S \cdot 9H_2O$ 投料量计算产率。

2. 硫代硫酸钠制备方法(二)

称取无水(或七水合)亚硫酸钠 12.6g(或 25.2g)于 250mL 烧杯中,加 50mL 去离子水再加入 3.2g 充分研细的硫粉,小火煮沸至硫粉全部溶解(煮沸过程中要不停地搅拌,并要注意补充蒸发掉的水分),趁热过滤。将滤液放在蒸发皿中,于石棉网(或泥三角)上小火蒸发浓缩至有晶体析出为止,冷却,抽滤、用滤纸吸干晶体表面上的水分后,称重,计算产率。

产品放入干燥器中保存。

3. 硫代硫酸钠定性检验

检查方法参考第四部分实验38"过氧化氢和硫"中:"4. 硫代硫酸钠的性质"。

◎**思考题**

1. 用硫化钠制备硫代硫酸钠时,加入碳酸钠的作用是什么?

2. 碳酸钠用量为什么不能太少?应控制在什么比例时产率最高?

3. 蒸发浓缩硫代硫酸钠碱液时,为什么不能蒸发得太浓?干燥硫代硫酸钠晶体的温度为什么控制在40℃?

实验 32　无水二氯化锡的制备

一、目的要求

(1)了解无水金属卤化物制备的一般方法。

(2)训练无机制备中的某些基本操作。

(3)学习显微熔点测定仪的使用方法。

二、原理

无水金属卤化物的制备方法一般有 4 种:直接合成,水合卤化物的脱水,用氧化物卤化,卤素的交换(由一种卤化物转化成另一种卤化物)。

本实验制备无水二氯化锡所采用的方法是先用锡与浓盐酸作用,制得水合二氯化锡($SnCl_2 \cdot 2H_2O$),然后将水合二氯化锡用醋酐脱水而制得。

为了防止 Sn^{2+} 的氧化,在反应时保持锡过量,在蒸发浓缩时,须在二氧化碳气流下进行。为了提高反应速度,可选用锡箔或锡花,在反应过程中可加少量的浓硝酸或饱和氯水。

$SnCl_2$ 的熔点为 $246.8℃$。

三、实验内容

1. 无水 $SnCl_2$ 的制备

(1)称取 1.2g 锡花于 25mL 圆底烧瓶中,用 250mL 烧杯做水浴器,放在三脚铁架的石棉网上,将圆底烧瓶放入水浴中,调整好位置,装上冷凝管,固定在铁架台上,通上冷却水,从冷凝管的上口加入 5mL 浓盐酸和 1 滴 HNO_3,在 95℃时回流0.5h,观察反应进行的情况,待反应器中只剩下少量锡花为止。

(2)将上述反应后的上清液迅速转移到浓缩蒸发反应器中,在二氧化碳气氛保护下(或减压条件下),加热蒸发,待蒸发到蒸发器壁上有少量$SnCl_2$微粒出现(或溶液只有$1\sim2mL$)为止,停止加热,在继续通CO_2气流的条件下冷却、结晶、抽滤(若母液很少就可不抽滤)。

(3)冷却后,往蒸发器中加$5\sim10mL$的100%醋酐,即可得到无水$SnCl_2$,抽滤至干,用少量乙醚冲洗三次,称重后放在干燥器中保存。

2. 测定$SnCl_2$的熔点

(1)按说明书将显微熔点测定仪安装好。

(2)取约$0.1mg$的$SnCl_2$放在照明孔上方的载玻片上。

(3)按照操作方法将待测样品图像调好。

(4)插上电源,按动琴键开关,指示灯亮,加热台通电升温,当温度接近待测样品熔点以下10℃左右,控制升温速度为$1\sim2℃/min$,在接近熔点时,升温速度尽可能更慢。

(5)从目镜中仔细观察待测样品从初熔到全熔的过程,立即从温度计上读出相应的温度。

(6)测定熔点结束后,关闭电源,停止加热、稍冷,按使用规定做好仪器的清洁工作。

注意事项

(1)为了提高反应速率,在实验中选用锡花或锡箔,而不用锡粒,同时加入少量硝酸和提高反应温度。

(2)控制盐酸在反应中的量,盐酸不能加过量,否则得到的产品少,这可能是由于生成了$SnCl_3^-$的缘故。

$$SnCl_2 + Cl^- = SnCl_3^- \qquad pH\approx2$$

但在反应过程中,在一定温度下要避免盐酸损失过多,本实验采取回流方式,以保证反应正常进行,同时也防止了盐酸挥发污染环境。

(3)在制备$SnCl_2$的实验过程中,为了防止$Sn(Ⅳ)$化合物的生成,应注意以下几个实验条件:①锡花要过量;②蒸发溶液和冷却结晶时,必须在二氧化碳气氛下进行,或者在抽真空下进行;③若水合结晶需要过滤,一定要尽量将母液抽干。

(4)用醋酐脱水时,水合二氯化锡要预先压碎,如果用大块结晶,则难以完全脱水。

为什么不采用加热的方法脱水呢?因为大气中的氧和水蒸气在高温下能分解大多数的卤化物,同时在高温下卤化物本身也易发生分解,所以加热脱水方法仅适用于制备碱金属和碱土金属的卤化物。

（5）本实验主要目的是学会使用显微熔点仪和鉴定产品的纯度,因此,要仔细观察结晶体的熔化全过程,准确记录熔点温度。

◎思考题

1. 在锡与盐酸反应过程中,加入硝酸和氯水起什么作用?

2. 本实验中,为防止 Sn^{2+} 氧化,应采取哪些措施?

3. 配制 $SnCl_2$ 溶液,如欲装瓶存放一段时间,为什么既要加盐酸,又要加锡粒?

实验 33　五氧化二钒的提纯

一、目的要求

（1）学习五氧化二钒的性质及提纯原理。

（2）掌握无机化合物提纯的一些基本操作。

二、原理

五氧化二钒是以酸性为主、有微弱碱性的氧化物。

五氧化二钒易溶于碱溶液中生成钒酸盐，随着 pH 值的变化和钒酸盐浓度的不同，生成不同聚合度的多钒酸盐，在 pH 值高时，主要生成钒酸钠：

$$V_2O_5 + 6NaOH = 2Na_3VO_4 + 3H_2O$$

随着 pH 值的下降，聚合度增大，溶液的颜色逐渐加深，由淡黄色变到深红色。

钒酸盐有正钒酸盐、焦钒酸盐和偏钒酸盐。这三种盐中，偏钒酸盐最稳定，正钒酸盐的稳定性最小，钒酸盐溶液在煮沸时经焦钒酸盐的中间形式而最后变为偏钒酸盐：

$$2Na_3VO_4 + H_2O \rightleftharpoons Na_4V_2O_7 + 2NaOH$$

$$Na_4V_2O_7 + H_2O \rightleftharpoons 2NaVO_3 + 2NaOH$$

往偏钒酸盐和焦钒酸盐的溶液中加入氯化铵，可沉淀出白色的偏钒酸铵：

$$VO_3^- + NH_4^+ = NH_4VO_3$$

$$V_2O_7^{4-} + 4NH_4^+ = 2NH_4VO_3 + 2NH_3 + H_2O$$

在空气中加热偏钒酸铵即可得到纯度较高的五氧化二钒：

$$2NH_4VO_3 \xrightarrow{\triangle} V_2O_5 + 2NH_3\uparrow + H_2O$$

本实验是根据钒的上述性质进行五氧化二钒提纯。

三、实验内容

　　称取 0.4g 氢氧化钠固体于烧杯中,加 30mL 水溶解,边加热边搅拌,逐步将 10g 湿粗钒加到氢氧化钠溶液中,煮沸至粗钒全部溶解为止,调节其 pH 值为 8~8.5,趁热抽滤除去杂质,将滤液转移到烧杯中,再加入氯化铵热饱和溶液 15mL,不断搅拌,待白色偏钒酸铵沉淀完全,静置冷却后抽滤,沉淀用 1% 氯化铵溶液洗涤 3~4 次,然后将沉淀转移到小坩埚中,先放入干燥箱中于 80~100℃烘 1h,再放入马弗炉中于 450~500℃恒温灼烧 1.5h,即得淡黄色(或橙黄色)五氧化二钒粉末。将产品称重,计算产率。

◎思考题

1. 五氧化二钒易溶于酸还是易溶于碱? 为什么?
2. 在提纯五氧化二钒的过程中,影响产率和纯度的因素有哪些?

第四部分　元素化学实验

实验 34　碱金属和碱土金属

一、目的要求

(1) 比较钠与镁的活泼性，了解过氧化钠的性质。
(2) 试验碱土金属氢氧化物的生成和性质。
(3) 试验碱金属、碱土金属的某些难溶盐的生成及应用。
(4) 了解锂盐与镁盐的相似性。

二、实验内容

1. 金属钠和镁的化学活泼性

a. 钠与空气中氧的反应

用镊子取一小块钠，用滤纸吸干表面的煤油，用小刀将它切成两块，观察新切面的颜色及在空气中的迅速变化。随即将钠放在坩埚中加热，等钠开始燃烧时，停止加热。观察产物的颜色、状态。取少量产物置于空气中，观察颜色的变化。

将坩埚盖好，冷至室温，然后加入少量水，观察有无气体逸出，检验溶液的 pH 值。用 $3 \ mol \cdot L^{-1} H_2SO_4$ 将溶液酸化，再加 1 滴 $0.01 \ mol \cdot L^{-1} KMnO_4$ 溶液，观察紫色有何变化。

综合实验现象，说明是否有 Na_2O_2 生成，写出有关反应式。可用实验室提

供的 Na_2O_2 作对照实验，并对 Na_2O_2 的性质作描述。

b. 钠与水的反应

在烧杯中盛约 1/5 体积的水，加 2 滴酚酞，用镊子取一小块钠，用滤纸吸干表面的煤油后投入水中，观察反应情况。

注意勿近火源，以免产生的 H_2 与空气混合爆鸣，等钠反应完才能倒出溶液。

从钠与水反应时熔化并浮在水面上的现象可以了解钠的什么物理性质？

c. 镁与水的反应

取一段镁条，用砂纸擦去其表面的氧化膜，再分成两半，分别投入盛有冷水和近沸的热水的试管中，各加一滴酚酞，对照观察反应情况。

与钠相比，镁的活泼性如何？顺便比较钠与镁的硬度、熔点、密度。

2. 碱土金属氢氧化物的生成和性质

a. $Be(OH)_2$、$Mg(OH)_2$ 酸碱性比较

取 2 支试管，各加 0.5mL 0.5 mol·L^{-1} $BeSO_4$ 溶液，均加入 2 mol·L^{-1} $NH_3·H_2O$，观察 $Be(OH)_2$ 沉淀的生成和颜色。分别试验它与 2 mol·L^{-1} NaOH 及 HCl 的作用。

用 0.5 mol·L^{-1} $MgCl_2$ 制得 $Mg(OH)_2$，同上实验，观察 $Mg(OH)_2$ 能否溶于过量 NaOH 溶液中？

写出各反应式，何者是两性氢氧化物？

b. 氢氧化物的溶解性

(1)碱土金属的氢氧化物溶解性比较。

在 4 支试管中分别加入 0.5mL 0.5 mol·L^{-1} $MgCl_2$、$CaCl_2$、$SrCl_2$、$BaCl_2$ 溶液，均加入等量不含 CO_3^{2-} 的 2 mol·L^{-1} NaOH 溶液，观察沉淀的生成和颜色。

(2)比较 $Mg(OH)_2$、$Ca(OH)_2$、$Ba(OH)_2$ 的溶解度。

在少量 0.5 mol·L^{-1} $MgCl_2$ 溶液中滴入澄清的饱和石灰水至有明显的 $Mg(OH)_2$ 沉淀生成，再在等量 0.5 mol·L^{-1} $CaCl_2$ 溶液中加入相同滴数的石灰水，是否有沉淀生成？$Mg(OH)_2$ 与 $Ca(OH)_2$ 比较，何者溶解度较小？

在少量 0.5 mol·L^{-1} $CaCl_2$ 溶液中，滴入澄清的 0.1 mol·L^{-1} $Ba(OH)_2$ 溶液至有明显的 $Ca(OH)_2$ 沉淀生成，再往同量 0.5 mol·L^{-1} $BaCl_2$ 溶液中滴入相同滴数的 $Ba(OH)_2$ 溶液，是否有沉淀生成？$Ca(OH)_2$ 与 $Ba(OH)_2$ 比较，何者溶解度较小？

综合实验现象，查阅溶解度表，对碱土金属氢氧化物的溶解度作一完整的描述。

3. 锂盐和镁盐的相似性

锂、镁的氟化物、碳酸盐、磷酸盐均难溶于水，而其他碱金属相应化合物易溶，这是锂、镁相似点之一。

a. 氟化物

在两支试管中分别加 0.5 mL 3mol·L⁻¹LiCl 溶液、0.5 mol·L⁻¹MgCl₂ 溶液，然后均加入少量 1 mol·L⁻¹NaF 溶液。观察现象，写出反应式。

b. 碳酸盐

往 0.5 mL 3 mol·L⁻¹LiCl 溶液中加入少量 1 mol·L⁻¹Na₂CO₃ 溶液，微热、另往 0.5 mL MgCl₂ 溶液中加入少量 1 mol·L⁻¹ NaHCO₃ 溶液。观察现象，写出反应式。

c. 磷酸盐

往 0.5 mL 3 mol·L⁻¹LiCl 溶液中加少量 0.1 mol·L⁻¹Na₂HPO₄ 溶液，加热，稍放置。再往 0.5 mL 0.5 mol·L⁻¹MgCl₂ 溶液中加少量 Na₂HPO₄ 溶液。观察现象，写出反应式。

4. 某些难溶盐的生成和应用

a. 用沉淀法检验 K⁺

以下两种沉淀的生成，均可证实 K⁺ 的存在。

(1)难溶酒石酸氢钾(KHC₄H₄O₆)的生成。

混合少量 2 mol·L⁻¹KCl 和饱和酒石酸氢钠 NaHC₄H₄O₆ 溶液，充分摇动，观察产物的颜色、形状。

(2)六硝基合钴(Ⅲ)酸钾钠 K₂Na[Co(NO₂)₆]沉淀的生成。

在少量钾盐溶液中，加几滴六硝基合钴(Ⅲ)酸钠溶液，观察沉淀的生成和颜色。另取少量 3 mol·L⁻¹NH₄Cl 溶液做对照实验。

铵盐反应类同，但(NH₄)₂Na[Co(NO₂)₆]在水浴温度下即分解，可见有气体逸出，而相应的钾盐较稳定。

碱和强酸均能破坏 Co(NO₂)₆³⁻，所以反应在 pH=3~7 的条件下进行。

$$Co(NO_2)_6^{3-} + 3OH^- = Co(OH)_3\downarrow + 6NO_2^-$$

$$2Co(NO_2)_6^{3-} + 10H^+ = 2Co^{2+} + 5NO\uparrow + 7NO_2\uparrow + 5H_2O$$

198

b. Ca^{2+}、Sr^{2+}、Ba^{2+} 的鉴别

各取 3 份等量同浓度的 $CaCl_2$、$SrCl_2$、$BaCl_2$ 溶液置于 9 支试管中，分别加等量 $0.3\ mol \cdot L^{-1}\ (NH_4)_2C_2O_4$、$0.5\ mol \cdot L^{-1}Na_2SO_4$ 和 K_2CrO_4 溶液，注意观察沉淀的形成。试验铬酸盐沉淀在 $6\ mol \cdot L^{-1}HAc$ 中的溶解情况。如果要鉴别 Ca^{2+}、Sr^{2+}、Ba^{2+}，在这三种沉淀剂中，何者选择性最高？（若一种试剂和越少种类的离子反应，则该反应选择性越高）

将生成沉淀的情况，以及查得的室温下各盐的溶解度，填入表 4-1。

表 4-1　　　　　　　　　　　　　　　数据记录

	Ca^{2+}	Sr^{2+}	Ba^{2+}
$C_2O_4^{2-}$			
SO_4^{2-}			
CrO_4^{2-}			

5. 焰色试验

试验锂、钠、钾、钙、锶、钡的焰色。

取以上各元素氯化物的溶液两滴，分别置于点滴板的凹穴中，用 6 根做好标记的专用于某种离子的镍铬丝，蘸取相应溶液在氧化焰中灼烧，观察与记录各种火焰的颜色。

由于钾盐中常含有少量钠盐，为了消除钠的干扰，在观察钾的焰色时，要用蓝色的钴玻璃滤去钠的黄光后观察。

镍铬丝刚使用时，先在 $6\ mol \cdot L^{-1}$ 盐酸中浸泡片刻后在氧化焰中灼烧，再浸入酸中，又取出灼烧，直至火焰保持煤气灯焰的颜色，即可进行焰色反应。

◎思考题

1. 为什么 $NaOH$ 中常含有 Na_2CO_3？用什么简便的方法可以除去 $NaOH$ 溶液的 CO_3^{2-}？

2. 在比较碱土金属氢氧化物的溶解性时，所用的碱必须不含 CO_3^{2-}？此时使用 $Ca(OH)_2$ 和 $Ba(OH)_2$ 溶液有何优点？

3. 在制取 $MgCO_3$、$Mg_3(PO_4)_2$ 时，为什么不用 Mg^{2+} 与 CO_3^{2-}、PO_4^{3-} 直接反应，而是用 HCO_3^-、HPO_4^{2-} 与 Mg^{2+} 反应？

实验 35 未知物鉴别设计实验(一)

一、目的要求

(1)将 Mg^{2+}、Ca^{2+}、Ba^{2+} 等离子进行分离和检出,了解分离与检出条件。

(2)加强离子分离检出中的基本操作练习。

二、实验内容

1. 为了更好地领会分离和检出条件,先做如下实验

a. 试验 Mg^{2+} 与 Ca^{2+}、Ba^{2+} 的分离条件

Mg^{2+}、Ca^{2+}、Ba^{2+} 均能与 CO_3^{2-} 反应产生沉淀,但 $Mg_2(OH)_2CO_3$ 或 $MgCO_3$ 溶解度比 $CaCO_3$、$BaCO_3$ 大,难以沉淀完全,造成 Mg^{2+} 的丢失,为了使 Mg^{2+} 易于检出,加入 NH_3-NH_4Cl 缓冲液,使溶液的 $pH \approx 9$,再加入 $(NH_4)_2CO_3$ 溶液,此时仅 Ca^{2+}、Ba^{2+} 生成碳酸盐沉淀,而与 Mg^{2+} 分离。

(1)取 3 支试管,分别加几滴 $0.5\ mol \cdot L^{-1} MgCl_2$、$CaCl_2$、$BaCl_2$ 溶液,均滴入 $1\ mol \cdot L^{-1} (NH_4)_2CO_3$ 溶液,观察现象,再将试管浸泡在 60℃ 左右的热水中,有何变化?

说明:市售碳酸铵中混杂有其脱水产物氨基甲酸铵 NH_2COONH_4,使 CO_3^{2-} 实验浓度减小,但它的水溶液受热又会转化为 $(NH_4)_2CO_3$,有利于沉淀生成:

$$NH_2COONH_4 + H_2O \xrightarrow{\text{约}60℃} (NH_4)_2CO_3$$

温度不能过高,因 $(NH_4)_2CO_3$ 会分解,碳酸盐沉淀与铵盐一起煮沸时也

会部分溶解。如：

$$BaCO_3 + 2NH_4^+ \stackrel{\triangle}{=\!=\!=} Ba^{2+} + 2NH_3 + CO_2\uparrow + H_2O$$

（2）分别加 2 滴 $0.5\ \text{mol} \cdot \text{L}^{-1}\text{MgCl}_2$、$\text{CaCl}_2$、$\text{BaCl}_2$ 溶液于 3 支试管中，均加入 10 滴 $\text{NH}_3\text{-NH}_4\text{Cl}$ 缓冲液，然后都加 5 滴 $1\ \text{mol} \cdot \text{L}^{-1}(\text{NH}_4)_2\text{CO}_3$ 溶液，将试管浸入约 60℃ 的热水中，观察哪支试管不出现沉淀？

注意，试管一定要洗干净，缓冲溶液的量要足够，才能有正确的实验结果。

综合实验①、②，领会将 Mg^{2+} 与 Ca^{2+}、Ba^{2+} 分离时为什么要加入缓冲溶液并适当加热。

b. 体会为何用弱酸（HAc）而不用强酸溶解 $CaCO_3$ 和 $BaCO_3$

本"分离与检出"实验是用酸将 $CaCO_3$ 及 $BaCO_3$ 溶解后，再使 Ba^{2+} 与 CrO_4^{2-} 反应而检出 Ba^{2+}，$BaCrO_4$ 易溶于强酸，在 $pH < 2.7$ 的溶液中不沉淀。

实验：制取两份 $BaCO_3$，将它们分别溶于 HCl 和 HAc 中，然后均加入 K_2CrO_4 溶液，对比两支试管中的现象有何不同？

c. 体会为何要将 Ba^{2+} 沉淀完全才能检出 Ca^{2+}

本实验是用生成白色 CaC_2O_4 来证实 Ca^{2+} 的存在，而 Ba^{2+} 也与 $C_2O_4^{2-}$ 生成白色沉淀，Ba^{2+} 的存在会造成误判。

实验：在 $CaCl_2$、$BaCl_2$ 溶液中分别加入 $(NH_4)_2C_2O_4$ 溶液，观察是否都有白色沉淀生成。

2. 现有两瓶试液，可能含 Mg^{2+}、Ca^{2+}、Ba^{2+}，参照以下步骤进行分离检出

a. Ca^{2+}、Ba^{2+} 与 Mg^{2+} 的分离

取 2 mL 试液于离心管中，加 1 mL $\text{NH}_3\text{-NH}_4\text{Cl}$ 缓冲溶液，将离心管置约 60℃ 热水中加热，在搅拌下加 $1\ \text{mol} \cdot \text{L}^{-1}(\text{NH}_4)_2\text{CO}_3$ 至沉淀完全①，继续加热几分钟。然后离心分离，将清液移至另一支离心管中，按下文第 4 步中操作处理，沉淀供第 2 步用。

---

① 沉淀完全的检验：检验沉淀完全的方法是将沉淀离心沉降，在上层清液中沿管壁再加一滴沉淀剂，如不发生浑浊，则表示沉淀已经完全。否则应继续滴加沉淀剂，直到沉淀完全为止。

b. Ba^{2+} 与 Ca^{2+} 的分离和检出

将所得 $CaCO_3$、$BaCO_3$ 沉淀用少量水洗涤,离心,弃去洗涤液,加入 3 $mol \cdot L^{-1}$ HAc,不断搅拌并水浴加热。待沉淀溶解完后,滴入 0.5 $mol \cdot L^{-1}$ K_2CrO_4 溶液,至 Ba^{2+} 沉淀完全(溶液呈橘黄色)产生黄色沉淀,示有 Ba^{2+}。离心分离,清液留待检出 Ca^{2+}。

3. Ca^{2+} 的检出

往清液中加 1 滴 6 $mol \cdot L^{-1}$ $NH_3 \cdot H_2O$ 和几滴 0.3 $mol \cdot L^{-1}$ $(NH_4)_2C_2O_4$ 溶液,加热,产生白色沉淀,示有 Ca^{2+}。为了消除 CrO_4^{2-} 的黄色对观察 CaC_2O_4 颜色的干扰,可离心,弃去黄色溶液,加少量水洗涤沉淀,再离心弃去洗涤液,然后观察。

4. Mg^{2+} 的检出

(1)残余 Ba^{2+}、Ca^{2+} 的除去。往第 1 步所得清液内加 0.5 $mol \cdot L^{-1}$ $(NH_4)_2C_2O_4$ 和 1 $mol \cdot L^{-1}$ $(NH_4)_2SO_4$ 各 1 滴,加热几分钟,如果溶液混浊,离心分离,并弃去沉淀,清液用来检出 Mg^{2+}。

(2)Mg^{2+} 的检出。取 1 mL 清液于试管中,再加 0.5 mL 6 $mol \cdot L^{-1}$ 的 $NH_3 \cdot H_2O$ 和 0.5 mL 1 $mol \cdot L^{-1}$ 的 $(NH_4)_2HPO_4$ 溶液,用玻棒摩擦试管壁,产生白色沉淀,表示有 Mg^{2+}。

(3)另取 2 滴(1)的清液,加在点滴板上,再加 2 滴 6 $mol \cdot L^{-1}$ 的 NaOH 溶液和 1 滴镁试剂(对硝基偶氮间苯二酚),产生蓝色沉淀,表示有 Mg^{2+}。

注意事项

(1)在利用沉淀的生成来分离和检出离子的过程中,不仅要注意沉淀的生成和溶解条件,而且必须要注意到沉淀是否完全。

(2)对于一些离子的分离和检出实验,除了要利用离心分离法把沉淀和溶液分开外,还必须要注意到沉淀是否洗干净了。洗涤沉淀的操作,原则上洗涤剂的用量要"少量多次",而且每次洗涤过程中一定要把沉淀搅起,使其与洗涤液充分接触,以达到较高的洗涤效率。

(3)反应的温度是较重要的反应条件。加热常常是为了加快反应速率,使生成的沉淀聚沉,使细粉沉淀陈化为较大"颗粒",或是驱赶气体等。

以上 Mg^{2+}，Ca^{2+}，Ba^{2+} 的分离和检出操作过程如图 4-1 所示。

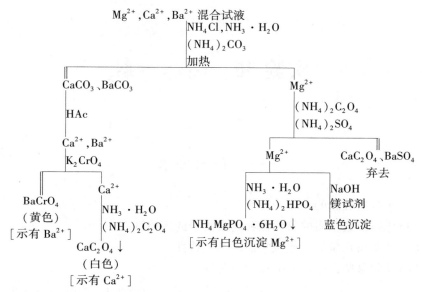

"‖"表示固相(沉淀或残渣)；"丨"表示液相(溶液)。

图 4-1　Mg^{2+}，Ca^{2+}，Ba^{2+} 的分离和检出操作过程

◎思考题

1. 在 Ca^{2+}、Ba^{2+} 混合液中，为什么可以在 Ca^{2+} 存在下用 K_2CrO_4 检出 Ba^{2+}？

2. 可能存在 Mg^{2+}、Ca^{2+}、Ba^{2+} 的试液与不含 CO_3^{2-} 的 NaOH 反应，没有沉淀出现，是否能否定 Mg^{2+} 的存在？如果产生白色沉淀，能否肯定 Mg^{2+} 的存在，为什么？

实验 36 卤   素

一、目的要求

(1)了解溴和碘的一些物理性质。
(2)比较卤素单质的氧化性和卤素离子的还原性。
(3)试验卤化氢的生成及它们的某些特性。
(4)试验某些卤素含氧酸盐的氧化性。

二、实验内容

1. 单质

a. 溴和碘的溶解性

(1)观察溴的颜色及与水分层情况。实验室中如何保存溴？什么叫溴水？

(2)在试管中加 0.5 mL 溴水，再加 0.5 mL CCl_4，充分振荡试管，静置后，观察溴水和 CCl_4(在下层)的颜色有何变化。比较溴在水和 CCl_4 中的溶解性。

(3)加一小片碘于试管中，加少量水并振荡试管，观察水相的颜色有无明显变化？再加少量 $0.5\ mol \cdot L^{-1}$ KI 溶液，观察溶液颜色变化，解释现象。

查找碘的饱和水溶液的浓度。怎样才能配得所需浓度的碘水？

(4)将(3)中所得碘溶液分成两份，一份留下面实验卤素的歧化反应用。往另一份中加入 0.5 mL CCl_4，充分振荡试管，静置后，观察水层和 CCl_4 层的颜色变化，比较碘在水和 CCl_4 中的溶解性。

b. 卤素的歧化反应

(1)在溴水中滴加 $2\ mol \cdot L^{-1}$ NaOH 溶液，有何变化？再加数滴 $2\ mol \cdot L^{-1}$

HCl，又有什么现象？

（2）用碘水代替溴水进行实验。

写出氯、溴、碘歧化反应的方程式。

c. 碘的升华、碘与淀粉的作用

（1）取一小片碘于干燥试管中，用水浴稍加热，观察碘升华所得碘蒸气的特征紫色。

如果加热温度超过碘的三相点温度（388K），则会出现碘熔化的现象。

（2）取几滴碘水，用水冲稀至约 2 mL，加几滴淀粉溶液，观察颜色的变化。

（3）将上面所得碘与淀粉形成的蓝色配合物分成三份。一份滴加稀 H_2SO_4，一份滴加稀碱，一份微热至褪色再放冷，各有何现象？

根据实验现象小结用淀粉检出碘的实验条件。

综合以上实验回答：证实碘的存在，有几种方法？用什么简便的方法可以除去容器壁上的碘？如何回收和提纯碘？

d. 卤素单质的氧化性

（1）氯、溴、碘氧化性比较

以 KBr、KI 溶液，氯水、溴水等试剂设计实验，比较 Cl_2、Br_2、I_2 的氧化性强弱。

（2）碘与活泼金属直接作用（在通风橱内进行）

取少量碘研细后与铝粉（或镁粉、锌粉）混合均匀，加入 2 滴水，观察现象。

2. 卤素离子还原性比较

a. 卤化物与浓硫酸的反应（在通风橱内进行）

取 3 支干试管，分别加入少量 NaCl、KBr、KI 固体，均加入约 0.5mL 浓硫酸，仔细观察产物的颜色和状态。可用玻璃棒蘸浓氨水或碘化钾-淀粉试纸置试管口证实气体产物，还可将试管微热，从碘蒸气的紫红色判断 I_2 的形成。

b. Br^-、I^- 还原性比较

在两支试管中分别加 0.5 mL 0.1 mol·L^{-1} 的 KBr、KI 溶液，然后各加入相同滴数的 0.2 mol·L^{-1} $FeCl_3$ 溶液，现象有何不同？写出反应式。

如果 KBr 浓度较大，与 $FeCl_3$ 溶液混合后，会出现 $FeBr_2^+$、$FeBr^{2+}$ 的浅红棕色，但它们不溶于 CCl_4。

综合以上五个反应，说明 Cl^-、Br^-、I^- 还原性变化规律。

3. 卤化氢

a. 氟化氢的生成及其对玻璃的腐蚀

用铁钉在涂有薄层石蜡的玻璃片上刻出字迹(字迹必须透过石蜡层,使该处玻璃暴露)。另取少量 CaF_2 粉末置于小坩埚中,加适量水调成糊状涂在刻有字迹处,把玻璃片放入通风橱内,在涂有 CaF_2 处加几滴浓 H_2SO_4。约 2h 后,取出玻璃片,用水冲洗,刮去石蜡(切勿沾到手上),观察玻璃被腐蚀的情况,写出反应式。

b. 溴化氢的生成

取少量 KBr 固体于干试管中,加入约 0.5 mL 浓 H_3PO_4,微热。观察现象与"KBr 和浓 H_2SO_4 反应"有何不同?设法证实反应产物。

4. 某些卤素含氧酸盐的氧化性

a. 次氯酸钙的氧化性

取少量 $Ca(ClO)_2 \cdot xCa(OH)_2 \cdot yH_2O$(漂白粉)于试管中,再加入少量浓盐酸,用 KI-淀粉试纸检验气体产物,注意试纸颜色变化,写出反应式。

注意,漂白粉易吸潮,也会因吸收 CO_2 而失效,取漂白粉后,随即盖紧。

b. 氯酸钾的氧化性

取约 0.3g 以下细粉状的 $KClO_3$ 与硫粉,在纸上混合均匀(切忌用力研磨),用纸包紧,在水泥地上用铁锤击之,可听到爆炸声,观察现象(操作时,不要俯视反应物)。

$$2KClO_3 \xrightarrow{\text{锤击}} 2KCl + 3O_2$$
$$S + O_2 \longrightarrow SO_2$$

c. 碘酸钾的氧化性

混合少量 $0.05\ mol \cdot L^{-1}KIO_3$ 与 $0.1\ mol \cdot L^{-1}KI$ 溶液,观察有无变化,再往混合液中加少量 $3\ mol \cdot L^{-1}H_2SO_4$。观察并解释现象,写出离子反应式。

◎思考题

1. 举例说明并解释 X^- 的还原性变化规律。
2. 小结 HF、HCl、HBr、HI 的实验室制法的异同。

实验 37　未知物鉴别设计实验(二)

一、目的要求

(1)领会卤素离子的分离检出条件。

(2)分离检出水溶液中的 Cl^-、Br^-、I^-。

二、实验内容

1. AgX 在氨水中溶解度的差异

(为了更直观了解 AgX 的颜色及在氨水中的性质先做实验 1)

取 3 支离心管,分别加入同量的 $0.5\ mol \cdot L^{-1}$ 的 NaCl、KBr、KI 溶液,均加入 3 滴 $0.1\ mol \cdot L^{-1}AgNO_3$ 溶液,观察所得沉淀的颜色,离心分离,弃去清液。按照如下步骤试验沉淀在 $2\ mol \cdot L^{-1}$ 氨水中的溶解情况:

(1)往 AgCl 沉淀中滴加 $2\ mol \cdot L^{-1}$ 氨水至沉淀溶解(滴加氨水过程中注意搅动),在所得溶液中加几滴 $2\ mol \cdot L^{-1}HNO_3$,观察 AgCl 重新析出。

(2)往 AgBr、AgI 沉淀中加入溶解 AgCl 同量的氨水,充分搅动后,离心分离,往取出的清液中加几滴 $2\ mol \cdot L^{-1}HNO_3$,有无沉淀出现?

从重新析出 AgX 沉淀的量,判断和比较 AgCl、AgBr、AgI 在氨水中的溶解程度(AgI 颜色变化是由于形成了白色氨合物 $AgI \cdot 1/2NH_3$)。

2. Cl^-、Br^-、I^- 的分离和检出

Cl^-、Br^-、I^- 同时存在而且 I^- 量较少时,可按以下步骤进行分离和检出。

a. AgX 沉淀的生成

在两支离心管中，各加 3 mL 1、2 号 X⁻ 混合溶液，同时进行实验：

先加几滴 2 mol·L⁻¹ HNO₃ 将试液酸化，再滴加 0.1 mol·L⁻¹ AgNO₃ 至沉淀完全(如何判断?)，注意加 AgNO₃ 的同时要充分搅动。在水浴中加热 1~2min，使卤化银聚沉，离心沉降，弃去溶液。

b. Cl⁻ 的分离和检出

往所得卤化银沉淀上加 2 mL 12%(NH₄)₂CO₃ 溶液，充分搅拌后离心分离，将清液移至另一试管中(沉淀留待检出 Br⁻、I⁻)，缓慢滴加 2 mol·L⁻¹ HNO₃(加酸速度快，产生 CO₂ 过猛，会使溶液溢出)，如果有白色 AgCl 沉淀产生，表示试液中有 Cl⁻。

有关的反应如下：

$$(NH_4)_2CO_3 + H_2O \Longrightarrow NH_4HCO_3 + NH_3 \cdot H_2O$$

$$AgCl + 2NH_3 \cdot H_2O \Longrightarrow Ag(NH_3)_2^+ + Cl^- + 2H_2O$$

$$Ag(NH_3)_2^+ + Cl^- + 2H^+ \Longrightarrow AgCl \downarrow + 2NH_4^+$$

$$CO_3^{2-} + 2H^+ \Longrightarrow CO_2 \uparrow + H_2O$$

c. Br⁻、I⁻ 的检定

往实验 b 所述装有沉淀的离心管中，加少量锌粉和 1 mL 蒸馏水，充分搅动(注意搅动离心管底部的沉淀)，待卤化银被还原完全，沉淀变为银粉的黑色，离心，将清液移入试管，弃去残渣。如果实验时气温较低，还原过程可用水浴加热。

往清液中加 0.5 mL CCl₄，然后滴加氯水，每加一滴后均要充分摇动试管(为什么?)，并仔细观察 CCl₄ 层颜色变化。如果 CCl₄ 层变紫色，表示有 I⁻。继续滴加氯水，I₂ 被氧化为无色的 HIO₃，CCl₄ 层颜色变浅。

$$Cl_2 + 2I^- \Longrightarrow 2Cl^- + I_2(紫色)$$

$$I_2 + 5Cl_2 + 6H_2O \Longrightarrow 2HIO_3(无色) + 10HCl$$

继续滴加氯水，CCl₄ 层变为橙色(或黄色)，表示还有 Br⁻。

$$Cl_2 + 2Br^- \Longrightarrow 2Cl^- + Br_2(橙黄色)$$

以上操作过程示意于图 4-2。

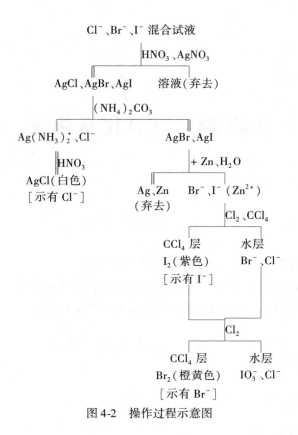

Cl^-、Br^-、I^- 混合试液

│ HNO_3、$AgNO_3$

$AgCl$、$AgBr$、AgI 溶液(弃去)

│ $(NH_4)_2CO_3$

$Ag(NH_3)_2^+$、Cl^- $AgBr$、AgI

│ HNO_3 │ + Zn、H_2O

$AgCl$(白色) Ag、Zn Br^-、I^-(Zn^{2+})
[示有 Cl^-]   (弃去)

Cl_2、CCl_4

CCl_4 层   水层
I_2(紫色) Br^-、Cl^-
[示有 I^-]

Cl_2

CCl_4 层   水层
Br_2(橙黄色) IO_3^-、Cl^-
[示有 Br^-]

图 4-2 操作过程示意图

根据实验现象判定，1、2 号未知液各含哪些卤素离子。

3. 小设计

(1)一未知液可能含 Cl^-、Br^-、I^-，现只要求检出 Br^- 和 I^-，请拟出检出流程。

(2)设计实验区别次氯酸盐、氯酸盐、高氯酸盐。

◎思考题

1. 用 $AgNO_3$ 检出卤素离子时，为什么要先用 HNO_3 酸化溶液？向未知液中加 $AgNO_3$，如果没有沉淀产生，能否认为溶液中不存在卤素离子？

2. 在 Cl^-、Br^-、I^- 的分离检出中，如果溶液含 I^- 较多，有何不利之处？

实验 38　过氧化氢和硫

一、目的要求

(1)试验 H_2O_2 的氧化、还原性及热稳定性。

(2)试验 H_2S 的还原性，了解各类型硫化物的生成和溶解条件。

(3)掌握不同氧化态硫的含氧化合物的主要化学性质。

二、实验内容

1. 过氧化氢

a. H_2O_2 的氧化性

H_2O_2 可以将黑色的 PbS 氧化成白色的 $PbSO_4$。

许多古画用的颜料含有 $2PbCO_3 \cdot Pb(OH)_2$(俗称铅白)，时间长了，这些画会逐渐变黑，用 H_2O_2 稀溶液处理后，又可以恢复原来的色彩。

请设计一个验证实验。药品：30% H_2O_2、0.2 mol·L^{-1} Pb(NO_3)$_2$溶液、H_2S 水溶液。

b. H_2O_2 的还原性

在试管中加几滴 0.01 mol·L^{-1} KMnO$_4$ 溶液，用少量稀 H_2SO_4 酸化后，滴入 6% H_2O_2 溶液，观察现象，写出反应式。

c. H_2O_2 的分解

往试管中加入 1～2 mL 6% H_2O_2，微热，观察是否有气泡产生？再往试管中加入很少量 MnO$_2$ 粉末(注意加入的 MnO$_2$ 一定要少，以防分解过猛使 H_2O_2 喷溅到试管外)，将带有余烬的卫生香伸入试管中，有何现象？用 E° 解释

MnO_2 对 H_2O_2 分解反应的影响。

2. 硫化氢和金属硫化物

a. H_2S 水溶液的弱酸性

在点滴板上用 pH 试纸测试 H_2S 水溶液的 pH 值。写出 H_2S 在水中的电离式。

b. H_2S 的还原性

观察和比较溴水、碘水与氢硫酸的反应，写出反应式。什么情况可以得到 SO_4^{2-}？请证实。

c. 硫化氢与常见金属离子的反应

(1) 氧化性金属离子与 H_2S 发生氧化还原反应。

往 $0.2\ mol \cdot L^{-1}FeCl_3$ 溶液中滴入 H_2S 水，观察硫的析出，用实验证实溶液中有 Fe^{2+} 生成。

(2) 少数金属离子与 H_2S 作用，需调整溶液的 pH 值，才能得到金属硫化物。

取两份 $0.5\ mol \cdot L^{-1}MnSO_4$ 溶液，往其中一份加入等体积硼酸-硼砂缓冲液，使溶液 $pH \approx 8$，再各加数滴 H_2S 水，现象有何不同？为什么？试验 MnS 在 $2\ mol \cdot L^{-1}HAc$ 中溶解情况。溶液的碱性强了有何缺点？

(3) 大部分金属离子与 H_2S 反应生成难溶硫化物。

在 3 支离心管中各加 1 mL H_2S 水，再分别加 0.5 mL $0.2mol \cdot L^{-1}$ 的 $CuSO_4$、$Hg(NO_3)_2$、$SnCl_2$ 溶液，观察沉淀的生成和颜色。离心分离，弃去溶液并洗涤沉淀。沉淀保留供实验 c. 的(4)及实验 d. 的(2)用。

在产生 HgS 过程中，易生成 $Hg(NO_3)_2 \cdot 2HgS$ 白色沉淀，此复合物进一步与 H_2S 作用逐渐变为黑色的 HgS。

(4) 难溶硫化物的"溶解"。

① 往 CuS 沉淀中加少量 $6\ mol \cdot L^{-1}HCl$，沉淀是否溶解？离心，弃去溶液，再往沉淀中加入少量 $6\ mol \cdot L^{-1}HNO_3$。观察现象，写出反应式。

② 往 HgS 沉淀中加少量浓 HNO_3，沉淀是否溶解？再加入体积为浓 HNO_3 3 倍的浓盐酸(即成王水)，观察现象。

$$3HgS + 2NO_3^- + 12Cl^- + 8H^+ =\!=\!= 3HgCl_4^{2-} + 3S\downarrow + 2NO\uparrow + 4H_2O$$

d. 多硫化物的生成和性质

(1) Na_2S_x 的生成。

在试管中加少许硫粉,再加入少量 $0.5\ mol\cdot L^{-1}Na_2S$ 溶液,微热。观察硫溶解所得溶液的颜色。

(2)Na_2S_x 的性质。

①在酸性介质中不稳定。

取 $0.5\ mL\ Na_2S_x$ 溶液,加少量 $2\ mol\cdot L^{-1}HCl$,有何现象?

②氧化性。

往 c.(3)制得的棕色 SnS 沉淀中滴入 Na_2S_x 至沉淀刚好溶解,再用 $2\ mol\cdot L^{-1}HCl$ 酸化所得溶液,观察析出黄色的 SnS_2。

$$SnS + Na_2S_x =\!=\!= Na_2SnS_3 + (x-2)S^{①}$$
$$Na_2SnS_3 + 2HCl =\!=\!= 2NaCl + SnS_2\downarrow + H_2S\uparrow$$

3. 亚硫酸盐的性质

a. 亚硫酸盐遇酸分解生成 SO_2

取少量固体 Na_2SO_3 于试管中,加入少量 $3\ mol\cdot L^{-1}H_2SO_4$,观察现象,将品红滴在滤纸上,在试管口检验所产生的气体。

保留溶液供实验(2)①使用。

b. 亚硫酸盐的氧化还原性

亚硫酸盐是常用的还原剂,遇强还原剂它也可显示氧化性。

(1)氧化性:在上述实验所得的 H_2SO_3 溶液中加入 H_2S 水溶液,观察硫的析出。

(2)还原性:在少量溴水中加入少量固体 Na_2SO_3,观察现象,写出反应式。

4. 硫代硫酸钠的性质

a. 遇酸分解

取 $2\sim3$ 粒 $Na_2S_2O_3\cdot5H_2O$ 晶体,将它溶于少量水中,再加几滴 $2\ mol\cdot L^{-1}HCl$,观察现象,写出反应式。

$S_2O_3^{2-}$ 遇酸分解析出硫的性质可用来检定 $S_2O_3^{2-}$。

b. 还原性

分别往少量溴水和碘水中滴入 $0.5\ mol\cdot L^{-1}Na_2S_2O_3$ 溶液至颜色消失,写出反应式。

c. $S_2O_3^{2-}$ 的特征反应($S_2O_3^{2-}$ 的检定)

---

① 生成的硫将与 S_x^{2-} 结合,所以一般看不到硫的析出。

212

在试管中加入 0.5 mL 0.1 mol·L^{-1} $AgNO_3$ 溶液,再加几滴 0.5 mol·L^{-1} $Na_2S_2O_3$ 溶液,先产生白色 $Ag_2S_2O_3$ 沉淀,沉淀由白很快变黄变棕最后变黑。

$$Ag_2S_2O_3 + H_2O \xlongequal{\quad\quad} 2H^+ + SO_4^{2-} + Ag_2S(黑)$$

如果往 $Na_2S_2O_3$ 溶液中滴入 $AgNO_3$ 将会出现什么现象? 为什么?

d. $S_2O_3^{2-}$ 有强的配位能力

制取少量的 $AgBr$ 沉淀,离心分离,弃去溶液。往 $AgBr$ 沉淀中迅速加入足量的 $Na_2S_2O_3$ 溶液(避免生成 $Ag_2S_2O_3$),观察 $AgBr$ 的溶解。

$$AgBr + 2S_2O_3^{2-} \xlongequal{\quad\quad} Ag(S_2O_3)_2^{3-} + Br^-$$

该反应是冲洗照相底片的定影反应。底片上未感光的 $AgBr$,由于 Ag^+ 与 $S_2O_3^{2-}$ 生成易溶配合物而溶解。

5. 过二硫酸盐的性质

a. 强氧化性

取少量 $K_2S_2O_8$ 固体于试管中,加约 3 mL 2 mol·L^{-1} HNO_3 溶解之,再加 2~3 滴 0.002 mol·L^{-1} $MnSO_4$ 溶液,混合均匀后将溶液分为两份,于其中一份加 1 滴 0.1 mol·L^{-1} $AgNO_3$ 溶液,将两支试管同时置水浴中加热,观察两支试管的现象有何不同? 实验结果说明 $S_2O_8^{2-}$、MnO_4^- 何者氧化性较强?

$$5S_2O_8^{2-} + 2Mn^{2+} + 8H_2O \xrightarrow{Ag^+} 10SO_4^{2-} + 2MnO_4^- + 16H^+$$

说明: a. 该反应速度较慢,催化剂 Ag^+ 可使反应加快。

b. Mn^{2+} 不能过多,否则它与生成的 MnO_4^- 反应,得到棕色的 $MnO_2·H_2O$ 沉淀。

b. 易分解

(1)取少量 $K_2S_2O_8$,加少量水溶解后,微热,观察气泡的生成,检验加热前后溶液中 SO_4^{2-} 的多少。

$$2K_2S_2O_8 + 2H_2O \xlongequal{\quad\quad} 4KHSO_4 + O_2\uparrow$$

分解速度随温度升高而增快。

(2)往实验(1)中那份未变色的 $K_2S_2O_8$、HNO_3、$MnSO_4$ 混合液中滴入 $AgNO_3$,如果水浴加热时间较长,$S_2O_8^{2-}$ 分解完,将不再出现 MnO_4^- 的紫红色。

◎思考题

1. 哪些物质既能作氧化剂又能作还原剂? H_2O_2 被氧化和被还原的产物是什么? H_2O_2 常用作氧化剂的优点何在?

2. 根据硫化物的溶度积数据，各类平衡间的关系，讨论硫化物的生成和溶解条件。

3. H_2S、Na_2S、Na_2SO_3 的溶液放置久了，会发生什么变化？如何判断变化情况？

4. $Na_2S_2O_3$ 溶液和 $AgNO_3$ 溶液反应，试剂的用量(或混合顺序)不同，产物有何不同？

5. 有 3 瓶无色透明溶液，它们可能是 Na_2S、Na_2SO_3、Na_2SO_4、$Na_2S_2O_3$、$Na_2S_2O_8$ 中的 3 个，怎样通过实验识别它们？

实验 39　氮、磷

一、目的要求

（1）试验铵盐的主要性质。
（2）试验亚硝酸的不稳定性、氧化性和还原性。
（3）试验硝酸的强氧化性、硝酸盐的热分解。
（4）试验磷酸盐的主要性质及磷酸根的鉴定反应。

二、实验内容

1. 铵盐

a. NH_4^+（或 NH_3）的鉴定
（1）气室法。

$$NH_4^+ + OH^- \rightleftharpoons NH_3 + H_2O$$

NH_4^+ 遇碱生成 NH_3，加热利于 NH_3 的逸出，NH_3 使湿的 pH 试纸显碱色，pH 值在 10 以上。

取几滴铵盐溶液置表面皿中，在另一块较小的表面皿中心黏附一小块 pH 试纸，然后在铵盐溶液中加几滴 6 mol·L^{-1}NaOH 溶液至呈碱性、随即将粘有试纸的表面皿盖上作成"气室"，将此气室放在蒸气浴上微热，观察 pH 试纸是否变色。

（2）奈氏法。
奈氏法即用奈斯勒试剂（Nessler's Reagent）检验 NH_4^+。在白色点滴板上加一滴铵盐溶液，再加 2 滴奈斯勒试剂（K_2HgI_4 的碱性溶液），即产生红褐色的碘化氨基氧汞沉淀（NH_4^+ 极少量时生成棕色或黄色溶液）。

$$NH_4^+ + 2HgI_4^{2-} + 4OH^- =\!\!=\!\!= \left[O \begin{matrix} Hg \\ \\ Hg \end{matrix} NH_2\right]I\downarrow + 7I^- + 3H_2O$$

注意，凡能与 OH^- 反应生成有色氢氧化物沉淀的金属离子均干扰此反应，如 Fe^{3+}、Co^{2+} 等。如果溶液有 S^{2-}，HgI_4^{2-} 将会分解而使反应失效：

$$HgI_4^{2-} + S^{2-} =\!\!=\!\!= HgS\downarrow + 4I^-$$

b. 铵盐的热分解

铵盐的热稳定性较差，热分解产物有以下类型：

(1) NH_4NO_2 的生成和分解。

在试管中混合少量饱和 $NaNO_2$、NH_4Cl 溶液，有无变化？再将盛混合液的试管置水浴中加热，观察气体的生成。(在常温下，NH_4^+ 与 NO_2^- 离子能否共存？)

$$NaNO_2 + NH_4Cl =\!\!=\!\!= NaCl + NH_4NO_2$$
$$NH_4NO_2 \xrightarrow{\triangle} N_2\uparrow + 2H_2O$$

实验室中常利用此反应制备少量 N_2。本实验也可以说明 NH_3(或 NH_4^+)的还原性。

(2) NH_4Cl 的热分解。

用干试管盛少量 NH_4Cl 固体，将试管垂直固定，用湿润的 pH 试纸横放在管口，加热，观察试纸颜色变化。用实验证实试管上端的白色晶体仍为 NH_4Cl，写出反应式。

(3) 用 $(NH_4)_2HPO_4$ 固体代替 NH_4Cl 进行实验，现象有何不同？为什么？写出反应式。

综合以上实验，小结铵盐热分解的一般规律。

2. 亚硝酸的生成和性质

a. HNO_2 的生成和分解

各取 1 mL 饱和 $NaNO_2$ 溶液、1 mol·L^{-1} H_2SO_4 溶液分别放入冰水中冷却，然后将两溶液混合均匀，观察浅蓝色的出现和变化。解释现象，写出反应式。

b. HNO_2 的氧化性

往 0.5 mL 0.1 mol·L^{-1} KI 溶液中加几滴 0.1 mol·L^{-1} $NaNO_2$ 溶液，有无变化？再加入少量 3 mol·L^{-1} H_2SO_4 溶液，观察产物的颜色和状态。用最简单的方法证实 I_2 的生成，写出反应式(此时 NO_2^- 被还原为 NO)。

216

c. HNO_2 的还原性

在数滴 $0.01\ mol \cdot L^{-1}KMnO_4$ 溶液中加几滴 $0.1\ mol \cdot L^{-1}NaNO_2$ 溶液，最后再加少量稀 H_2SO_4，观察有何变化，写出反应式。

3. 硝酸的氧化性

a. 浓 HNO_3 与非金属的作用(在通风橱内进行)

在试管内放少许硫粉，加入 1 mL 浓 HNO_3，用水浴加热到反应进行。放置，取少量反应后的上层清液于另一试管中，检验有无 SO_4^{2-} 生成，写出反应式。(此时 HNO_3 被还原的产物主要是 NO，它在试管口才变为红棕色的 NO_2)

b. 很稀的 HNO_3 与活泼金属的反应

取 $0.5\ mL\ 2mol \cdot L^{-1}HNO_3$，加水稀释至 2 mL，加入一小片锌，如反应不明显可微热。待反应一段时间后，用实验证实有 NH_4^+ 存在。鉴定 NH_4^+ 时，为什么要使溶液成碱性(即加入 NaOH，至生成的白色 $Zn(OH)_2$ 沉淀完全溶解)？写出反应式(此时 HNO_3 被还原的主要产物为 NH_4^+)。

4. 硝酸盐的热分解

a. $NaNO_3$ 的热分解

在干燥的硬质试管中，加入约 1g $NaNO_3$ 固体，将试管垂直固定，加热至 $NaNO_3$ 熔化分解，投入一小粒烧红的木炭，停止加热。观察燃着的木炭在熔融液的表面跳动。主要反应是：

$$2NaNO_3 == 2NaNO_2 + O_2$$
$$C + O_2 == CO_2$$

待试管冷却后，用实验证实试管中的产物是 $NaNO_2$(可用 $NaNO_3$ 对照做还原性实验)。

b. $Pb(NO_3)_2$ 的热分解

在干燥试管中加入少量 $Pb(NO_3)_2$ 固体，在通风橱内，逐渐用大火加热试管，观察产物的颜色和状态，用阴燃的卫生香检验生成的气体。

注意：不能用大颗粒的固体，否则加热时爆裂过猛而溅出试管外。

c. $AgNO_3$ 的热分解(演示)

用 $AgNO_3$ 代 $Pb(NO_3)_2$ 做同样实验。

写出以上硝酸盐的热分解方程式，它们的分解产物有何共同之处？小结硝酸盐热分解产物差异的原因。

5. 正磷酸盐的性质

a. 磷酸盐溶液的酸碱性

在点滴板的凹穴中分别放一小粒磷酸钠、磷酸氢二钠、磷酸二氢钠固体，加几滴蒸馏水溶解之，用 pH 试纸测试它们的酸碱性，解释 PO_4^{3-}、HPO_4^{2-}、$H_2PO_4^-$ 溶液的 pH 值为何不同。

b. 磷酸盐的溶解性及 PO_4^{3-}、HPO_4^{2-}、$H_2PO_4^-$ 的相互转化

在 3 支试管中分别加入 0.1 mol·L^{-1}的 Na_3PO_4、Na_2HPO_4、NaH_2PO_4 溶液各 1 mL，均滴入 0.5 mol·L^{-1} $CaCl_2$ 溶液，是否都有沉淀产生？往没有产生沉淀的那份溶液中滴入 2 mol·L^{-1}氨水，观察有何变化？最后试验这些沉淀是否溶于 2 mol·L^{-1}盐酸，写出有关反应式。

在 PO_4^{3-}、HPO_4^{2-}、$H_2PO_4^-$ 盐中，何者溶解度最大？说明它们之间的转化条件。

6. 磷酸根的鉴定

a. PO_4^{3-} 的鉴定

(1)磷钼酸铵沉淀法。

取几滴磷酸盐溶液，加入等体积的 6 mol·L^{-1}HNO$_3$ 和约为试液 3 倍的饱和(NH_4)$_2MoO_4$ 溶液，观察黄色沉淀的形成，必要时可微热。

$$PO_4^{3-} + 3NH_4^+ + 12MoO_4^{2-} + 24H^+ =\!=\!= (NH_4)_3PO_4 \cdot 12MoO_3 \cdot 6H_2O \downarrow + 6H_2O$$

生成的沉淀溶于过量的碱金属磷酸盐，形成可溶性配合物，所以要加入过量的钼酸铵。沉淀也溶于碱中，故该鉴定反应不能在碱性介质中进行。

加热时，PO_3^-、$P_2O_7^{4-}$ 也有相同的反应。

(2)磷酸铵镁沉淀法。

在几滴被检试液中，加入数滴镁铵试剂($MgCl_2$ 与 NH_4Cl、NH_3 的混合溶液)，如有白色结晶出现，示有 PO_4^{3-}。必要时可用玻璃棒摩擦试管壁破坏过饱和现象，促使结晶生成。

$$PO_4^{3-} + Mg^{2+} + NH_4^+ + 6H_2O =\!=\!= MgNH_4PO_4 \cdot 6H_2O \downarrow$$

此沉淀溶于酸，如果被测试的溶液为酸性，应先用氨水调至弱碱性，因碱性太强又会成 $Mg(OH)_2$ 沉淀，所以反应在 NH_4Cl-NH_3 的缓冲溶液中进行。

b. PO_4^{3-}、$P_2O_7^{4-}$、PO_3^- 的区别与鉴定

(1)与 $AgNO_3$ 反应。

在 3 支试管中分别加几滴 0.1 mol·L^{-1} Na_2HPO_4、$Na_4P_2O_7$、$NaPO_3$ 溶液，滴入 0.1 mol·L^{-1} $AgNO_3$ 溶液至得到明显的沉淀，从生成沉淀的颜色可以区分出哪种盐？再往沉淀中加入 2 mol·L^{-1} HNO_3，它们是否溶解？

$AgPO_3$ 易溶于 HPO_3 及可溶性偏磷酸盐（如 $NaPO_3$）的溶液中，所以要加入足够的 $AgNO_3$ 才能得到 $AgPO_3$ 沉淀。

（2）对蛋白溶液的作用。

取少量正磷酸盐、焦磷酸盐、偏磷酸盐溶液，各加入少许 2 mol·L^{-1} HAc 调 pH 值至 5 左右，使各磷酸盐溶液中有相应的酸，再各加入 0.5 mL 蛋白水溶液，观察哪个试管中出现蛋白凝固现象？

根据实验现象说明区分 PO_4^{3-}、$P_2O_7^{4-}$、PO_3^- 的方法及反应条件。

◎思考题

1. 为什么实验室常用"铵盐加碱并加热"的方法制取或鉴定 NH_3？"气室法"检验 NH_3，有何优越之处？

2. 在氧化还原反应中，为什么一般不用硝酸、盐酸作为反应的酸性介质？在哪种情况下可以用它们作酸性介质？

3. 如何用实验鉴别 $NaNO_2$ 和 $NaNO_3$ 溶液？

实验 40 砷、锑、铋

一、目的要求

(1)试验砷、锑、铋的某些氧化物、氢氧化物的酸碱性。

(2)试验 +3 氧化态砷、锑、铋盐的还原性和 +5 氧化态砷、锑、铋盐的氧化性，掌握它们的变化规律。

(3)试验锑盐和铋盐的水解作用。

(4)试验砷、锑、铋硫化物的生成和性质。

二、实验内容

1. As_4O_6、$Sb(OH)_3$、$Bi(OH)_3$

a. As_4O_6 的溶解性和两性

在两支离心管中，各加入少量(绿豆大)As_4O_6 粉末和 1 mL 蒸馏水，将离心管置水浴中加热，充分搅拌，试验所得 H_3AsO_3 溶液的 pH 值。离心，将两管中的清液合并，待用。再往未溶完的 As_4O_6 中分别滴入 2 mol·L^{-1} NaOH、6 mol·L^{-1} HCl 至 As_4O_6 溶解，必要时可微热。保留所得的 $AsCl_3$ 溶液供后面实验用。

As_4O_6 在酸碱中溶解情况的不同，说明什么?

b. $Sb(OH)_3$ 的生成和酸碱性

在两支试管中各加入 3 滴 0.2 mol·L^{-1} $SbCl_3$ 溶液，均加 3 滴 2 mol·L^{-1} NaOH 溶液，观察白色 $Sb(OH)_3$ 的生成。然后分别滴加 2 mol·L^{-1} 的 NaOH 和 HCl，至沉淀刚好溶解。你对 $Sb(OH)_3$ 的酸碱性作何结论?

c. $Bi(OH)_3$ 的生成和酸碱性

以 0.2 mol·L^{-1} Bi(NO$_3$)$_3$ 溶液与 2 mol·L^{-1} NaOH 作用制得两份 Bi(OH)$_3$,分别试验沉淀在 2 mol·L^{-1} HCl、6 mol·L^{-1} NaOH 中的溶解情况。对 Bi(OH)$_3$ 的酸碱性作出结论。

综合以上实验,小结氧化态为 +3 的砷、锑、铋的氧化物或氢氧化物的酸碱性变化规律。

2. 砷、锑、铋高低氧化态化合物的氧化、还原性

a. As(Ⅲ) 的还原性、As(Ⅴ) 的氧化性

往上述实验内容 1.(1) 所得的 H$_3$AsO$_3$ 溶液中加入硼酸-硼砂缓冲溶液,调整 pH 值为 8~9,滴入碘水,有何现象?再用 6 mol·L^{-1} HCl 将溶液酸化,又有何变化?写出反应式,解释实验现象。

b. Sb(Ⅲ) 的还原性、Sb(Ⅴ) 的氧化性

往离心管加 0.5 mL SbCl$_3$ 溶液,滴加 2 mol·L^{-1} NaOH 溶液,制得少量 Sb(OH)$_3$,离心,弃去清液,往 Sb(OH)$_3$ 中加入硼酸-硼砂缓冲溶液,使 pH 8~9,滴入碘水,观察现象,再用 6 mol·L^{-1} HCl 将溶液酸化,又有什么变化?反应如下:

$$Sb(OH)_3 + I_2 + 3OH^- =\!=\!= Sb(OH)_6^- + 2I^-$$
$$Sb(OH)_6^- + 2I^- + 6H^+ =\!=\!= Sb^{3+} + I_2 + 6H_2O$$

c. Bi(Ⅲ) 的还原性、Bi(Ⅴ) 的氧化性

(1)在离心管中制得少量 Bi(OH)$_3$,离心,弃去清液,调整 pH 值为 8~9,试验 Bi(OH)$_3$ 能否使 I$_2$ 还原。

(2)取少量 0.2 mol·L^{-1} Bi(NO$_3$)$_3$ 溶液,加入足量的 6 mol·L^{-1} NaOH 溶液,往所得 Bi(OH)$_3$ 中加入氯水(或溴水),加热,沉淀颜色有何变化?离心,弃去清液,往沉淀中加入 6 mol·L^{-1} HCl,有何现象?用 KI-淀粉试纸鉴别气体产物。反应如下:

$$Bi(OH)_3 + Cl_2 + 3NaOH =\!=\!= NaBiO_3 \downarrow + 2NaCl + 3H_2O$$
$$NaBiO_3 + 6HCl =\!=\!= BiCl_3 + Cl_2 \uparrow + NaCl + 3H_2O$$

(3)Bi(Ⅴ) 与 Mn(Ⅱ) 的反应。

取很少量的 NaBiO$_3$ 固体于试管中,再加 3 滴 0.002 mol·L^{-1} MnSO$_4$ 溶液和 2 mL 2 mol·L^{-1} HNO$_3$,置水浴中微热之,静置后观察溶液颜色的变化,写出反应式。此反应常用来鉴定 Mn^{2+}。(反应中为什么还会有 O$_2$ 生成?)

3. 锑(Ⅲ)盐、铋(Ⅲ)盐的水解

a. SbCl$_3$ 的水解

　　取米粒大 $SbCl_3$ 固体于试管中,加入少量水,观察白色 $SbOCl$ 沉淀的生成。试验溶液的酸碱性。滴入 $6\ mol\cdot L^{-1}HCl$,边加边摇荡试管,至沉淀刚好溶解为止。加水稀释溶液,观察有何变化? 写出水解反应式,并用平衡移动原理解释实验现象。

　　注意, $SbCl_3$ 易潮解,取用后立即盖好(如果没有未潮解的 $SbCl_3$,取 1 滴 $SbCl_3$ 潮解所得的溶液代替固体做此实验,效果相同)。

　　b. $Bi(NO_3)_3$ 的水解

　　取少量 $Bi(NO_3)_3\cdot 5H_2O$ 固体于试管中,加入水,观察白色 $BiONO_3$ 沉淀的生成,试验溶液的酸碱性,再滴入 $6\ mol\cdot L^{-1}HNO_3$ 至沉淀刚好溶解。

　　所得 $Bi(NO_3)_3$ 溶液可用于生成 Bi_2S_3。

4. 硫化物

　　a. As_2S_3、Sb_2S_3、Bi_2S_3 的生成及它们与 HCl 的作用

　　在 3 支离心管中分别加入几滴 $AsCl_3$(由本实验内容 1. As_2O_3 溶于 HCl 所得,剩余部分待用)、$SbCl_3$、$Bi(NO_3)_3$ 溶液,再加几滴 H_2S 水,观察所得硫化物的颜色。离心分离,弃去溶液,试验它们在 $6\ mol\cdot L^{-1}HCl$ 中的溶解情况。

　　b. $As(III)$、$Sb(III)$ 硫代酸盐的生成和性质

　　同法制得三种硫化物,离心,弃去溶液,用蒸馏水洗涤沉淀一次,滴加 $0.5\ mol\cdot L^{-1}Na_2S$ 溶液至 As_2S_3、Sb_2S_3 刚好溶解为止。在所得 Na_3AsS_3、Na_3SbS_3 溶液中滴加 $2\ mol\cdot L^{-1}HCl$,又有什么变化? 如果 Na_2S 加得过多,此时将会有何影响? 解释实验现象,写出有关反应式。

　　试验 Bi_2S_3 是否溶于 Na_2S,解释实验现象。

　　将以上实验结果填入表 4-2。

表 4-2　　　　　　　　　　　　**数据记录**

| 硫化物 | 颜 色 | 溶 解 情 况 | | 硫化物的酸碱性 |
		HCl	Na_2S 及对应产物	
As_2S_3				
Sb_2S_3				
Bi_2S_3				

5. 综合实验

（1）用两种方法分离溶液中的 Sb^{3+} 和 Bi^{3+}。

（2）用两种方法区别 AsO_4^{3-} 和 PO_4^{3-}。

提示：此时不能用磷钼酸铵沉淀法或磷酸铵镁沉淀法鉴别 PO_4^{3-}，因 AsO_4^{3-} 有相同的反应。

（3）某化合物，溶于水得一无色溶液，加入 Na_2CO_3 后没有沉淀产生，加入 $AgNO_3$ 溶液产生黄色沉淀，判断可能是哪些物质。用实验确证是何物。

以上三个实验均要求记录实验现象，写出相应的反应式及主要的实验步骤。

◎思考题

1. 举例说明砷分族高低氧化态化合物的氧化还原性变化规律。

2. 以实例说明溶液酸碱性对氧化还原反应方向的影响。

3. 如何配制易水解物质的溶液？举例说明。

4. 砷分族硫化物与氧化物的酸碱性有何相似之处？硫代酸盐有何共性？举例说明。

5. 强碱性介质中，$As(Ⅲ)$、$Sb(Ⅲ)$ 能还原 I_2 吗？为什么 pH 值要调整为 $8 \sim 9$？

实验41 碳、硅、锡、铅

一、目的要求

(1)了解活性炭的吸附性。

(2)制备一氧化碳并试验其还原性。

(3)试验碳酸盐和硅酸盐的性质。

(4)了解锡、铅化合物的性质。

二、实验内容

1. 活性炭的吸附性

(1)往2 mL靛蓝溶液中加入一小勺活性炭,充分摇荡试管,用普滤法滤去(或离心分离)活性炭,观察溶液颜色变化。

(2)往2 mL 0.001 mol·L^{-1} Pb(NO$_3$)$_2$溶液中加入几滴0.5 mol·L^{-1} K$_2$CrO$_4$溶液,观察黄色PbCrO$_4$沉淀的生成。

$$Pb^{2+} + CrO_4^{2-} === PbCrO_4 \downarrow$$

另取2 mL 0.001 mol·L^{-1} Pb(NO$_3$)$_2$溶液,加入一小勺活性炭,充分摇荡试管后滤去活性炭,往滤液中加入几滴0.5 mol·L^{-1} K$_2$CrO$_4$溶液,和未加活性炭的实验对比,有何不同?为什么?

2. 一氧化碳的制备及其还原性

a. 一氧化碳的制备

在烧瓶中加入4 mL HCOOH,分液漏斗内加5 mL浓H$_2$SO$_4$,洗气瓶内装水以除去酸雾。然后按图4-3把仪器连接好,由分液漏斗慢慢往烧瓶中加入浓

H_2SO_4，并加热之，发生什么现象？写出反应式（注意 CO 有毒，必须在通风橱内制备）。

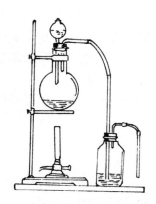

图 4-3　制备一氧化碳的装置

b. 一氧化碳的还原性

往 1 mL 0.5 mol·L^{-1} $AgNO_3$ 的溶液中滴入 2 mol·L^{-1} NH_3·H_2O 溶液，直到最初生成的沉淀刚好溶解为止：

$$Ag^+ + 2NH_3 \rightleftharpoons [Ag(NH_3)_2]^+$$

把 CO 气体通到银氨溶液中，观察产物的颜色和状态。

$$2[Ag(NH_3)_2]^+ + CO + 2H_2O \rightleftharpoons 2Ag\downarrow + 4NH_4^+ + CO_3^{2-}$$

3. 二氧化碳和镁反应

将镁条点燃，把它迅速放入充满二氧化碳的锥瓶中，观察镁条在二氧化碳中的燃烧情况。

4. 碳酸盐的性质

a. 碳酸盐的热稳定性及 CO_3^{2-} 与 HCO_3^- 的相互转化（两人合作）

装置如图 1-48，在两支干燥试管中分别加入约 2g Na_2CO_3、$NaHCO_3$ 固体，在直立的试管中加少量澄清的石灰水。加热固体，观察石灰水变浑的先后顺序（Na_2CO_3 中往往含有少量 $NaHCO_3$，要注意识别假象）。继续加热通入 CO_2，石灰水中出现的沉淀有什么变化？将此溶液加热又有何现象？写出以上各反应式。

比较 Na_2CO_3 与 $NaHCO_3$ 的热稳定性，小结 CO_3^{2-} 与 HCO_3^- 相互转化的条件。

b. CO_3^{2-} 与金属离子的反应

在 3 支离心管中分别加入 0.5 mol·L^{-1} 的 $MgCl_2$、$BaCl_2$、0.1 mol·L^{-1} $CrCl_3$ 溶液各 1 mL，均加入适量的 0.5 mol·L^{-1} Na_2CO_3 溶液至生成的沉淀量相近。离心，弃去溶液，将沉淀洗净(洗至洗涤液加酸不产生气泡)，然后加入 2 mol·L^{-1} HCl，观察三者现象的区别。

根据实验现象判断，何者生成碳酸盐、碱式碳酸盐或氢氧化物。

5. 硅酸与硅酸盐

a. 硅酸盐的水解

先用 pH 试纸测试 20% Na_2SiO_3 溶液的 pH 值，然后混合少量 Na_2SiO_3 与饱和 NH_4Cl 溶液，观察产物的颜色和状态，用 pH 试纸在试管口检验气体产物(现象不明显时可微热)，写出 Na_2SiO_3 与 NH_4Cl 相互促进水解的反应式。

b. 硅酸的弱酸性

往盛有少量 Na_2SiO_3 溶液的试管中通入 CO_2，观察现象，写出反应式。比较 H_2SiO_3、H_2CO_3 酸性的强弱。

c. 硅胶的吸附性

硅酸凝胶经过处理便得到多孔性硅胶，它有很强的吸附能力。

取 2 mL 铜氨溶液，加少量硅胶，充分摇荡，观察溶液及硅胶的颜色有何变化。

d. 微溶性硅酸盐的生成——"水中花园"

在几支盛有水玻璃($Na_2O·xSiO_2$)的试管中，分别加一小粒固体氯化钙、硫酸铜、硝酸钴(Ⅱ)、硫酸镍(Ⅱ)、三氯化铁、硫酸铬、硫酸锌放置片刻，观察现象，再过 0.5h 后，又有什么变化? 记录这些难溶硅酸盐的颜色。

如果想将此"水中花园"保留一段时间，可用滴管小心地将水玻璃吸出，换上清水。吸出的水玻璃还能再用来建"水中花园"。

6. 锡、铅的氢氧化物

a. $Sn(OH)_2$

在两支离心管中均加入少量 0.2 mol·L^{-1} $SnCl_2$ 溶液，再滴加 2 mol·L^{-1} NaOH 溶液，观察 $Sn(OH)_2$ 的生成和颜色。离心，弃去清液，试验 $Sn(OH)_2$ 与 2 mol·L^{-1} NaOH、HCl 的作用。

放置 $Sn(OH)_2$ 溶于碱所得的 $Sn(OH)_3^-$ 溶液，观察它由于发生歧化反应而慢慢析出黑色的 Sn：

$$2Sn(OH)_3^- =\!=\!= Sn(OH)_6^{2-} + Sn$$

b. $Pb(OH)_2$

操作同上，用 $0.2\ mol \cdot L^{-1} Pb(NO_3)_2$ 制两份 $Pb(OH)_2$，试验它与稀碱及稀酸(适宜用哪种酸?)的作用。

根据实验结果，对 $Sn(OH)_2$ 和 $Pb(OH)_2$ 的酸碱性作出结论。

7. Sn(Ⅱ)的还原性、Pb(Ⅳ)的氧化性

a. Sn^{2+} 的还原性

取几滴 $0.2\ mol \cdot L^{-1} Hg(NO_3)_2$ 溶液，逐滴加入 $0.2\ mol \cdot L^{-1} SnCl_2$ 溶液，首先生成 Hg_2Cl_2 白色沉淀，继续滴入 $SnCl_2$ 溶液，注意摇动试管，然后放置片刻，观察颜色变化。

$$Sn^{2+} + 2Hg^{2+} + 2Cl^- =\!=\!= Sn^{4+} + Hg_2Cl_2 \downarrow （白）$$
$$Sn^{2+} + Hg_2Cl_2 =\!=\!= Sn^{4+} + 2Cl^- + 2Hg \downarrow （黑）$$

由于加入 $SnCl_2$ 的量不同，所得 Hg_2Cl_2 与 Hg 的比例就不同，沉淀的混合色(灰黑色)也就深浅不一。

该反应常用来鉴定 Sn^{2+} 或 Hg^{2+}。

b. $Sn(OH)_3^-$ 的还原性

混合少量 $0.2\ mol \cdot L^{-1} SnCl_2$ 和 $Bi(NO_3)_3$ 溶液,有无变化? 再加入足量的 $2\ mol \cdot L^{-1} NaOH$ 溶液，立即析出黑色的金属铋：

$$3Sn(OH)_3^- + 2Bi^{3+} + 9OH^- =\!=\!= 3Sn(OH)_6^{2-} + 2Bi \downarrow$$

这个反应常用来检出 Bi^{3+}。反应的特点是迅速，生成的 Bi 易下沉。

想一想在何种介质中，$Sn(Ⅱ)$ 的还原能力增强。

c. PbO_2 的氧化性

(1)取少量 PbO_2 固体与 $6\ mol \cdot L^{-1} HCl$ 作用，观察现象，证实有无 Cl_2 生成。过量的盐酸能溶解产物 $PbCl_2$，形成 H_2PbCl_4 或 $HPbCl_3$，使溶液呈黄色。

(2)取很少量 PbO_2 于试管中，加 $1\ mL\ 6mol \cdot L^{-1} HNO_3$ 和 2 滴 $0.002\ mol \cdot L^{-1} MnSO_4$ 溶液，微热，待溶液静置澄清后，观察溶液的颜色，写出离子反应式。

8. 铅的难溶盐

除 $Pb(NO_3)_2$、$Pb(Ac)_2$ 外，多数铅盐难溶。易溶配位离子 $PbCl_4^{2-}$、

$Pb(Ac)_3^-$、$Pb(OH)_3^-$ 等的生成,常用于难溶铅盐的溶解。

a. $PbCl_2$

在试管中加 1 mL 0.2 mol·L^{-1} $Pb(NO_3)_2$ 溶液,再加 0.5 mL 0.5 mol·L^{-1} NaCl 溶液,即有白色 $PbCl_2$ 沉淀生成。加热,沉淀是否溶解?溶液冷却后又有什么变化?说明 $PbCl_2$ 溶解度与温度的关系。

将 $PbCl_2$ 上面的溶液弃去,往 $PbCl_2$ 沉淀中加入 6 mol·L^{-1} NaCl 溶液。观察由于形成 $PbCl_4^{2-}$ 而使沉淀溶解。(请思考:是否沉淀剂越多,沉淀反应越完全?)

b. $PbSO_4$

混合少量 $Pb(NO_3)_2$ 和 0.5 mol·L^{-1} Na_2SO_4 溶液,制取两份 $PbSO_4$,弃去沉淀上面的溶液,试验 $PbSO_4$ 在 6 mol·L^{-1} NH_4Ac 和 NaOH 溶液中的溶解情况。

用 0.5 mol·L^{-1} $BaCl_2$ 与 Na_2SO_4 溶液反应,制取少量 $BaSO_4$ 沉淀,试验 $BaSO_4$ 是否溶于 6 mol·L^{-1} NH_4Ac 和 NaOH 溶液。如何区别 $PbSO_4$ 和 $BaSO_4$?

9. 小设计:确定 Pb_3O_4 中铅的氧化态

自己设计实验步骤,证实 Pb_3O_4 中含 Pb(Ⅱ) 与 Pb(Ⅳ)。

写出各步反应式与实验现象。

◎**思考题**

1. 用热力学数据说明:镁能在 CO_2 中燃烧,而碳不能,但在高温下,碳也能与 CO_2 反应生成 CO。

2. 综合实验结果,查阅有关资料,归纳常见金属离子与 CO_3^{2-} 反应产物的类型。

3. 小结砷、锑分族高低氧化态化合物的氧化还原性变化规律。

4. 配制 $SnCl_2$ 溶液,为什么既要加盐酸又要加锡粒?

实验 42　硼、铝

一、目的要求

（1）了解硼的焰色反应和硼砂珠试验。

（2）试验硼酸的酸性、硼砂溶液的缓冲作用。

（3）试验铝单质的性质、$Al(OH)_3$ 的酸碱性。

（4）了解 $\gamma\text{-}Al_2O_3$ 的吸附性。

二、实验内容

1. 硼酸

a. 硼酸的酸性

自己配制 3 mL 硼酸饱和液，用 pH 试纸测定其 pH 值。往溶液中加 1 滴甲基橙后将它分成两份，在其中一份中加几滴甘油，摇匀，与另一份对比，指示剂颜色有何变化？试解释之。

b. 硼的焰色反应

在蒸发皿内放少量硼酸固体（绿豆般大即够），加几滴浓硫酸和 1 mL 乙醇，用玻棒将混合物搅匀后点燃之，由于生成的硼酸三乙酯蒸气燃烧，火焰呈现特征的绿色。

$$H_3BO_3 + 3C_2H_5OH \xrightarrow[\text{点燃}]{\text{浓 } H_2SO_4} B(OC_2H_5)_3 \uparrow + 3H_2O$$

可用硼砂代替硼酸做同样的实验，现象有何异同？

此反应可用来鉴定硼酸、硼砂等含硼化合物。

2. 硼砂

a. 硼砂珠试验

(1)制硼砂珠。

取少量 $6\ mol \cdot L^{-1}$ 盐酸、硼砂晶体分别置于点滴板凹穴中。先清除顶端弯成小圈(直径约 $3\ mm$)的镍铬丝表面的杂物,再将它在氧化焰中灼烧片刻后浸入盐酸中,取出再灼烧,直至火焰保持煤气灯焰的颜色。趁热蘸些细小的硼砂晶体在氧化焰中灼烧,如此蘸取、灼烧反复几次,直至得到足够大的透明圆珠。

(2)用硼砂珠鉴别钴盐和铬盐。

用烧红的硼砂珠分别蘸取硝酸钴或氯化铬溶液,在氧化焰中熔融之。将煤气灯稍倾斜,用蒸发皿承接烧熔后震落的有色硼砂珠。根据硼砂珠冷却后的特征颜色,可鉴别金属阳离子。

反应机理是:

$$Na_2B_4O_5(OH)_4 \cdot 8H_2O \xrightarrow{>878℃} B_2O_3 + 2NaBO_2 + 10H_2O\uparrow$$
$$CoO + B_2O_3 \longrightarrow Co(BO_2)_2\ 蓝色$$
$$Cr_2O_3 + 3B_2O_3 \longrightarrow 2Cr(BO_2)_3\ 绿色$$

焰色反应、熔珠试验属干法分析,可作为鉴别物质的一种辅助方法。

b. 硼砂溶液的缓冲作用

硼砂溶于水后,水解生成等摩尔的 H_3BO_3 和 $B(OH)_4^-$(即弱酸及其盐),所以有良好的缓冲作用:

$$B_4O_5(OH)_4^{2-} + 5H_2O \longrightarrow 2H_3BO_3 + 2B(OH)_4^-$$

将 0.2g 硼砂溶于 10 mL 水中,用精密 pH 试纸测试溶液的 pH 值,通过实验证实它有缓冲作用。以同体积的蒸馏水同时做对照实验。

硼砂溶液中加入不同量的 H_3BO_3 溶液,便得到具不同 pH 值的缓冲溶液,进行该实验,并证实溶液有缓冲能力。表4-3 中数据可供参考。

表4-3　　　　　　　　　　　　　**参考数据**

缓冲溶液的 pH	6.77	7.78	8.22	8.69	8.98	9.24
$0.2\ mol \cdot L^{-1}$硼酸(mL)	9.7	8.0	6.5	4.0	2.0	0
$0.05\ mol \cdot L^{-1}$硼砂(mL)	0.3	2.0	3.5	6.0	8.0	10

3. 铝单质的性质

a. 铝与水、空气中氧的反应

在点滴板凹穴中加两滴 $0.2\ mol \cdot L^{-1} HgCl_2$ 溶液,将一铝片的一半浸在 $HgCl_2$ 溶液中,金属铝表面很快变为灰白色(形成了 Al-Hg 齐),用水洗去多余的 $HgCl_2$,将此铝片放入小试管中,加少量水,观察氢气在铝片哪一部分逸出,如现象不明显可将试管放水浴中微热。观察完后弃去溶液,取出铝片,用吸水纸将其表面吸干,以免水膜影响 Al_2O_3 的成长。将铝片置小烧杯中,约 10min 后,将有松软的 $Al_2O_3 \cdot xH_2O$ 生成。反应如下:

$$2Al + 3Hg^{2+} =\!=\!= 2Al^{3+} + 3Hg(同时形成 Al\text{-}Hg 齐)$$

$$2Al(Hg) + 6H_2O =\!=\!= 2Al(OH)_3 \downarrow + 3H_2 \uparrow (Hg)$$

$$4Al(Hg) + 3O_2 + 2xH_2O =\!=\!= 2Al_2O_3 \cdot xH_2O(Hg)$$

b. 金属铝的强还原性

在试管中加 $0.5\ mL\ 0.5\ mol \cdot L^{-1} NaNO_3$,再加少量 40% NaOH 溶液,使溶液显强碱性,再加入铝片,用湿 pH 试纸在试管口检验逸出的 NH_3。

$$8Al + 3NO_3^- + 5OH^- + 18H_2O =\!=\!= 8Al(OH)_4^- + 3NH_3 \uparrow$$

4. $Al(OH)_3$ 的生成和两性

取 $0.5\ mol \cdot L^{-1} AlCl_3$ 溶液分别盛于 3 支试管中,均滴入 $2\ mol \cdot L^{-1} NH_3 \cdot H_2O$,观察 $Al(OH)_3$ 沉淀的生成,然后分别试验 $Al(OH)_3$ 与 $2\ mol \cdot L^{-1} NH_3 \cdot H_2O$、NaOH、HCl 的反应,观察现象,写出反应式。

5. γ-Al_2O_3 的吸附性

利用 Al_2O_3 对不同物质吸附性能的差别,可以进行色层分离。

取长约 50 cm,直径约 1 cm 的玻璃管一支,填充层析用的 γ-Al_2O_3,使其成为紧密而无气泡空隙的吸附柱,全部 Al_2O_3 浸泡在 $0.5\ mol \cdot L^{-1} HNO_3$ 中。

取 $0.1\ mol \cdot L^{-1}$ 的 $KMnO_4$、$K_2Cr_2O_7$ 各 3 mL,混合均匀后,从滴液漏斗加到吸附管内,调好流速。待混合液进入吸附柱后,再用 $0.5\ mol \cdot L^{-1} HNO_3$ 淋洗。要始终保持 Al_2O_3 吸附柱有足够溶液浸泡,不要使柱内液体流空而产生裂缝。

混合液在吸附柱上部形成彩色环形带。用 HNO_3 淋洗时,吸附柱上的色层下移,$KMnO_4$ 与 $K_2Cr_2O_7$ 逐渐分开,上层是橙色的 $K_2Cr_2O_7$ 环带,下层是紫色

的 $KMnO_4$ 环带。

◎思考题

1. 小结 As、Sb、Bi、Sn、Pb、Al 的盐类存在形式与它们氧化物的水化物酸碱性的关系。

2. 为什么硼酸是一元酸？加入甘油后，硼酸溶液的酸度为何会增强？

3. 用硼酸代替硼砂做"硼砂珠试验"是否可以？为什么？

4. 铝盐、铝酸盐、氢氧化铝之间相互转化的条件如何？

5. 能否用加热三氯化铝水合物脱水的方法制无水 $AlCl_3$？能在水溶液中制得 Al_2S_3 吗？说明原因。

实验 43　铜、银、锌、镉、汞

一　目的要求

（1）试验并掌握 Cu^{2+}、Ag^+、Zn^{2+}、Cd^{2+}、Hg^{2+}、Hg_2^{2+} 与 NaOH 及氨水的反应。

（2）试验某些配合物的生成与性质。

（3）试验 Cu（Ⅰ）和 Cu（Ⅱ），Hg（Ⅰ）和 Hg（Ⅱ）的相互转化，了解转化的条件。

（4）试验 Ag^+、Hg_2^{2+}、Hg^{2+} 等离子的沉淀条件与分离方法。

二、实验内容

1. 与 NaOH 的反应

a. $Cu(OH)_2$ 及 Cu_2O 的生成和性质

往 3 支试管中均加入少量 0.2 mol·L⁻¹CuSO₄ 溶液，再滴入 2 mol·L⁻¹ NaOH 溶液，观察产物的颜色和状态。往第一支试管中加入 3 mol·L⁻¹H₂SO₄，沉淀是否溶解？将第二支试管加热，沉淀颜色有何变化？再加入 3 mol·L⁻¹ H₂SO₄ 又有何现象？往第三支试管中加 6 mol·L⁻¹NaOH 溶液至沉淀溶解（注意充分振荡），然后加 1 mL 10% 葡萄糖溶液，置于 45～50 ℃水浴中温热，观察 Cu_2O 的生成。弃去清液，往 Cu_2O 沉淀中加 3 mol·L⁻¹H₂SO₄，观察有何变化。

CuO、Cu_2O 与酸的反应有何不同？写出以上各反应式。对 $Cu(OH)_2$ 的热稳定性、酸碱性作出结论。

233

b. Zn(OH)$_2$、Cd(OH)$_2$ 的生成和酸碱性

往两支试管中加入少量 0.2 mol · L^{-1} ZnSO$_4$ 溶液，均滴加相同滴数的 2 mol · L^{-1} NaOH 溶液，至有明显凝胶状的 Zn(OH)$_2$ 生成为止。然后分别滴加同浓度的稀酸和稀碱，至沉淀溶解。

用 0.2 mol · L^{-1} CdSO$_4$ 制得两份 Cd(OH)$_2$，再分别加入3 mol · L^{-1} H$_2$SO$_4$ 和 6 mol · L^{-1} NaOH 溶液，观察现象，写出反应式。对 Zn(OH)$_2$、Cd(OH)$_2$ 的酸碱性做结论。

c. Ag$^+$、Hg^{2+}、Hg$_2^{2+}$ 与 NaOH 的反应

取 3 支试管，分别加几滴 0.1 mol · L^{-1} AgNO$_3$、0.2 mol · L^{-1} Hg(NO$_3$)$_2$ 和 Hg$_2$(NO$_3$)$_2$ 溶液，然后加入少量 2 mol · L^{-1} NaOH 溶液，观察沉淀的生成和颜色。试验它们是否溶于过量6 mol · L^{-1} NaOH溶液中。

查阅有关书籍，写出反应式。总结周期表中哪些金属的氢氧化物易脱水成氧化物。

2. 配合物的生成和性质

a. 铜氨合物的生成和破坏

取少量 0.2 mol · L^{-1} CuSO$_4$ 溶液于试管中，滴加 2 mol · L^{-1}氨水，至生成的沉淀刚好溶解，观察 Cu(NH$_3$)$_4^{2+}$ 的特征颜色。将溶液分装两支试管，一支试管中滴加 3 mol · L^{-1} H$_2$SO$_4$，先有碱式盐沉淀出现，随后沉淀消失，得蓝色溶液(此时的颜色与 Cu(NH$_3$)$_4^{2+}$ 的颜色有何不同?)。再将另一支试管加热至沸，试验加热对铜氨配合物稳定性的影响。

$$[Cu(NH_3)_4]^{2+} + 4H^+ \Longrightarrow Cu^{2+} + 4NH_4^+$$

$$[Cu(NH_3)_4]^{2+} + 2OH^- \overset{\triangle}{\Longrightarrow} CuO\downarrow + 4NH_3 + H_2O$$

b. Zn^{2+}、Cd^{2+}、Hg^{2+} 与氨水的反应

(1)分别取少量 0.2 mol · L^{-1} ZnSO$_4$、CdSO$_4$ 溶液于试管中，均滴加 2 mol · L^{-1} NH$_3$ · H$_2$O，观察现象，写出反应式。

(2)往少量 0.2 mol · L^{-1} Hg(NO$_3$)$_2$ 溶液中滴加 6 mol · L^{-1} NH$_3$ · H$_2$O，观察现象，写出反应式。

c. Hg^{2+} 配合物的生成和应用

(1)HgI$_4^{2-}$ 的生成与奈斯勒试剂。

往试管中加几滴 0.2 mol · L^{-1} Hg(NO$_3$)$_2$ 溶液，再滴加 0.5 mol · L^{-1} KI 溶液，观察 HgI$_2$ 沉淀的生成和颜色。继续加入 KI 溶液，至 HgI$_2$ 沉淀完全溶解。

在所得 K_2HgI_4 溶液中，加入少量 $6\ mol\cdot L^{-1}$ NaOH（或 KOH）溶液，使呈强碱性，即得到用来检验 NH_4^+（或 NH_3）的奈斯勒试剂。往此溶液中加 1 滴氨水，观察现象，写出各反应式。

（2）$Hg(SCN)_4^{2-}$ 的生成。

取少量 $0.2\ mol\cdot L^{-1}$ $Hg(NO_3)_2$ 溶液，逐滴加入 $0.5\ mol\cdot L^{-1}$ KSCN 溶液，至最初生成的 $Hg(SCN)_2$ 白色沉淀完全溶解，即生成 $Hg(SCN)_4^{2-}$。将其分成两份，分别加入几滴 $0.2\ mol\cdot L^{-1}$ $ZnSO_4$、$Co(NO_3)_2$ 溶液，摇荡，观察白色 $Zn[Hg(SCN)_4]$ 与蓝色 $Co[Hg(SCN)_4]$ 沉淀的生成。$Hg(SCN)_4^{2-}$ 可以用来鉴定 Zn^{2+} 或 Co^{2+}。

Cd^{2+} 与 $Hg(SCN)_4^{2-}$ 的反应与 Zn^{2+} 类似。

3. Cu(Ⅱ)、Ag(Ⅰ)的氧化性

a. Cu(Ⅱ)的氧化性

（1）碘化亚铜的生成。

在少量 $0.2\ mol\cdot L^{-1}$ $CuSO_4$ 溶液中，加数滴 $0.5\ mol\cdot L^{-1}$ KI 溶液。观察现象，用最简单的方法证实 I_2 的生成。然后往试管中滴加适量 $0.5\ mol\cdot L^{-1}$ $Na_2S_2O_3$ 溶液，以除去 I_2 对观察 CuI 颜色的干扰。

$$2Cu^{2+}+4I^-=\!=\!=2CuI(白)\downarrow+I_2$$
$$I_2+2S_2O_3^{2-}=\!=\!=2I^-+S_4O_6^{2-}$$

注意，$Na_2S_2O_3$ 溶液不宜加得过多，否则它与 CuI 反应生成可溶的配离子 $Cu(S_2O_3)_2^{3-}$，使 CuI 沉淀消失。

（2）氯化亚铜的生成和性质。

用还原剂（如 Na_2SO_3、Cu）还原 $CuCl_2$，可以得到 CuCl。

取少量 $2\ mol\cdot L^{-1}$ $CuCl_2$ 溶液于离心管中，滴入 $0.5\ mol\cdot L^{-1}$ Na_2SO_3 溶液，至有明显的 CuCl 沉淀生成，观察溶液的颜色发生什么变化？离心，弃去溶液，用少量 $0.1\ mol\cdot L^{-1}$ Na_2SO_3 溶液（事先用盐酸调 $pH\approx5$）洗涤沉淀，离心，弃去清液，往所得 CuCl 沉淀中加少量 $6\ mol\cdot L^{-1}$ NaCl 溶液，搅拌，观察所得 $NaCuCl_2$ 溶液的颜色及它在空气中的变化。

生成 CuCl 的反应式如下：

$$2CuCl_2+Na_2SO_3+H_2O=\!=\!=2CuCl\downarrow+Na_2SO_4+2HCl$$

b. Ag(Ⅰ)的氧化性（银镜反应）

在一支干净的试管中，加入 2 mL $0.1\ mol\cdot L^{-1}$ $AgNO_3$ 溶液，滴加 $2\ mol\cdot L^{-1}$

$NH_3 \cdot H_2O$ 至生成的沉淀刚好溶解,再往溶液中加几滴10%葡萄糖溶液,摇匀后,将试管放在约60℃的热水中静置,观察试管壁上生成银镜。

$$2Ag(NH_3)_2^+ + CH_2OH(CHOH)_4CHO + 2OH^-$$

$$=\!\!=\!\!=2Ag\downarrow + CH_2OH(CHOH)_4COO^- + NH_4^+ + 3NH_3 + H_2O$$

注意,$Ag(NH_3)_2^+$ 久置后可能转化为 Ag_3N 和 Ag_2NH,这两种物质极不稳定,易引起爆炸,实验后及时用水将它冲走。银镜用稀 HNO_3 溶解后,倒入回收瓶。

4. Hg(Ⅰ)、Hg(Ⅱ)与氨水的反应

a. Hg(Ⅰ)歧化为 Hg(Ⅱ)和 Hg

(1)$Hg_2(NO_3)_2$ 歧化。

往少量$0.2\ mol \cdot L^{-1}Hg_2(NO_3)_2$ 溶液中加入 $2\ mol \cdot L^{-1}NH_3 \cdot H_2O$,观察现象。

(2)Hg_2Cl_2 歧化。

取$0.5mL\ 0.2\ mol \cdot L^{-1}Hg_2(NO_3)_2$ 溶液,加入几滴 $0.5\ mol \cdot L^{-1}NaCl$ 溶液,得到白色 Hg_2Cl_2 沉淀。再加少量 $2\ mol \cdot L^{-1}NH_3 \cdot H_2O$,观察沉淀颜色变化。

为了观察生成的 NH_2HgNO_3 或 NH_2HgCl 的颜色,可往它们与 Hg 的混合沉淀中加少量稀 HNO_3,将汞溶解后观察之。

写出以上 Hg(Ⅰ)歧化的反应式。

b. Hg(Ⅱ)与氨水的反应

(1)往少量 $0.2\ mol \cdot L^{-1}Hg(NO_3)_2$ 溶液中加入 $2\ mol \cdot L^{-1}NH_3 \cdot H_2O$,观察现象。

(2)往 $1mL\ 6mol \cdot L^{-1}NH_3 \cdot H_2O$ 中加入少量 NH_4NO_3 溶液,慢慢滴加几滴 $0.2\ mol \cdot L^{-1}Hg(NO_3)_2$ 溶液,观察现象,并解释。

写出有关反应式。

5. 离子的分离与鉴定

a. AgCl、Hg_2Cl_2、$PbCl_2$ 的沉淀条件与分离方法

制取少量 AgCl、Hg_2Cl_2、$PbCl_2$,对比它们与热水、$2\ mol \cdot L^{-1}$ 氨水的作用,根据实验结果,小结它们的沉淀条件与分离方法。

b. Cu^{2+} 的鉴定

可用生成 $Cu(NH_3)_4^{2+}$ 溶液的特征蓝色鉴定 Cu^{2+}；当 Cu^{2+} 较少时，可用更灵敏的亚铁氰化钾法鉴定。

在点滴板凹穴中，加 1 滴 Cu^{2+} 盐溶液，再加 1 滴 $K_4[Fe(CN)_6]$ 溶液，生成红褐色的 $Cu_2[Fe(CN)_6]$ 沉淀示有 Cu^{2+}。此沉淀可溶于氨水，生成 $Cu(NH_3)_4^{2+}$。所以反应需在中性或弱酸性溶液中进行。

c. 未知液鉴别

（1）有 5 瓶没有标签的溶液，它们分别含 Ag^+、Zn^{2+}、Hg^{2+}、Hg_2^{2+}、Cd^{2+}，用最简单的方法识别它们。

（2）有一溶液，可能含 Ag^+、Zn^{2+}、Hg^{2+}、Hg_2^{2+}，用实验证实溶液中含哪些离子。

记录实验现象，写出有关反应式，画出操作流程示意图。

◎思考题

1. 综合比较 I A、II A、I B、II B 族元素的氢氧化物的酸碱性、溶解性和热稳定性。

2. 列表比较 $Cu(II)$、$Ag(I)$、$Zn(II)$、$Cd(II)$、$Hg(I)$、$Hg(II)$ 与适量及过量 $NaOH$、$NH_3 \cdot H_2O$、KI 反应的产物（可自行加做一些实验）。

3. 举例说明，用哪些方法可以破坏氨配合物？为什么？

4. 试分析 $Cu(I)$ 和 $Cu(II)$，$Hg(I)$ 和 $Hg(II)$ 各自稳定存在和相互转化的条件，列举实例。

5. 为什么汞要在水中储存？如何取用汞？

实验 44　未知物鉴别设计实验(三)

一、目的要求

(1)检出未知液中的阳离子。

(2)鉴别单一无机化合物的固体试样。

(3)复习常见离子和无机化合物的有关性质。

二、实验内容

(1)有一瓶溶液,可能含有 Ag^+、Ba^{2+}、Sn^{2+}、Pb^{2+}、Bi^{3+}。自己拟定分析方案,通过实验确定未知液中含有哪些离子。

(2)有 4 瓶固体,它们可能是硼砂、硼酸、碳酸钠、碳酸氢钠、亚硝酸钠、磷酸氢二钠、磷酸氢二铵、亚硫酸钠、硫酸钠中的 4 种。通过实验证实各是何物,根据什么理由判断不可能是哪些物质?

①画出操作流程示意图。

②写出操作步骤、实验现象及有关反应式。

③给出结论。

◎思考题

1. 向未知液中滴加 HCl,如果没有白色沉淀,能否说明 Ag^+,Pb^{2+} 都不存在?

2. 加何种沉淀剂能较好地将 Pb^{2+}、Ba^{2+} 与 Bi^{3+}、Sn^{2+} 分离?

3. 试分析,如果向可能含有 Sn^{2+}、Bi^{3+} 的混合溶液中滴加 NaOH 溶液,会出现何种实验现象?

4. 如何鉴别 Na_2CO_3 和 $NaHCO_3$?

实验45　钛、钒、铬、钼、钨、锰

一、目的要求

（1）试验钛、钒低氧化态化合物的生成和性质。

（2）试验钛、钒的鉴定反应。

（3）试验 $Cr(\mathrm{III})$、$Mn(\mathrm{II})$ 的氢氧化物的生成和性质。

（4）试验铬、锰化合物的氧化还原性，了解铬、锰各种氧化态之间的转化条件。

（5）试验 CrO_4^{2-} 与 $Cr_2O_7^{2-}$ 的相互转化及微溶铬酸盐的生成。

（6）试验钼酸和钨酸的生成和特性。

（7）试验 K_2MnO_4、$KMnO_4$ 的生成和性质。

二、实验内容

1. 钛(Ⅲ)化合物的生成和还原性

取 3 mL $TiOSO_4$ 溶液于试管中，加一粒锌，注意观察溶液颜色变化。反应几分钟后，将清液倒至另两支试管中，将一支试管在空气中放置，溶液颜色又有何变化？往另一支试管中滴加 0.2 $mol \cdot L^{-1}$ $CuCl_2$ 溶液，观察溶液颜色褪去和沉淀的生成。

$$2TiO^{2+} + Zn + 4H^+ =\!=\!= 2Ti^{3+} + Zn^{2+} + 2H_2O$$

$$Ti^{3+} + Cu^{2+} + Cl^- + H_2O =\!=\!= TiO^{2+} + CuCl \downarrow + 2H^+$$

根据实验现象，说明 Ti^{3+} 的还原性。

2. 钒的常见氧化态水合离子的颜色及氧化还原性

取三份 $(VO_2)_2SO_4$ 溶液于试管中，分别进行下列实验：

(1)加一粒锌，放置。观察反应过程中颜色的变化。

(2)加少量二氯化锡固体，水浴加热。

(3)加少量硫酸亚铁铵固体，再加几滴 $1\ mol \cdot L^{-1} NH_4F$ 溶液掩蔽产物 Fe^{3+}，以免干扰观察反应物的颜色。

根据颜色变化，判断钒(Ⅴ)被还原到何种氧化态。

3. 钛和钒的鉴定反应

a. TiO^{2+} 的鉴定

在几滴 $TiOSO_4$ 溶液中，加2滴 $6\% H_2O_2$ 溶液，注意观察溶液颜色的变化。该反应是鉴定 TiO^{2+} 的灵敏反应，用于钛的比色分析，可检出 0.01% 的钛。

往过氧钛离子的溶液中滴加 $6\ mol \cdot L^{-1} NH_3 \cdot H_2O$，直至沉淀出现，观察沉淀的颜色。

b. VO_2^+ 的鉴定反应

取 $0.5\ mL\ (VO_2)_2SO_4$ 溶液于试管中，加2滴 $6\% H_2O_2$ 溶液，观察现象。用 $3\ mol \cdot L^{-1} H_2SO_4$ 将溶液酸化，溶液颜色有何变化？再滴加 $6\ mol \cdot L^{-1} NH_3 \cdot H_2O$，观察产物的颜色和状态。实验现象与 TiO^{2+} 的鉴定反应有何异同？

4. 铬(Ⅲ)化合物

a. $Cr(OH)_3$ 的生成和两性

往两支试管中分别加 $1\ mL\ 0.1\ mol \cdot L^{-1} CrCl_3$ 溶液，再滴加 $2\ mol \cdot L^{-1}$ NaOH 溶液，观察沉淀的生成和颜色。分别往所得的 $Cr(OH)_3$ 中滴入 $2\ molL^{-1}$ HCl 和 NaOH 溶液，至沉淀刚好溶解，把所得溶液煮沸，哪个试管重新出现沉淀？写出各反应式。Cr^{3+} 与 $Cr(OH)_4^-$ 相比，何者较易水解？

b. Cr(Ⅲ)盐的水解

取少量 $CrCl_3 \cdot 6H_2O$ 于离心管中，加 $1\ mL$ 水溶解之，用试纸测试溶液的 pH 值，然后滴入 $0.5\ mol \cdot L^{-1} Na_2CO_3$ 溶液至有明显的沉淀生成，离心，弃去溶液，将所得沉淀洗净，用实验证实它是 $Cr(OH)_3$，而不是碳酸盐。(能否因为沉淀可溶于碱，而认为它不是碳酸盐？)

写出 Cr^{3+} 与 CO_3^{2-} 相互促进水解的反应式。

c. Cr(Ⅲ)的还原性

(1) 请比较 $E_A^0 Cr_2O_7^{2-}/Cr^{3+}$ 与 $E_B^0 CrO_4^{2-}/Cr(OH)_4^-$ 数值的大小。要使 Cr(Ⅲ)转变为 Cr(Ⅵ)，在酸性或碱性介质中哪种较易实现？Cr^{3+} 与 $Cr(OH)_4^-$ 相比，何者还原性较强？

(2)根据标准电极电位，并从氧化剂被还原产物的颜色不造成干扰考虑，选择合适的氧化剂，自己设计实验步骤，使 Cr(Ⅲ)转变为 Cr(Ⅵ)。

d. Cr(Ⅲ)的水合异构体

取少量淡蓝紫色的 $CrCl_3$ 溶液于试管中，加热，观察溶液颜色的变化。溶液冷后颜色又有什么变化？

新配制的和放置 10 h 以上的 $CrCl_3$ 溶液，颜色有何不同？

解释以上实验现象。

5. 铬(Ⅵ)化合物

a. $K_2Cr_2O_7$ 的氧化性

在试管中加 2 滴 0.2 $mol \cdot L^{-1} K_2Cr_2O_7$ 溶液，滴入 0.5 $mol \cdot L^{-1} Na_2SO_3$，有无变化？再加入少量 3 $mol \cdot L^{-1} H_2SO_4$，溶液颜色有何变化？写出反应式。

以 0.5 $mol \cdot L^{-1} NaNO_2$ 溶液代 Na_2SO_3，进行同样的实验。

b. 过氧化铬的生成和分解(特征反应)

往试管中加 2~3 滴 0.5 $mol \cdot L^{-1} K_2Cr_2O_7$ 溶液、0.5 mL 戊醇、1 滴 3 $mol \cdot L^{-1} H_2SO_4$ 溶液，然后加 1 mL 6% H_2O_2，摇荡试管，观察戊醇层和溶液颜色的变化。

$$Cr_2O_7^{2-} + 4H_2O_2 + 2H^+ =\!=\!= 2Cr(O_2)_2O + 5H_2O$$

$Cr(O_2)_2O$ 被萃取到戊醇中成蓝色液层，但它不稳定逐渐分解，因此戊醇层慢慢褪色，溶液出现 Cr^{3+} 的绿色：

$$4Cr(O_2)_2O + 12H^+ =\!=\!= 4Cr^{3+} + 7O_2 + 6H_2O$$

这是检验铬(Ⅵ)或 H_2O_2 的灵敏反应。

如果不加戊醇或乙醚等有机溶剂增加 $Cr(O_2)_2O$ 的稳定性，H_2SO_4 的量多些，则 $K_2Cr_2O_7$ 与 H_2O_2 直接发生氧化还原反应，看不到蓝色的 $Cr(O_2)_2O$。

$$Cr_2O_7^{2-} + 3H_2O_2 + 8H^+ =\!=\!= 2Cr^{3+} + 3O_2 + 7H_2O$$

c. CrO_4^{2-} 与 $Cr_2O_7^{2-}$ 在水溶液中的平衡和相互转化

取少量 $K_2Cr_2O_7$ 溶液，加一合适试剂，使 $Cr_2O_7^{2-}$ 转变为 CrO_4^{2-}；再往所

得 CrO_4^{2-} 溶液中加另一合适试剂，使它又变成 $Cr_2O_7^{2-}$。

写出 $Cr_2O_7^{2-}$ 与 CrO_4^{2-} 的平衡关系式。

d. 难溶铬酸盐

分别试验 K_2CrO_4 溶液与 $AgNO_3$、$BaCl_2$、$Pb(NO_3)_2$ 溶液的反应。观察产物的颜色与状态。试验 $BaCrO_4$、$PbCrO_4$ 与 $6\ mol \cdot L^{-1}NaOH$ 的反应，如何区别 $BaCrO_4$ 与 $PbCrO_4$? 写出各反应式。

e. $(NH_4)_2Cr_2O_7$ 的受热分解(Cr_2O_3 的生成)(演示)

将少量$(NH_4)_2Cr_2O_7$ 固体置于干试管中，加热，分解反应一发生即停止加热(防止分解过猛，使固体喷出)。观察固体颜色的变化和气体的逸出，写出反应式。

6. 钼和钨的化合物

a. 钼酸和钨酸的生成和性质

取 0.5 mL 饱和$(NH_4)_2MoO_4$ 溶液于试管中，滴加 $6\ mol \cdot L^{-1}HCl$，观察沉淀的生成和颜色，继续滴入盐酸，由于生成可溶性 MoO_2Cl_2，沉淀消失。

取 $0.2\ mol \cdot L^{-1}Na_2WO_4$ 进行同样的实验。观察钨酸的颜色，试验它是否溶于过量酸中。

钼酸溶于过量的无机酸，形成 MoO_2^{2+} 的性质可用于分离钼酸和钨酸。

铬酸与钼酸、钨酸在水中溶解度有何差别?

b. 低氧化态钼和钨化合物的生成

按 $Cr(Ⅵ)$、$Mo(Ⅵ)$、$W(Ⅵ)$ 的顺序，氧化性明显减弱。需在酸性介质中，用强还原剂，才可得低氧化态的钼、钨化合物。

(1)取 1 mL 饱和$(NH_4)_2MoO_4$ 溶液，加入一粒锌，然后滴加 $6\ mol \cdot L^{-1}$ HCl，边加边摇荡试管，观察溶液颜色有何变化? 放置一段时间，溶液颜色又有什么变化?

本实验会出现多种颜色，如 $Mo(Ⅵ)$、$Mo(Ⅴ)$ 的混合氧化物的蓝色(常称为钼蓝)，还有红棕色的 MoO_2^+、翠绿色的 $[MoOCl_5]^{2-}$、棕色的 Mo^{3+} 等。各种颜色出现的快慢，显现时间的长短，与 MoO_4^{2-}、HCl、Zn 的相对量有关。

(2)取 1 mL $0.2\ mol \cdot L^{-1}Na_2WO_4$ 溶液，加一粒锌，滴入$6\ mol \cdot L^{-1}HCl$，溶液中出现 W_2O_5 的蓝色。

$$2WO_4^{2-} + Zn + 6H^+ \rightleftharpoons W_2O_5\downarrow + Zn^{2+} + 3H_2O$$

7. 锰(Ⅱ)、锰(Ⅳ)、锰(Ⅵ)和锰(Ⅶ)化合物

a. 锰(Ⅱ)与锰(Ⅳ)之间的转化

在试管中加几滴 0.5 mol·L^{-1} 的 $MnSO_4$ 溶液，再加几滴2 mol·L^{-1} 的 NaOH，观察 $Mn(OH)_2$ 的颜色和状态。往所得$Mn(OH)_2$沉淀上加几滴 6% H_2O_2，摇匀，沉淀颜色有什么变化？这一反应中，哪个是氧化剂？再往试管中加入少量 3 mol·L$^{-1}H_2SO_4$ 后，滴入 6%H_2O_2，观察又有什么变化？此时何者是氧化剂？

用 E^0 解释实验现象，说明介质酸碱性对反应的影响，写出有关反应式。

$Mn(OH)_2$ 易与空气中的 O_2 发生如下反应

$$2Mn(OH)_2 + O_2 =\!=\!= 2MnO(OH)_2$$

b. Mn^{2+} 氧化为 MnO_4^-（Mn^{2+} 的鉴定）

取很少量 KIO_4 固体，加 2 滴 0.002 mol·L$^{-1}MnSO_4$ 溶液，再加 2 mol·L$^{-1}HNO_3$ 酸化，观察溶液颜色变化，如紫红色不明显，可微热。

$$2Mn^{2+} + 5IO_4^- + 3H_2O =\!=\!= 2MnO_4^- + 5IO_3^- + 6H^+$$

c. K_2MnO_4 的生成和性质

在酸性条件下，MnO_2 显示氧化性；在碱性条件下，MnO_2 易被氧化成锰(Ⅵ)酸盐。

在干燥试管中加 1/3 匙 MnO_2、半匙 $KClO_3$、两粒固体 KOH，将它们混匀后，加热至熔融。冷后加约 5 mL 水使熔块溶解，将溶液离心或过滤，得深绿色的 K_2MnO_4 溶液。写出反应式。

取少量 K_2MnO_4 溶液，滴加 2 mol·L^{-1}HAc，观察溶液颜色变化和 MnO_2 的生成；再滴入 40% 的 NaOH 溶液，至溶液再变为绿色，比较所用酸碱的量。

$$3MnO_4^{2-} + 2H_2O \xrightarrow[OH^-(难)]{H^+(易)} 2MnO_4^- + MnO_2 + 4OH^-$$

以实验事实说明 MnO_4^{2-} 的稳定性与介质酸碱性的关系。

d. $KMnO_4$ 的强氧化性（演示）

将一小匙 $KMnO_4$ 研成粉末后，放在石棉板上堆成小丘形，用药勺在丘顶轻轻压出一凹槽，往凹槽滴加甘油，立即引起剧烈的燃烧。

$$14KMnO_4 + 3C_3H_5(OH)_3 =\!=\!= 14MnO_2 + 7K_2CO_3 + 2CO_2\uparrow + 12H_2O$$

能否将 $KMnO_4$ 晶体与有机物一起存放？

◎**思考题**

1. 写出钒的常见氧化态在水溶液中的存在形式和颜色。它们的稳定性如何?

2. 低氧化态的钛、钒化合物有什么相似之处?

3. 如何用实验区分 TiO^{2+} 与 VO_2^+?

4. 综合实验结果,讨论 $Cr(Ⅲ)$、$Cr(Ⅵ)$ 在酸碱介质中的存在形式,如何实现 $Cr(Ⅲ)$、$Cr(Ⅵ)$ 之间转化? 转化反应与酸碱介质关系如何?

5. 有几种方法可以鉴定 $Cr(Ⅵ)$?

6. 哪几种氧化剂可以将 Mn^{2+} 氧化成 MnO_4^-? 实验时为什么 Mn^{2+} 不能过量? 写出各反应式。

7. 用实验事实说明还原性 $Mn(OH)_2 \gg Mn^{2+}$。

8. 结合实验写出

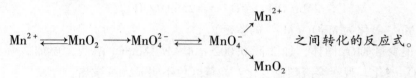

之间转化的反应式。

实验 46　未知物鉴别设计实验(四)

一、目的要求

(1)熟悉常见阴离子的性质。
(2)了解检出常见阴离子的方法与反应条件。
(3)检出未知液的阴离子。

二、原理

在水溶液中,非金属元素常以简单阴离子(如 Cl^-、S^{2-} 等)或复杂阴离子($如 CO_3^{2-}$、PO_4^{3-} 等)存在。此外,有些金属元素在高氧化态时也形成阴离子($如 CrO_4^{2-}$、MnO_4^- 等)。同种元素可以组成多种阴离子,例如 SO_3^{2-}、SO_4^{2-}、$S_2O_3^{2-}$、$S_2O_8^{2-}$,这四种阴离子的组成元素相同,但它们的性质各不相同,所以在分析时不但要知道含什么元素,还要知道该元素的存在形式。

有些阴离子在碱性(或中性)溶液中可以共存,酸化后立即相互反应,如 SO_3^{2-} 与 S^{2-}、SO_3^{2-} 与 CrO_4^{2-}、I^- 与 NO_2^-、I^- 与 CrO_4^{2-} 等,所以一方被证实后,就可以否定另一方的存在。充分利用阴离子的分析特性,如它们与酸的反应,氧化还原性,难溶盐的形成等,先做些初步试验,消除某些离子存在的可能性(常称为"消去法"),估测待检离子的范围,就能大为简化分析手续,有针对性地对可能存在的阴离子进行鉴定。

阴离子分析中彼此干扰较少,大多数用分别分析(不需经过系统分离,直接检出离子)的方法,只有遇干扰时,才进行局部分离。

三、实验内容

有一溶液，可能含有 CO_3^{2-}、NO_2^-、PO_4^{3-}、SO_3^{2-}、$S_2O_3^{2-}$、SO_4^{2-}、I^-、CrO_4^{2-}、MnO_4^- 等离子，用实验证实存在哪些离子，并说明根据什么判断溶液中没有哪些离子。

要求画出操作过程示意图，在相应位置注明实验现象，写出有关反应式。

1. 初步试验

a. 检验溶液的酸碱性

取一滴试液于点滴板凹穴中，用 pH 试纸测它的 pH 值，如果溶液为强酸性，则不可能大量存在低沸点酸及易分解酸的阴离子，如 SO_3^{2-}、NO_2^-、$S_2O_3^{2-}$ 等。如果未知液为碱性，取几滴试液，加 3 mol·$L^{-1}H_2SO_4$ 酸化，根据酸化后溶液是否变浑浊、有无红棕色气体生成等实验现象，初步判断某些阴离子的存在。试液含的离子浓度不高时，就不一定观察到明显的气泡。

b. 难溶盐的生成

(1) 与 Ba^{2+} 的反应。

取几滴试液于离心管中，在中性或弱碱性条件下(可用不含 CO_3^{2-} 的稀氨水或 NaOH 调整)，加入 0.5 mol·$L^{-1}BaCl_2$ 溶液，如产生白色沉淀，可能有 SO_3^{2-}、SO_4^{2-}、PO_4^{3-}、CO_3^{2-} 等离子($S_2O_3^{2-}$ 的浓度大于 4.5mg/mL 时，才会生成 BaS_2O_3 沉淀)；离心分离，往沉淀中加盐酸，根据沉淀是否溶解或有无气泡产生，进一步判断是哪种离子。

(2) 与 Ag^+ 的反应。

取几滴未知液于试管中，滴加 0.1 mol·$L^{-1}AgNO_3$ 溶液，注意观察是否有沉淀生成和沉淀的颜色。如果沉淀颜色由白变黄变棕最后变黑，则有 $S_2O_3^{2-}$。但 $S_2O_3^{2-}$ 浓度大时，也可能与 Ag^+ 形成 $Ag(S_2O_3)_2^{3-}$，不析出沉淀。若形成深色沉淀，会掩盖浅色，不能否定形成浅色沉淀的阴离子。Cl^-、Br^-、I^-、CO_3^{2-}、PO_4^{3-} 等都与 Ag^+ 形成沉淀，但只有 AgX 不溶于 HNO_3，往沉淀中加入 6 mol·$L^{-1}HNO_3$，根据沉淀的溶解情况作进一步的分析判断。

c. 氧化还原性试验

（1）氧化性阴离子的检验。

取几滴试液，加稀 H_2SO_4 酸化后，加几滴苯或 CCl_4，再加几滴 0.5 mol·L^{-1} KI 溶液，若振动后有机相显紫色，说明存在氧化性阴离子（如 NO_2^-、AsO_4^{3-}、CrO_4^{2-} 等）。但是，如果不出现 I_2，则不能断定无 NO_2^-，因为如果存在 SO_3^{2-} 等强还原性阴离子，酸化后，NO_2^- 会与它们先作用，就不一定会有 NO_2^- 氧化 I^- 了。

（2）还原性阴离子的检验。

MnO_4^- 氧化性很强，在中性甚至碱性溶液中都能氧化很多离子，如 SO_3^{2-}、$S_2O_3^{2-}$、AsO_3^{3-}、I^- 等，即 MnO_4^- 与这些离子不能同时存在于溶液中。

加 2 滴 0.01 mol·L^{-1} $KMnO_4$ 溶液于试管中，再加几滴 3 mol·L^{-1} H_2SO_4 和未知液，如果 $KMnO_4$ 紫红色褪去，则可能存在一种或多种还原性阴离子。其中还原性较强的阴离子如 S^{2-}、$S_2O_3^{2-}$、SO_3^{2-} 在酸性介质中还能使蓝色的碘-淀粉液褪色。

2. 阴离子的检出

根据以上初步试验，确定待检的阴离子，参照元素化学实验部分的有关内容，最后确定未知液中存在的阴离子。

◎思考题

1. 用稀 H_2SO_4 酸化一未知阴离子混合液后，溶液变浑浊，此未知液可能含哪些阴离子？

2. 某阴离子未知液经初步试验结果如下：

（1）试液呈酸性。

（2）加入 $BaCl_2$ 溶液无沉淀出现。

（3）加入 $AgNO_3$ 溶液，产生黄色沉淀，再加 HNO_3 沉淀不溶。

（4）试液使 $KMnO_4$ 紫色褪去，加碘-淀粉液，蓝色不褪。

（5）与 KI 无反应。

由以上初步试验结果，推测哪些阴离子可能存在，说明理由，拟出进一步证实的步骤。

◎附注

1. 阴离子的初步检验

为了便于查找，将常见阴离子在各项初步试验中的情况归总于表4-4。

表4-4   阴离子的初步检验

试剂 / 阴离子	稀 H_2SO_4	$BaCl_2$（中性或弱碱性）	$AgNO_3$（HNO_3）	KI（稀 H_2SO_4 CCl_4）	$KMnO_4$（稀 H_2SO_4）	I_2—淀粉（稀 H_2SO_4）
CO_3^{2-}	+	+				
PO_4^{3-}		+				
NO_2^-	+			+	+	
NO_3^-				（+）		
AsO_3^{3-}		（+）			+	
AsO_4^{3-}		+		+		
S^{2-}	+		+		+	+
SO_3^{2-}	+	+			+	+
$S_2O_3^{2-}$	+	（+）			+	+
SO_4^{2-}		+				
Cl^-			+		（+）	
Br^-			+		+	
I^-			+		+	

（+）表示阴离子浓度大时，才产生反应。

2. 阴离子试液制备简介

检出阳离子或阴离子的反应基本上是在水溶液中进行的。阳离子试液一般呈酸性，不能同时用来检出阴离子，因为在酸性溶液中，很多阴离子会分解而损失，或相互发生氧化还原反应，转变成另种物质。而且，除 Na^+、K^+ 外不少阳离子与检出阴离子的试剂反应，干扰阴离子的鉴定。所以制备阴离子试液的原则是：尽量除去 Na^+、K^+ 以外的阳离子，将阴离子全部转入溶液，并保持其原有存在形态不变。

除 Na^+、K^+、NH_4^+ 之外的阳离子均与 Na_2CO_3 溶液反应，形成碳酸盐、碱式碳酸盐或氢氧化物沉淀。用饱和 Na_2CO_3 溶液与试样共煮，由于复分解反应，通过转化作用，可使阴离子转入溶液中，并使许多能与 Na_2CO_3 生成沉淀的阳离子沉淀而与阴离子分离。

如果经 Na_2CO_3 处理后有不溶于 $3\ mol \cdot L^{-1}$ HAc 的残渣，多数为硫化物、磷酸盐、卤化银等，可进行如下处理：

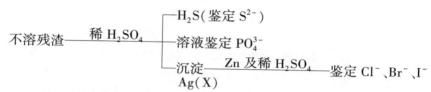

由于制备阴离子试液时引入了 CO_3^{2-}，需取原试样鉴定是否有 CO_3^{2-}。

如果试样是溶液或固体试样易溶于水，取几滴试液与 Na_2CO_3 反应，若无沉淀产生，说明试液中无 Na^+、K^+ 以外的阳离子，即可用此试液检出阴离子，不必作上述处理。

实验 47 铁、钴、镍

一、目的要求

(1) 试验铁、钴、镍氢氧化物的生成和氧化还原稳定性。
(2) 试验 Fe(Ⅲ)的氧化性、Fe(Ⅱ)的还原性。
(3) 试验铁、钴、镍配合物的生成及在离子鉴定中的应用。

二、实验内容

1. 氢氧化物(Ⅱ)的生成和在空气中的变化

a. Fe(OH)$_2$

在试管中加 2 mL 蒸馏水和几滴 3 mol·L^{-1} H$_2$SO$_4$，煮沸以赶尽溶于其中的氧气，然后溶入少量硫酸亚铁铵晶体。在另一试管中加 1 mL 6 mol·L^{-1} NaOH 溶液，煮沸。待溶液冷后，及时用长滴管吸取 NaOH 溶液，插入 (NH$_4$)$_2$Fe(SO$_4$)$_2$ 溶液底部，慢慢放出 NaOH 溶液(注意避免搅动溶液而带入空气)，不摇动试管，观察开始生成近乎白色的 Fe(OH)$_2$ 沉淀，随后颜色逐渐变化。摇匀反应物后倒出少量沉淀至白色点滴板上，放置一段时间，观察沉淀颜色有何变化。写出 Fe(OH)$_2$ 在空气中被氧化的反应式。

b. Co(OH)$_2$

往少量 0.2 mol·L^{-1} CoCl$_2$ 溶液中滴加 2 mol·L^{-1} NaOH 溶液，直至生成粉红色沉淀。将沉淀分为两份，一份加入 3 mol·L^{-1} H$_2$SO$_4$，沉淀是否溶解？另一份放至实验结束，沉淀颜色有何变化？再试验它是否溶于 3 mol·L^{-1} H$_2$SO$_4$。解释现象，写出有关反应式。

250

c. Ni(OH)$_2$

往少量 0.2 mol·L^{-1}NiSO$_4$ 溶液中滴加 2 mol·L^{-1}NaOH 溶液，观察沉淀的颜色，将沉淀放置至实验结束，它的颜色有无变化？此时滴入溴水，又有何现象？写出反应式。

d. Co(OH)$_2$、Ni(OH)$_2$ 与 H$_2$O$_2$ 的反应

制取少量 Co(OH)$_2$、Ni(OH)$_2$，比较它们与 6% H$_2$O$_2$ 的反应情况。何者的颜色发生变化？解释实验现象，写出反应式。

2. 氢氧化物(Ⅲ)的生成和它们的氧化性

a. FeO(OH)

在离心管中混合少量 0.2 mol·L^{-1}FeCl$_3$ 和 2 mol·L^{-1}NaOH 溶液，观察产物的颜色和状态。离心分离，弃去溶液，往沉淀中加少量浓盐酸，沉淀是否溶解，证实有无氯气生成。

b. CoO(OH) 和 NiO(OH)

在 2 支离心管中分别加少量 CoCl$_2$、NiSO$_4$ 溶液，均加几滴溴水，有无变化？然后滴入 2 mol·L^{-1}NaOH 溶液，观察沉淀的生成和颜色，离心分离，弃去溶液，往沉淀中加少量浓盐酸，用实验证实 Cl$_2$ 的生成。写出各反应式。

综合以上实验，列表比较铁、钴、镍氢氧化物(Ⅲ)和氢氧化物(Ⅱ)的颜色、高低氧化态的稳定性、生成条件。

3. 配合物的生成和离子鉴定

a. Fe^{3+}、Co^{2+}、Ni^{2+} 与氨水的反应

(1)往少量 0.2 mol·L^{-1}FeCl$_3$ 溶液中滴入 6 mol·L^{-1}NH$_3$·H$_2$O，有何现象？沉淀能否溶于过量氨水中？

(2)取少量浓氨水于试管中，加入 CoCl$_2$ 溶液，迅速摇匀后观察溶液颜色变化，为何液面颜色变化更快？

(3)取少量 0.2 mol·L^{-1}NiSO$_4$ 溶液至试管中，滴加 6 mol·L^{-1}NH$_3$·H$_2$O 至产生的沉淀溶解，观察所得 Ni(NH$_3$)$_6^{2+}$ 溶液的颜色。

写出以上实验各反应式。

b. Fe^{3+}、Co^{2+} 与 SCN$^-$ 的反应

(1)取 1 滴 0.2 mol·L^{-1}FeCl$_3$ 溶液，加水稀释至约 2 mL，然后加 1 滴 1 mol·L^{-1}KSCN 溶液，观察溶液颜色变化。再滴入 1 mol·L^{-1}NH$_4$F 溶液至溶液颜色褪去。解释所观察到的现象。

这是鉴定 Fe^{3+} 的灵敏反应。

(2)取少量 $0.2\ mol\cdot L^{-1} CoCl_2$ 溶液于试管中,加少量戊醇,最后滴入饱和 NH_4SCN 溶液,摇动试管,观察蓝色 $Co(SCN)_4^{2-}$ 的生成,水相及有机相颜色的变化。

碱能破坏配离子 $Fe(SCN)_n^{3-n}$ 及 $Co(SCN)_4^{2-}$,生成相应金属离子的氢氧化物。因此反应不能在碱性溶液中进行。

c. Fe^{3+}、Fe^{2+} 的鉴定

(1)铁蓝的生成。

往点滴板凹穴中加 1 滴 $0.2\ mol\cdot L^{-1} FeCl_3$ 溶液和 1 滴 $0.5\ mol\cdot L^{-1}$ $K_4Fe(CN)_6$ 溶液;往另一凹穴加 1 滴 $0.2\ mol\cdot L^{-1} (NH_4)_2Fe(SO_4)_2$ 溶液和 1 滴 $0.5\ mol\cdot L^{-1} K_3Fe(CN)_6$ 溶液。观察产物的颜色和状态。

反应如下:

$$K^+ + Fe^{3+} + Fe(CN)_6^{4-} =\!=\!= KFe[Fe(CN)_6]\downarrow 蓝$$

$$K^+ + Fe^{2+} + Fe(CN)_6^{3-} =\!=\!= KFe[Fe(CN)_6]\downarrow 蓝$$

强碱能使铁蓝分解,生成氢氧化物。

(2)Fe^{2+} 与邻二氮菲的反应。

Fe^{2+} 与邻二氮菲在弱酸性条件下,生成橘红色的可溶性配合物:

在白色点滴板凹穴中加 1 滴 Fe^{2+} 溶液,加 3 滴 0.3% 邻二氮菲溶液,稍放,观察现象。

此反应可在 Fe^{3+} 的存在下鉴定 Fe^{2+}。

d. 镍的螯合物的生成(Ni^{2+} 的鉴定)

在白色点滴板凹穴中加 1 滴 $0.2\ mol\cdot L^{-1} NiSO_4$ 溶液,1 滴 $2\ mol\cdot L^{-1}$ $NH_3\cdot H_2O$,然后加 1 滴镍试剂(丁二酮肟的酒精溶液),即生成鲜红色的二丁二酮肟合镍(Ⅱ)沉淀,此螯合物在强酸性溶液中分解,生成游离的丁二酮肟,在强碱性溶液中 Ni^{2+} 形成 $Ni(OH)_2$ 沉淀,鉴定反应不能进行,所以此反应的合适酸度是 pH = 5 ~ 10。

4. 氯化钴(Ⅱ)颜色的变化

(1)取一粒蓝色的变色硅胶在空气中放置 1 ~ 2h,它的颜色有何变化?

（2）加几滴 1 mol·L^{-1}CoCl$_2$ 溶液于表面皿中，用毛笔蘸取溶液在纸上写字，然后用镊子夹住纸，隔着石棉网小火烘烤，观察字迹变为蓝色，往字迹上滴水，字的颜色有何变化？

解释以上实验现象。

◎思考题

1. 如果想观察纯 Fe(OH)$_2$ 的白色，原料硫酸亚铁铵不含 Fe^{3+} 是关键条件，如何检出和除去(NH$_4$)$_2$Fe(SO$_4$)$_2$ 中的 Fe^{3+}？

2. 综合实验结果，比较 Fe(Ⅱ)、Co(Ⅱ)、Ni(Ⅱ) 的还原性强弱，Fe(Ⅲ)、Co(Ⅲ)、Ni(Ⅲ) 的氧化性强弱。

3. 列举实例及有关的 $\varphi^{\ominus}$ 值，说明溶液的酸碱性对氧化还原性的影响。

4. 为什么 Co(H$_2$O)$_6^{2+}$ 很稳定，而 Co(NH$_3$)$_6^{2+}$ 很容易被氧化？配离子的形成对氧化还原性有何影响？举例说明原因。

5. 有一溶液，可能含 Fe^{3+}、Co^{2+}、Ni^{2+}，设计检出方案。

实验 48   未知物鉴别设计实验(五)

一、目的要求

(1)将 Fe^{3+}、Co^{2+}、Ni^{2+}、Mn^{2+}、Al^{3+}、Cr^{3+}、Zn^{2+} 离子进行分离和检出,并了解相应的反应条件。

(2)熟悉各离子的有关性质,如氧化还原性、氢氧化物的酸碱性、形成配合物的能力等。

二、原理

除 Al^{3+} 外,本组离子皆位于第四周期中部,它们有如下特性:

1. 离子的颜色

常见的有色阳离子,除 Cu^{2+} 外,都在本组内。根据颜色可以推测未知物中存在的离子,但是混合离子的试液如果没有明显的颜色,并不能说明不存在某些有色离子,因为当不同的颜色互补或某有色离子被掩蔽时,颜色就会消失,例如 Co^{2+} 的粉红色和 Ni^{2+} 的浅绿色是互补色,Co^{2+} 与 Ni^{2+} 之比等于 1:3 时,溶液就近乎无色,所以要依据分析结果才能下结论。

2. 离子的氧化态与氧化还原性

本组离子除 Al^{3+}、Zn^{2+} 外,都具有多种氧化态。伴随着氧化态的改变,发生颜色与其他性质的变化。本组离子的许多分离、鉴定反应都与氧化态的变化有关。例如,用强氧化剂将几乎无色的 Mn^{2+} 氧化为紫红色的 MnO_4^-,可确证 Mn^{2+} 的存在。又如,Cr^{3+} 的还原性,在酸性介质中极弱,而在碱性条件下大为增强，在碱性溶液中较轻易的使 $Cr(OH)_4^-$ 氧化成 CrO_4^{2-}，便于分离和检出。

3. 氢氧化物

本组离子与适量碱作用皆生成氢氧化物，它们都难溶，高氧化态离子的氢氧化物的溶解度比低氧化态的小得多。它们都是无定形沉淀，易成胶体溶液，加热可促使它们凝聚而析出。

$FeO(OH)$、$Ni(OH)_2$、$Mn(OH)_2$ 不溶于过量的碱，$Co(OH)_2$ 稍有溶解的倾向，$Al(OH)_3$、$Zn(OH)_2$、$Cr(OH)_3$ 是典型的两性氢氧化物，与过量碱作用生成 $Al(OH)_4^-$、$Zn(OH)_4^{2-}$、$Cr(OH)_4^-$，其中 $Cr(OH)_4^-$ 不很稳定，遇热发生水解，又生成 $Cr(OH)_3$ 沉淀，造成分离不完全，所以宜将 $Cr(OH)_4^-$ 氧化成 CrO_4^{2-}。

$Co(OH)_2$ 及 $Mn(OH)_2$ 与空气接触，会被氧化。如果在碱性溶液中，用 H_2O_2 做氧化剂，则如下氧化反应进行得很快和完全：

$$2Cr(OH)_4^- + 3HO_2^- =\!=\!= 2CrO_4^{2-} + OH^- + 5H_2O$$

$$2Co(OH)_2 + HO_2^- =\!=\!= 2CoO(OH)\downarrow + OH^- + H_2O$$

$$Mn(OH)_2 + HO_2^- =\!=\!= MnO(OH)_2\downarrow + OH^-$$

$CoO(OH)$、$MnO(OH)_2$ 等高价氢氧化物碱性较弱，不易溶于非还原性酸中，为了将它们转变成离子进行鉴定，需将它们溶于还原性酸或与还原剂同存的强酸中：

$$2CoO(OH) + H_2O_2 + 4H^+ =\!=\!= 2Co^{2+} + O_2\uparrow + 4H_2O$$

$$MnO(OH)_2 + H_2O_2 + 2H^+ =\!=\!= Mn^{2+} + O_2\uparrow + 3H_2O$$

至于 $FeO(OH)$，则以碱性为主，能溶于非还原性酸中，得到 Fe^{3+}。

4. 配合物

本组离子形成配合物的倾向很大，此性质在鉴定上有很多应用，例如：

(1)利用 F^- 与 Fe^{3+} 形成无色配离子 FeF^{2+} 掩蔽 Fe^{3+}，消除用 SCN^- 鉴定 Co^{2+} 时 Fe^{3+} 的干扰。

(2)利用茜素磺酸钠(简称茜素 S)与 Al^{3+} 形成亮红色螯合物来鉴定 Al^{3+}，主要产物是：

（3）利用 Al^{3+}、Zn^{2+} 与 NH_3 配合能力的差异可以分离 $Al(OH)_4^-$ 和 $Zn(OH)_4^{2-}$。

在 $Al(OH)_4^-$、$Zn(OH)_4^{2-}$ 混合溶液中加入 NH_4Cl，有如下不同反应：

$$Al(OH)_4^- + NH_4^+ \Longrightarrow Al(OH)_3 \downarrow + NH_3 \cdot H_2O$$

$$Zn(OH)_4^{2-} + 4NH_4^+ \Longrightarrow Zn(NH_3)_4^{2+} + 4H_2O$$

$Al(OH)_4^-$ 与 NH_4^+ 相互促进水解，形成 $Al(OH)_3$ 沉淀而与 $Zn(\text{II})$ 分离。

总的来说，就是利用这些离子在形成配合物的能力、氧化还原性、氢氧化物的酸碱性的差异来分离、检出它们。

三、实验内容

1. 分离和检出步骤

取 Fe^{3+}、Co^{2+}、Ni^{2+}、Mn^{2+}、Al^{3+}、Cr^{3+}、Zn^{2+} 混合试液 3 mL，加到离心管中，参照以下步骤进行分离和检出。

（1）Fe^{3+}、Co^{2+}、Ni^{2+}、Mn^{2+} 与 Al^{3+}、Cr^{3+}、Zn^{2+} 的分离。

加入足量 NaOH 的同时，加入 H_2O_2，可以把本组离子分为两组，沉淀是 $FeO(OH)$、$CoO(OH)$、$Ni(OH)_2$、$MnO(OH)_2$，而 Al^{3+}、Cr^{3+}、Zn^{2+} 分别成为 $Al(OH)_4^-$、CrO_4^{2-}、$Zn(OH)_4^{2-}$ 留在溶液中。这种分组方法常称为"碱过氧化氢法"。

往试液中加入 5~6 滴 6 mol·L^{-1} NaOH 溶液至呈强碱性（pH > 12）后，再

多加 2～3 滴 NaOH 溶液，然后逐滴加入 6% H_2O_2 溶液，每加 1 滴 H_2O_2，即用玻棒搅拌，待沉淀转为棕黑色即停止加 H_2O_2，继续搅拌 2～3min。水浴加热，使胶状沉淀凝聚和过量的 H_2O_2 分解，加热至不再有气泡产生为止。离心分离，把清液移至另一离心管中，记为清液 1，留待下面步骤(7)、(8)处理。用热水洗沉淀一次，离心分离，弃去洗涤液。

(2)沉淀的溶解。

往第(1)步所得沉淀上加几滴 3 mol·L^{-1} H_2SO_4、2 滴 6% H_2O_2 溶液，搅拌后，将离心管放水浴中加热至沉淀全部溶解，同时使多余的 H_2O_2 分解，待溶液冷至室温，进行 Fe^{3+}、Co^{2+}、Ni^{2+}、Mn^{2+} 的检出。

(3)Fe^{3+} 的检出。

取 1 滴第(2)步的溶液加到点滴板凹穴中，加 1 滴 1 mol·L^{-1} KSCN 溶液，出现 $Fe(SCN)_n^{3-n}$ 的血红色，加入 NH_4F，血红色褪去，表示有 Fe^{3+}。

(4)Co^{2+} 的检出。

在试管中加 2 滴第(2)步的溶液和少量 NH_4F 溶液再加入少量戊醇，最后加入饱和 NH_4SCN 溶液，戊醇层呈蓝色(或蓝绿色)，表示有 Co^{2+}。

(5)Ni^{2+} 的检出。

在离心管中加 2 滴第(2)步的溶液，并加几滴 2 mol·L^{-1} $NH_3\cdot H_2O$ 至呈弱碱性(此时析出的沉淀为何物？氨水加得过多有何缺点？)，离心分离，往上层清液中加 1～2 滴丁二酮肟，产生桃红色沉淀，表示有 Ni^{2+}。

(6)Mn^{2+} 的检出。

取 1 滴第(2)步的溶液，加入少量 2 mol·L^{-1} HNO_3 及 $NaBiO_3$ 固体，搅匀后静置，溶液变紫红色，表示有 Mn^{2+}。

如果第(2)步溶液中有多余的 H_2O_2，此时它将与 $NaBiO_3$ 发生氧化还原反应，消耗少量 $NaBiO_3$。

(7)$Al(OH)_4^-$ 与 CrO_4^{2-}、$Zn(OH)_4^{2-}$ 的分离及 Al^{3+} 的检出。

取 1mL 第(1)步中的清液 1 于离心管中，加适量饱和 NH_4Cl 溶液至溶液变为弱碱性。水浴加热，产生白色絮状沉淀，且不溶于 2 mol·L^{-1} 氨水，即是 $Al(OH)_3$，表示有 Al^{3+}。为了进一步确证 Al^{3+} 的存在，离心，弃去清液，往沉淀上加几滴 6 mol·L^{-1} HAc 和几滴 3 mol·L^{-1} NH_4Ac，然后加几滴茜素磺酸钠溶液，搅匀，沉淀为红色，证实有 Al^{3+}。

(8)Cr^{3+} 的检出。

用 6 mol·L^{-1} HAc 酸化步骤(1)中余下的清液 1，酸化过程可能见到的白色沉淀为何物？HAc 的量应能使析出的沉淀溶解。留一半溶液检出 Zn^{2+} 用，往其余溶液中加几滴 $0.5\ mol \cdot L^{-1} Pb(Ac)_2$ 溶液，产生黄色沉淀，表示有 CrO_4^{2-}，即原试液中有 Cr^{3+}。

如果清液 1 中有多余的 H_2O_2，在酸性介质中会与 $Cr_2O_7^{2-}$ 反应，减少 $Cr_2O_7^{2-}$，使检出的灵敏度降低。

(9) Zn^{2+} 的检出。

往步骤(8)留下的溶液中，加入等体积的 $(NH_4)_2Hg(SCN)_4$ 溶液，摇动试管，生成白色 $ZnHg(SCN)_4$ 沉淀，表示有 Zn^{2+}。如果现象不明显，用玻棒摩擦试管壁，以破坏过饱和溶液。

写出各步的有关反应式。将现象写在下页流程图相应位置。

2. 测定可能存在的金属离子

测定未知液中可能存在上述哪些金属离子。

3. 设计实验

(1) 有一 Fe^{3+}、Co^{2+} 混合液，设计两种不同类型的实验方法，消除用 SCN^- 检出 Co^{2+} 时 Fe^{3+} 的干扰。并与用 F^- 掩蔽 Fe^{3+} 的方法比较。

(2) 另外设计两种不同类型的实验方法，从 $Al(OH)_4^-$、$Zn(OH)_4^{2-}$、CrO_4^{2-} 混合液中检出 CrO_4^{2-}。

(3) 能否直接用混合离子的试液检出 Fe^{3+}、Co^{2+}、Ni^{2+}、Mn^{2+}？请做对照实验后回答。能否简化本实验的操作？

以上实验均要求说明与方法对应的实验条件和主要步骤，记录与解释现象，写出反应式。

◎思考题

1. 在分离 Fe^{3+}、Co^{2+}、Ni^{2+}、Mn^{2+} 与 Al^{3+}、Cr^{3+}、Zn^{2+} 时，为什么加过量的 NaOH，同时还加 H_2O_2？如果碱加得过多，或多余的 H_2O_2 没有分解完，有何缺点？

2. 为了使 $FeO(OH)$、$CoO(OH)$、$Ni(OH)_2$、$MnO(OH)_2$ 等沉淀溶解，除加 H_2SO_4 外，还要加 H_2O_2，为什么？

3. 检出 CrO_4^{2-}、Zn^{2+} 时，为什么要先用 HAc 酸化溶液？

Fe^{3+}、Co^{2+}、Ni^{2+}、Mn^{2+}、Al^{3+}、Cr^{3+}、Zn^{2+} 的分离与检出流程如图 4-4 所示。

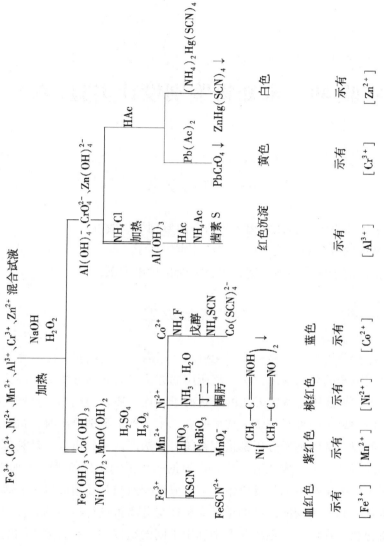

图 4-4 部分阴离子的分离与检出流程

实验 49　未知物鉴别设计实验(六)

一、目的要求

(1) 了解用系统分析法对离子进行分离鉴别的一般方法;

(2) 掌握两酸两碱系统分析法分离鉴别阳离子。

(3) 将阳离子混合溶液分离检出,并给出检出方案。

二、实验原理

无机定性分析就是分离和鉴定无机阴、阳离子。前面实验已经介绍了部分阳离子和阴离子的分离鉴定方法。其所用的方法多为**分别分析法**,即分别取出一定量试液,设法排除鉴定方法的干扰离子,加入适合的试剂,直接进行鉴定的方法。但阳离子的种类较多,常见的有二十多种,个别检出时,很难排除所有干扰,所以一般阳离子分析都采用**系统分析法**。这一分析方法是利用阳离子的某些共同特性,先分成几组,然后再根据阳离子的个别特性逐一加以检出。凡能使一组阳离子在适当的反应条件下生成沉淀而与其他组阳离子分离的试剂称为**组试剂**,利用不同的组试剂把阳离子逐组分离再进行检出的方法叫做**阳离子的系统分析**。在阳离子系统分离中利用不同的组试剂,有很多不同的分组方案。常用的有**硫化氢分析法**和**两酸两碱分析法**(见附录 8)。

在进行阳离子分离鉴别时,首先就是要对各阳离子进行分离,根据其特点选择不同的组试剂(如沉淀剂、氧化还原剂等),然后再针对每组分离出的组分根据其特征反应进行分别分析。每种离子都有其分析特征。所谓分析特征即离子及其主要化合物的外观、颜色、溶解度、酸碱性、氧化还原能力和配位能力等。对分析特征的研究和对比有助于分离方案的指定和对现象的解释。一系列离子的分离鉴定要经过很多次分离，只有当离子完全分离以后才能够利用特征反应确定其存在。

两酸两碱法就是通过两种酸和两种碱对混合液中阳离子组分进行逐步分离方法，相较于传统的硫化氢分组法简单，对环境污染小。所谓两酸指 HCl 和 H_2SO_4；而两碱则指 NaOH 和 $NH_3 \cdot H_2O$。在两酸两碱的依次作用下（HCl-H_2SO_4-NH_3-NaOH），可将常用的二十多种阳离子分为了 5 组，然后每组离子就可利用特征反应进行分离检出，消除干扰。其方案见如表 4-5 所示。

表 4-5　　　　　　　　　两酸两碱系统分组方案简表

	组名称	组试剂	分离依据	对应阳离子
第一组	盐酸组	HCl	氯化物难溶于水	Ag^+、Hg_2^{2+}、Pb^{2+}
第二组	硫酸组	H_2SO_4 + 乙醇	硫酸盐难溶于水	Ba^{2+}、Pb^{2+}、Sr^{2+}、Ca^{2+}
第三组	氨组	NH_3 + NH_4Cl + H_2O_2	在过量氨水中形成难溶于水的氢氧化物	Al^{3+}、Fe^{3+}、Mn^{2+}、Bi^{3+}、Hg^{2+}、Sb^{3+}、Sn^{2+}
第四组	碱组	NaOH	氢氧化物难溶于过量NaOH	Cu^{2+}、Cd^{2+}、Co^{2+}、Ni^{2+}、Mg^{2+}
第五组	可溶组		剩余未被沉淀的离子	Zn^{2+}、K^+、Na^+、NH_4^+

＊其对应离子是除去了位于其前面的各组离子。

在进行分组分离前可先用各离子的特征反应鉴定 NH_4^+、Na^+、Fe^{3+} 和 Fe^{2+}。原因是前两者要在组试剂中加入到体系中，而 Fe^{2+} 则会在分离时被氧化成 Fe^{3+}。

三、实验内容

1. 初步实验

下面以一含有 Pb^{2+}、Ba^{2+}、Al^{3+}、Cu^{2+}、K^+ 五种阳离子的溶液为例，进行分离鉴定。根据各离子特点，拟订方案如下：

a. Pb^{2+} 的检出

取约 5 mL 溶液加入 1 mol·L^{-1}HCl，有沉淀生成。沉淀完全后离心分离得到沉淀和清液。清液留待下一步用。向沉淀中加入 3 mol·L^{-1}NH$_4$Ac，水浴加热，沉淀完全溶解；再加入几滴 0.5 mol·L^{-1}K$_2$Cr$_2$O$_7$，有黄色沉淀产生，表示有 Pb^{2+} 存在。

b. Ba^{2+} 的检出

向步骤 a 分离的清液中加入 1 mol·L^{-1}H$_2$SO$_4$ 和几滴无水乙醇，使溶液中不再有白色沉淀继续生成。离心分离固液。向沉淀中加入 3 mol·L^{-1}NH$_4$Ac，沉淀不溶解。加入 HAc 沉淀溶解，调节溶液 pH = 4～5，加入几滴 K$_2$CrO$_4$，有黄色沉淀生成，表示有 Ba^{2+} 存在。

向上述分离出的清液中加入 K$_2$CrO$_4$，如果有黄色沉淀生成，则证明溶液中还含有(1)步中未沉淀完全的 Pb^{2+}。再次验证了 Pb^{2+} 的存在。

c. Al^{3+} 的检验

取步骤 b 留下的清液，向其中加入 2 mol·L^{-1} NH$_3$·H$_2$O 和 NH$_4$Cl 至沉淀完全。分离得到沉淀和清液。洗净沉淀后向其中加几滴 6 mol·L^{-1}HAc 和几滴 3 mol·L^{-1}NH$_4$Ac 溶液，然后再加几滴茜素 S 溶液，搅匀、沉淀变为红色，证实有 Al^{3+} 存在。

d. Cu^{2+} 的检验

向步骤 c 分离的清液中加入 6 mol·L^{-1}NaOH，有沉淀产生。待沉淀离子沉淀完全后，离心分离。向沉淀中加入 HCl 溶解沉淀，然后加入 2～3 滴 0.1mol·L^{-1}K$_4$[Fe(CN)$_6$]，产生红棕色沉淀，表示有 Cu^{2+} 存在。

e. K$^+$ 的检验

取步骤 d 分离的清液加入 4～5 滴 Na$_3$[Co(NO$_2$)$_6$] 试液，用玻棒搅拌，并摩擦试管内壁，有黄色沉淀生成，表示有 K$^+$ 存在。

2. 设计实验方案，画出流程图

某溶液 A 中可能含有 Ag$^+$、Pb^{2+}、Ca^{2+}、Fe^{3+}、Co^{2+}、Cr^{3+}、Mn^{2+} 和 NH$_4$$^+$ 中的几种，试设计实验方案进行分离检出。画出分离检出的流程图。

Pb^{2+}、Ba^{2+}、Al^{3+}、Cu^{2+}、K$^+$ 分离与检出流程如图 4-5 所示。

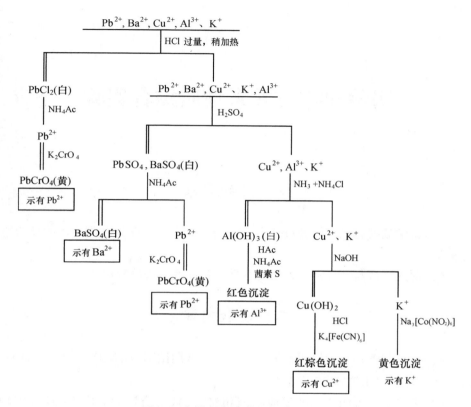

图 4-5　部分阳离子分离与检出流程

实验 50* 元素性质综合实验

一、目的要求

(1)将常见的无机反应进行分类、归纳、对比，并选择有代表性的反应进行实验。

(2)深入了解与掌握常见元素的个性与共性及有关反应规律。

二、实验内容

(1)设计与选择实验说明常见金属离子与常用试剂(如 NaOH、NH$_3$·H$_2$O、Na$_2$CO$_3$、H$_2$S、KI 等)的反应类型。

(2)列举实验说明相同的反应物因相对量(或混合顺序)不同，反应产物不同。

提示：沉淀剂有时又能作为配体，或元素有可变氧化态时常出现这种情况。

(3)归纳酸度对氧化还原反应的方向、产物，氧化剂与还原剂的氧化与还原能力的影响。

(4)请通过实例归纳浓度、温度、催化剂、溶剂等反应条件对反应的影响。

第五部分　综合及研究型实验

综合研究型实验指导

　　综合研究型实验是在学生已掌握了一定的化学理论知识和实验技能的基础上开设的培养学生实验综合能力的一类实验课程。开设综合研究型实验的目的是为了进一步培养学生灵活运用已掌握的理论知识和实验技能的能力、查阅文献的能力、独立进行初步化学研究的能力、在研究过程中发现问题解决问题的能力、团队合作精神和调动学生学习化学实验的兴趣。

　　无机化学综合研究型实验一般在第一和第二学期末开设，学生可选择老师提供的实验项目也可选择自己感兴趣的实验项目。在选定项目后学生通过查阅资料自行设计实验方案并在一定的时间内自行进行实验，可独自进行实验也可组成研究小组共同研究。实验过程中老师起辅助作用，在学生遇到问题或困难时教师可参与讨论并给予一定的指导。实验结束后要求学生以科研论文形式提交项目的研究成果，并根据要求参与班级讨论。

一、要求

　　(1)学生可自由组合成立研究小组，选定课题后撰写实验方案。实验方案以书面报告形式提交，内容包括研究小组人员组成、课题选择及意义、基本实验方案的制订(包括实验的方法、试剂级别、用量、仪器类型、实验时间安排及分工等)和对实验结果的预期等。方案提前一周交与指导教师审阅，指导教师及时反馈意见，学生根据教师意见适当修改实验方案。

　　(2)在实验正式开始前一周向实验预备室提交仪器和药品清单。

　　(3)独立完成实验，要求操作规范，记录详细，实事求是。遇到问题提倡首先自行想办法解决，也可与老师和同学沟通交流。养成严谨的科学态度。在规定时间内无法按时完成研究的，可在周末的开放实验时间完成。实验过程中根据实际实验的结果对方案进行修正和改进。

(4)实验结束后，以论文形式写出实验报告，并在规定时间内以纸质版和电子版两种形式提交。多人合作进行的实验，研究报告必须独立完成，不得相互抄袭。

研究报告内容及格式要求如下：

论文内容包括：

标题　　　　（应简洁明了）

作者姓名　　（所有实验参与者的姓名）

作者单位

摘要　　　　（简述研究目的、方法、结果和结论。主要是结果和结论部分）

关键词　　　（为文献检索选定的，最能反映文章内容的词或词组，一般为3~4个）

引言　　　　（叙述研究问题的意义和方法的创新点）

实验部分　　（主要仪器、试剂和实验方法）

结果与讨论　（研究的结果，并根据结果进行讨论给出结论，数据部分列表或作图，注意表述的条理性）

结论　　　　（简明，扼要地总结研究成果）

致谢　　　　（向对实验给予帮助和支持的人或单位致谢）

参考文献　　（参考文献需对应列出）

英文标题

英文作者姓名

英文关键词

参考文献的书写具体请参照下面的样本，文献在正文中需以上标形式标出（eg. 柠檬酸钠的制备一般有以下几种方法[1]。）在文中按引用的先后顺序编号。文献作者不超过3位时，全部列出；超过3位时只列前3位，后面加"等"。作者姓名之间用"，"分隔。具体格式如下：

【期刊】：序号 作者（姓前名后）. 题目. 刊名，年，卷（期）：起始或起止页码

【书籍】：序号 作者（姓前名后）. 书名. 版次（初版不写）. 出版地：出版社，年（专著中的析出文献应注明起止页码）

e. g. ［1］张俊亭，肖洁. 蔬菜水果残留农药专用清洗剂的研制［J］. 农业环境保护，1999，18（1）：11-13.

［2］科顿，威尔金森. 高等无机化学［M］. 上册. 北京师大译. 北京：人民教育出版社，1980. 196-199

（5）根据教师安排参加综合研究型实验的口头报告。

二、选题参考

1. 由矿石制备无机化合物。如采用孔雀石、天青石、铝土矿和钛铁矿等。
2. 实验室废液如碘液和银液的处理。
3. 由废硫酸锌溶液中制备锌的化合物。
4. 由硫酸亚铁制备铁系颜料。
5. 研究反应条件对化学反应的影响，如温度，浓度，酸度和物质的量等。
6. 无机净水剂的制备及应用。
7. 微型实验的设计。
8. 微波合成法或固相合成法合成简单无机化合物。
9. 对以往实验的改进和探索。
10. 钴（Ⅲ）氨（胺）配合物的合成。
11. 制备纯净的硫酸镍（$NiSO_4 \cdot 7H_2O$）。
12. 铜氨配合物配位数的测定。
13. Fe（Ⅲ），Co（Ⅱ），Ni（Ⅱ）及 Cu（Ⅱ）的纸上层析分离与鉴定。
14. 常温固相反应法合成 Co（Ⅱ）六次甲基四胺配合物及其可逆热致变色性质。
15. 高氯酸镍的制备。
16. 硫酸四氨合铜的制备。
17. 过硼酸钠的制备及性质研究。
18. 高铁酸钾的制备及性质测定。
19. 探究盐桥在电化学反应装置中的工作原理。
20. 纳米氧化铁的制备。
21. 二草酸根合锌酸钾的制备及鉴定。
22. 配合物几何异构体的制备及其性质检验。
23. 配合物几何异构体的制备、异构化速率常数和活化能的测定。
24. 绿矾的综合利用。

25. 水热相转移法制备超细氧化铁。

26. 由碳酸铝铵制备超细氧化铝粉末。

27. 由含钙食物废弃物制备葡萄糖酸钙研究。

28. 柠檬酸钙/铁的制备、表征及工艺技术改进研究。

29. 碘盐制备工艺的改进及碘含量测定。

30. 碱式碳酸铜的制备与表征。

31. 配合物分裂能的测定。

32. 合成配合物[trans-Co(en)$_2$Cl$_2$]SCN,并对所合成的配合物做基本的鉴定。

33. 碘盐制备工艺的改进及碘含量的测定。

34. 热致变色配合物[(CH$_3$CH$_2$)$_2$NH]$_2$CuCl$_4$热力学性质的研究。

35. 对"Cu 循环制备实验"结果分析和实验改进。

36. 合成配合物[trans-Co(en)$_2$Cl$_2$]SCN,并对所合成的配合物做基本的鉴定。

37. 不同 Cu(II)配合物的制备及其谱学性质的研究。

38. CdS 纳米粒子的制备及其粒度测定。

39. 相变储热材料的性能改进。

40. 湿法制备过渡金属硫化物(平衡常数和电极电势的应用)。

研究型实验教学实例

实验 51　从孔雀石制备硫酸铜、焦磷酸铜及其应用

一、实验目的

运用学过的理论知识和实验技术，理论联系实际，设计出经济合理的工艺流程，制备出合格的产品。

二、实验要求

（1）根据矿石含铜量和硫酸铜的溶解度，选择适当的温度和水的用量，计算出处理 30 g 铜矿所需 18 mol·L^{-1} 硫酸的用量。

（2）设计出完整、合理、经济的制备方案，其中包括基本流程的选定、除去杂质所选用的试剂（主要除去铁、硅）和最佳制备条件等实验步骤。

（3）要求制备的 $CuSO_4 \cdot 5H_2O$ 符合国家标准（GB—665—78）。

①$CuSO_4 \cdot 5H_2O$ 含量不少于99.0%

②杂质最高含量

名称	分析纯	化学纯
水不溶物	0.005%	0.01%
氯化物（Cl）	0.001%	0.002%
氮化物（N）	0.001%	0.003%
铁（Fe）	0.003%	0.02%

硫化氢不沉淀物(以硫酸盐计)　　　　0.10%　　　　0.2%

(4)制备焦磷酸铜。配制无氰电镀铜的电镀液，在待镀件上电镀铜。

(5)写出实验报告

三、实验指导

(1)本实验原料为氧化物铜矿——孔雀石，含铜量为50%，含主要杂质为：硅、铁、铝、钙等。

(2)硫酸铜易水解，应在酸性介质中制备。溶液的pH值对反应影响较大。pH>3，Cu^{2+}易水解，生成碱式盐，矿石浸出率不高；pH<2，Fe^{3+}除不干净。

(3)矿石中铁以FeS、FeO形式存在，选择适当的氧化剂和实验条件，除铁。

工业上需用$KMnO_4$作除Fe^{3+}剂，其优点在微酸性条件下，Fe^{2+}与MnO_4^-反应：

$$6Fe^{2+} + 2MnO_4^- + 14H_2O \text{==\!=} 6Fe(OH)_3\downarrow + 2MnO_2 + 10H^+$$

MnO_2与$Fe(OH)_3$共沉淀，易于过滤，除铁效果好，稍有过量，溶液即显微红色，便于掌握，稍过量的$KMnO_4$会自动分解，产物不残留在溶液中。

$$4MnO_4^- + 4H^+ \text{==\!=} 4MnO_2\downarrow + 3O_2\uparrow + 2H_2O$$

不足之处是：除Fe反应中有游离酸产生，使溶液的pH值变小而产生副反应：

$MnO_4^- + 5Fe^{2+} + 8H^+ \text{==\!=} Mn^{2+} + 5Fe^{3+} + 4H_2O$，产物$Mn^{2+}$进入溶液，$Fe^{3+}$水解也不完全。必须不断调pH值，鉴于我们的具体情况，采用H_2O_2为好。

(4)因$Fe(OH)_3$为胶状沉淀，泥沙又多，除加热破坏胶体外可用二层滤纸抽滤，滤液要进行中间检验铁，不合格需重新处理。

结晶出来的产品，抽滤后风干。

(5)制备$Cu_2P_2O_7$铜时，要洗掉影响电镀层质量的SO_4^{2-}。

可用$Cu_2P_2O_7$悬浊液直接来配制电镀液，不必要将$Cu_2P_2O_7$抽干。

(6)$CuSO_4 \cdot 5H_2O$含量测定。

称取0.4g样品，称准至0.0002g，溶于水，移入100mL容量瓶中，稀释至刻度，量取25mL，稀释至100mL，加10mL氨-氯化铵缓冲溶液(pH=10)及0.2g红紫酸铵混合指示剂，摇匀，用浓度为0.02mol·l^{-1}乙二胺四乙酸二钠标准溶液滴定至溶液呈紫蓝色。

$CuSO_4 \cdot 5H_2O$含量x(%)按下式计算

$$x = \frac{v \cdot c \cdot 0.2497}{G \times \dfrac{25}{100}} \times 100$$

式中：v——乙二胺四乙酸二钠标准溶液之用量，mL；

　　　c——乙二胺四乙酸二钠溶液的浓度，$mol \cdot L^{-1}$；

　　　G——样品质量，g；

　　　0.2497——每毫摩尔 $CuSO_4 \cdot 5H_2O$ 的克数。

（7）铁杂质的测定。

称取 0.4g 样品，溶于 20 mL 水中，加 0.5mL 5 $mol \cdot L^{-1}$ 硝酸煮沸 2min，加 1.5g 不含铁的氯化铵，滴加 10% 氨水至生成的沉淀溶解，在水浴上加热 30min，用无灰滤纸过滤，以每 100 mL 水含有 5g 不含铁的氯化铵和 5 mL 氨水的混合液洗涤沉淀至滤纸上蓝色完全消失，再以热水洗涤三次，用 3 mL 6 $mol \cdot L^{-1}$ 热盐酸溶解沉淀，以 10 mL 水洗涤滤纸，收集滤液及洗液，用 10% 氯水中和，稀释至 25 mL，取 10 mL，加 3 滴 6 $mol \cdot L^{-1}$ 盐酸，2 mL 10% 磺基水杨酸溶液，摇匀，再加 5 mL 10% 氨水，稀至 25 mL，摇匀，所呈黄色不得深于标准。

标准是取下列数量的 Fe。

分析纯　0.006mg，　　　化学纯　　0.040mg

（8）无氰电镀。

无氰电镀主要是为了克服含氰电镀对工作人员的危害和减轻对环境的污染发展起来的。无氰镀铜电镀液的主要成分是焦磷酸根合铜配离子 $[Cu(P_2O_7)_2]^{6-}$，其在水溶液中存在平衡：

$$[Cu(P_2O_7)_2]^{6-} \rightleftharpoons Cu^{2+} + 2P_2O_7^{4-}$$

电镀时电极反应：

阴极反应：$Cu^{2+} + 2e = Cu$（主）

　　　　　$2H^+ + 2e = H_2$（次）

阳极反应：$Cu - 2e = Cu^{2+}$（主）

　　　　　$4OH^- - 4e = 2H_2O + O_2$（次）

阴极周围的 Cu^{2+} 被还原形成镀层时，Cu^{2+} 浓度降低，导致 $Cu(P_2O_7)_2^{6-}$ 不断离解。同时阳极周围 Cu 被氧化成 Cu^{2+}，促使 $[Cu(P_2O_7)_2]^{6-}$ 不断生成，扩散到阴极使电镀不断进行。

焦磷酸盐镀铜具有无毒、镀液稳定、镀层均匀紧密的特点。

电镀时镀出的金属晶粒愈致密，防护性能也愈好。影响镀层质量的因素主要是电镀液性质,电流密度,溶液 pH 值及前处理等。

(9)电镀液的配制。

在所得的 $Cu_2P_2O_7$ 悬浊液中加入 24.2g $Na_2P_2O_7$ 固体,搅拌溶解后得深蓝色的含 $[Cu(P_2O_7)_2]^{6-}$ 的溶液(pH 值为 8~9)。补充适量水使总体达到 100 mL 左右。滴加 4~5 滴 30% H_2O_2 以氧化可能存在的 Cu(Ⅰ)。加 0.2g 左右活性炭加热至 60~70℃搅拌,冷却后抽滤以除去有害有机杂质。

在滤液中加入适量柠檬酸晶体(辅助络合剂)使 pH 值达到 7,然后加入适量浓氨水(增加镀层光度),使 pH 值达到 8~8.5。

(10)电镀操作。

将处理好的镀件(镍片或暗镀镍后的铁片)挂在阴极上,根据镀件面积调节阴极电流密度范围为 0.5~0.8A/dm^2,用加热装置维持镀液温度在 40~50℃左右,不断轻轻摇动阴极或溶液进行电镀,3~5min 取出镀件清洗干净,检查镀铜效果。

实验 52　由天青石制备碳酸锶

一、实验目的

(1)在学习完化学基本原理、S 区、P 区元素及其化合物性质的基础上，利用所学习的知识，通过实验进行科学研究，解决实际问题，从而培养独立思考、分析问题和解决问题的能力。

(2)学习查阅文献资料，自己独立设计用复分解法从天青石矿制备 $SrCO_3$ 的试验方案。

(3)综合训练无机制备基本操作。

二、实验要求

(1)通过查阅资料，了解目前国内外研究和生产碳酸锶($SrCO_3$)的情况及社会意义。设计出自己的实验方案。实验方案要有科学性(有理论依据)，有先进性(在原有资料基础上，设计的技术路线要有创新，考虑到防止污染和节约原材料等因素)，有实用性(要理论联系实际，实验设计要考虑生产实际)等。

(2)根据自己设计的实验方案，以 10g 天青石矿粉作原料，详细计算出在实验过程中所需要的其他试剂的量或者浓度(借助于理论计算)。列出详细的所需药品和仪器的清单提交指导教师。

(3)在教师指导下，独立完成实验，要有实验步骤、实验记录和实验数据处理过程。

(4)写出一篇题为"从天青石制备碳酸锶"的研究论文。论文结构要求如下：

①题目。

②研究此课题的意义。

③实验原理。

④实验所需药品、仪器。

⑤实验内容：画出实验方案流程图；实验步骤；每步骤实验的详细反应条件，操作技术要求和记录；有条件比较的实验尽可能用表格表示。

⑥实验中问题与讨论：通过实验结果的分析、研究，你将说明了一个什么问题或得出一个什么结论，不管是成功的或失败的都要有实事求是的科学态度。

⑦结论：对整个研究工作，以简洁的语言下结论，进行优、缺点比较或提出需要进一步研究的问题。

⑧参考资料。

三、实验指导

1. 锶矿成分

本实验用的锶矿为湖北大冶开采的天青石矿，其成分为：

	SrO	CaO	BaO	MgO	Fe	Si	…
百分含量	40%	5%	8%	4%		大量	

2. 碳酸锶生产状况

碳酸锶是我国近年来发展比较快的无机化工产品之一。广泛用于电子工业方面的磁性材料、彩色显像管、陶瓷等行业。我国碳酸锶的年生产能力在两万吨左右。国外几个影响比较大的企业，如：德国年产能力 10 万吨左右；日本年产能力 0.8 万吨；美国年产能力 2.5 万吨。由于电子工业的迅速发展，高纯度的碳酸锶需求量急剧上升，供求矛盾突出。

3. 生产方法

我国锶矿主要有两种：天青石矿($SrSO_4$)和菱锶矿($SrCO_3$)。

主要有两种生产方法：①为还原法(或称黑灰法、干法等)；②为复分解法(或称沉淀转化法、湿法等)。

还原法基本原理：用碳粉混合矿粉后加热焙烧，使硫酸锶还原为水溶性的硫化锶，再用水或稀酸浸取，在浸取液中加碳酸铵或碳酸氢铵得碳酸锶。

$$SrSO_4 + 4C \xrightarrow{\text{焙烧}} SrS + 4CO$$

$$SrS + H_2O + CO_2 \xrightarrow{\quad\quad} SrCO_3 + H_2S\uparrow$$

复分解法基本原理：以碳酸铵（$NH_4)_2CO_3$ 或碳酸氢铵 NH_4HCO_3 与矿粉共煮，在一定条件下转化为碳酸锶。

$$SrSO_4 + CO_3^{2-} = SrCO_3 + SO_4^{2-}$$

$$K_{sp}(SrSO_4) = 3.2 \times 10^{-7}$$

$$K_{sp}(SrCO_3) = 1.1 \times 10^{-10}$$

4. 尚待研究的问题

（1）目前国内外碳酸锶的生产大都采用还原法，此方法的优点是工艺流程短，原料品种少，成本低，但它的锶收率低，H_2S 的污染大，生产量受到限制。国内外的科研工作者在治理 H_2S 污染方面做了大量的工作。此课题需要进一步研究。

（2）复分解法基本上解决了三废治理问题，但原材料品种多，生产成本高，近年来复分解法是研究的热点，主要对降低原材料成本、简化工艺流程和对副产品的循环使用方面做了大量的研究工作。

（3）碳酸锶的纯度有待于进一步提高，以满足高科技电子工业的需要，特别是高纯度的碳酸锶的制备工艺目前属于高新技术。

5. 利用制备出来的碳酸锶可设计实验开发用途

实验 53　无机净水剂的研制与应用

一、目的要求

(1) 查阅资料，①了解我国水资源及水处理现状；②了解目前国内外无机高分子絮凝剂研制的方法。

(2) 设计一种无机高分子絮凝剂的制备方法。

(3) 用东湖水、长江水和实验废水做产品净水效果实验。

(4) 用分光光度法(GB 13200—91)进行水质浊度测定。

二、实验范例

例 1　聚硅酸硫酸铁絮凝剂的制备及应用

聚硅酸金属盐类混凝剂作为新型水处理剂，其研究已成为热点，近年来得到了迅速发展，PSA 是开发最早的品种[1]。目前国内的研究也主要集中在 PSA 上，并取得了一定进展[2]。但 PSA 处理水后残余 Al 对人体健康会有影响。絮凝剂 Fe 盐与 Al 盐相比具有无毒、絮体颗粒沉降速度快等优点，所以，PSFS 的开发利用对水处理具有重要意义。本文重点研究了 PSFS 的制备条件、稳定性及絮凝性能。实验表明 PSFS 具有较好的除浊效果，并有望取代 Al 盐絮凝剂的使用，应用于饮用水的处理中[3]。

1. 实验部分

a. 主要仪器和试剂

82-1 型搅拌器；PHS-3C 型 pH 计；721 型分光光度计；天平；秒表；浊

度计。

20% 的 Na_2SiO_3；3 mol·L^{-1} 的 H_2SO_4；$Fe_2(SO_4)_3$（化学纯）。

b. 液体 PSFS 的制备

取 12 mL 20% 的 Na_2SiO_3 加入 48 mL 蒸馏水，稀释到 SiO_2 浓度为 2.2%，搅拌均匀，边搅拌边滴加 3mol·L^{-1} 的 H_2SO_4，调到一定的 pH 值，用移液管分成 6 份，放置一定时间后，加入不同量的 $Fe_2(SO_4)_3$ 溶液，搅拌使其溶解，得到不同含量比的 PSFS，Fe、Si 比分别为 1∶6，1∶4，1∶3，1∶2，3∶4，1∶1。

c. 固体 PSFS 的制备

取 Fe/Si 比为 1∶2 的不同 pH 值的 PSFS 放于烘箱中，在 67℃烘烤。约 6~8h 后呈深褐色透明固体状，取出。计算产率。

d. 混凝实验

取 60 mL 水样用搅拌器搅拌均匀加入一定量的絮凝剂，在搅拌器上快搅 30s，慢搅 10min，静置 8min，于距上液面 2~3cm 处取清液，测浊度。

实验所用水样为自制混浊水、长江水和染料水。自制混浊水为定量泥土加入 2 000mL 自来水配制而成，浊度为 112NTU，使用前摇匀，以使其浊度保持一致。

2. 实验结果及讨论

(1)不同含量比的 PSFS 除浊效果。
(2)不同 PSFS 用量的除浊能力。
(3)不同 pH 值的 PSFS 的稳定性。
(4)影响 PSFS 的除浊效果的因素。

例2　由铝土矿制聚碱式氯化铝

一、目的要求

(1)了解聚碱式氯化铝的性质与用途。
(2)制备固体聚碱式氯化铝。
(3)产品净水效果实验。

二、原理

聚碱式氯化铝又名碱式氯化铝或聚合铝，其化学通式为

$$[Al_m(OH)_n(H_2O)_x] \cdot Cl_{3m-n}(m=2\sim13,n\leqslant3m)。$$

聚碱式氯化铝易溶于水，其水解产物有强吸附力、高絮凝效果和很快的沉降速度，能除去水中的悬浮颗粒和胶状污染物，还能有效地除去水中的微生物、细菌、藻类及高毒性重金属铬、铅等，为国内外广泛采用的水处理絮凝剂。

铝土矿中含有30%~40%的 Al_2O_3、50%左右的 SiO_2、少于3%的 Fe_2O_3 和少量的 K、Na、Ca、Mg 等元素。先将矿石粉碎，于700℃在马福炉内灼烧2h得熟矿粉。用盐酸浸取熟矿粉，得到 $AlCl_3$ 溶液。取部分 $AlCl_3$ 溶液用氨水调至 pH=6，使之转变成 $Al(OH)_3$ 溶液。再在 $Al(OH)_3$ 中加入 $AlCl_3$ 溶液使之溶解，于60℃保温聚合12h，得到黏稠状液体。液体于90℃烘箱中干燥，制得淡黄色固体即为产品。

因聚合铁也是水处理剂，因而少量 Fe 的存在不影响产品的使用效果。

三、实验内容

1. 制 $AlCl_3$ 溶液

称取8g熟矿粉于100mL磨口锥瓶中，加入4mL水将矿粉润湿，在磁力搅拌器上加热搅拌，并逐滴加入 6 mol·L^{-1} 盐酸，10min内共加入盐酸15mL，并继续搅拌回流一小时后停止。稍冷后将反应物过滤。滤液用一已称重的50mL烧杯收集，并称出 $AlCl_3$ 溶液的质量。

滤渣用60℃热水洗三次，每次约5mL，洗液收集在一个100mL烧杯中。

2. 制 $Al(OH)_3$

将1/2的 $AlCl_3$ 溶液转移到盛洗液的100mL烧杯中，再用水稀释一倍。在不断搅拌下慢慢滴入 6 mol·L^{-1} 氨水，至溶液由稠变稀，不停测量溶液的 pH 值，直至溶液的 pH 值为 6~6.5 为止。过滤 $Al(OH)_3$，并洗至无氨味，滤液留下回收 NH_4Cl，记下氨水的用量。

3. 制聚碱式氯化铝

把 Al(OH)₃ 转移到一个 50mL 烧杯中，并加入剩余的 AlCl₃ 溶液，加热搅拌，直至混合物溶解透明后，于 60℃ 保温聚合 12h。注意不要让水汽进入烧杯中。

聚合后的产品移至有柄蒸发皿中，送入烘箱中 90℃ 干燥。产品为淡黄色固体，易吸潮。称重后及时装入瓶中或放入干燥器内保存。

4. 净水效果实验

取两个 1000mL 烧杯，各加入 1g 泥土，加水至 1000mL，搅拌均匀。在一烧杯中，用玻璃棒蘸一滴聚合好的液体产品，在烧杯中搅拌均匀，观察现象，与另一烧杯对比，记录溶液澄清所需时间并进行水质浊度测定。

四、参考资料

[1]席美云. 无机高分子絮凝剂的开发和研究进展[J]. 环境科学与技术，1999(4)。

[2]万婕. 由铝土矿制聚碱式氯化铝[J]. 大学化学. 1998 年 13 卷，第 3 期。

[3]中华人民共和国国家标准 GB 13200—91。

实验 54   磷石膏的综合利用

一、目的要求

(1)培养学生解决化工生产难题的能力。

(2)培养学生环境保护意识。

(3)设计方案要求。

①工艺简单，成本比较低。

②符合"绿色化学要求"，绝不能引起二次污染。

③经处理后的磷石膏有广泛的应用价值。

(4)查阅资料在实验中心资源网络信息室，进行网上查阅能力的训练。

二、参考资料

席美云. 磷石膏的综合利用. 环境科学与技术，2001(3)

实验 55　纳米材料绿色合成方法的研究

一、目的要求

(1)介绍一种绿色合成方法——流变相反应法。

(2)通过查阅资料了解纳米材料的有关知识。

(3)用流变相反应法合成一种纳米吸波材料或其他化合物。

(4)在实验基础上讨论反应机理。

二、概　　述

纳米材料具有强烈的表面效应和体积效应，可以很好地吸收电磁波。纳米材料作为吸波材料具有频带宽、重量轻、厚度薄等特点，是一种很有前途的高性能、多功能的吸波材料。

绿色化学是近年发展起来的一门新兴学科，P. T. Anastas 和 J. C. Waner 曾提出绿色化学的 12 条原则。这 12 条原则目前为国际化学界所公认，它反映了近年来在绿色化学领域中所开展的多方面的研究工作内容，同时也指明了未来发展绿色化学的方向。其核心是环境友好，从源头阻止污染，它强调的是原料原子的利用率而不单是产率。其特点可概括为八个字：洁净、高效、节能、经济。

作为软化学方法之一的流变相反应法是指将两种或两种以上的固体反应物充分研磨混合均匀，加入适量溶剂，调制成流变态。在该状态下，固体微粒和溶剂充分接触，形成均一体系。然后，将其置于适当条件下反应得到所希望的产物。该制备方法工艺简单、洁净、高效、节能。

三、实验范例

$SnO_2 \cdot Sb$ 纳米吸波材料的合成方法的研究

吸波材料是目前国内外研究的一个热点，它主要用于隐身技术、保温节能技术等领域。

隐身技术是当代军事科学领域中举世瞩目的高新技术之一，它在现代战争中所起的举足轻重的作用，越来越引起世人关注。美国已将吸波材料用于 F-19A、F-117A 隐身战斗机、ATB 隐身轰炸机以及 B-1B、A-7、F-14 等飞机上。尤其是 F-117A 隐身战斗机在海湾、科索沃战争中的使用，海湾战争和科索沃战争的结局，更使世界各国政府注目隐身技术的研究与发展。

由吸波材料制成的太空膜，可透过 80% 的可见光，吸收 80% 的红外线，起到保温节能的作用，可广泛应用于各种重型、轻型车辆挡风玻璃、车窗，铁路列车车窗，写字楼、酒店、住宅玻璃门窗，大型机场、体育馆、游乐场馆等公共设施的门窗，船舶、游艇门窗等。将吸波材料涂敷到织物上，可做成冬季保暖的运动服和夏季凉爽的运动服，并有防静电的作用。$SnO_2 \cdot Sb$ 是一种比较好的纳米吸波材料，具有广泛的应用前景。

本实验是用软化学方法之一的流变相反应法合成 $SnO_2 \cdot Sb$ 并对其性能进行研究性实验。

该实验项目为国家自然科学基金资助项目。

四、实验内容

1. 实验步骤

（1）所用的试剂草酸为化学纯，氧化锡、氧化锑为分析纯。以摩尔比 1:10:11.5 称取一定质量的 Sb_2O_3、SnO_2 和草酸混合并放置在研钵中研细，然后将其移入反应器中，加少量去离子水搅拌，调制成流变态。在 100℃ 左右恒温反应 10h。将样品研细，用水洗去过量的草酸；在烘箱中于 100℃ 烘 10h 至干，置于干燥器中备用。

（2）将先驱物放于瓷坩埚中，置于马弗炉中加热升温至 350℃，恒温 10h，得灰绿色粉末。保存于干燥器中备用。计算产率。

2. 产物的粒度

在 D/MAX-RA 型 X 射线衍射仪上，记录样品的粉末衍射图；在透射电子显微镜上观察并照相；由最终产物的透射电镜照片可测出产物的粒度范围和平均粒度在 20nm 以下，分散性较高。

3. 产物的吸波性能

以 MgO 压片法在 Hitachi UV3400 型紫外-可见分光光度计上记录样品在 400～2500nm 波长上的吸收光谱；在 ShimadzuUV240 紫外-可见分光光度计上，测样品在 400～900nm 的球积分光谱。

由测得的球积分光谱表明在 800～900nm 有明显的吸收，紫外-可见光谱表明产品在 600～1400nm 范围内有吸收。

五、参考文献资料

[1]张克立，陈晨，席美云等. 纳米吸波材料的合成和性能研究. 功能材料，2001：VOl. 32 卷.

[2]张克立，张勇等. 由流变相-先驱物法制备 SnO_2 粉末. 武汉大学学报，2000(3)：232～233.

附　录

1. 无机实验中一些特殊试剂的配制

试剂	浓度 /(mol · L^{-1})	配制方法
$BiCl_3$	0.1	31.6 g $BiCl_3$ 溶于 330 mL 6 mol · L^{-1} HCl 中，再加水稀释至 1L
$CrCl_3$	0.1	26.7 g $CrCl_3$ · $6H_2O$ 溶于 30 mL 6 mol · L^{-1} HCl 中，再加水稀释至 1L
$FeCl_3$	0.5	135.2 g $FeCl_3$ · $6H_2O$ 溶于 100 mL 6 mol · L^{-1} HCl 中，再加水稀释至 1L
$SbCl_3$	0.1	22.8 g $SbCl_3$ 溶于 330 mL 6 mol · L^{-1} HCl 中，再加水稀释至 1L
$SnCl_2$	0.1	22.6 g $SnCl_2$ · $2H_2O$ 加入 330 mL 6 mol · L^{-1} HCl 中加热溶解，再加水稀释至 1L。其后加入数粒纯锡粒，以防止氧化
$Hg(NO_3)_2$	0.1	33.4 g $Hg(NO_3)_2$ · $0.5H_2O$ 溶于 0.6 mol · L^{-1} HNO$_3$ 中，再加水稀释至 1L
$Hg_2(NO_3)_2$	0.1	56.1 g $Hg(NO_3)_2$ · $2H_2O$ 溶于 0.6 mol · L^{-1} HNO$_3$ 中，再加水稀释至 1L
$Pb(NO_3)_2$	0.25	83 g $Pb(NO_3)_2$ 溶于少量水中，加入 15 mL 6 mol · L^{-1} HNO$_3$ 中，再加水稀释至 1L
Na_2S	1	溶解 120 g Na_2S · $9H_2O$ 和 20 g NaOH 于水中，再加水稀释至 1L
$(NH_4)_2S$	3	取一定量的氨水，均分为 2 份，往其中一份中通入 H_2S 气体至饱和，再与另一份氨水混合即可
$(NH_4)_2S_x$		纯硫磺溶于硫化铵溶液中，不断搅拌至饱和，过滤取清液
$(NH_4)_6Mo_7O_{24}$	0.1	溶解 124 g $(NH_4)_6Mo_7O_{24}$ · H_2O 与 1L 水中，将所有溶液倒入 1L 6 mol · L^{-1} HNO$_3$ 中，放置 24h，取清液
$FeSO_4$	0.5	69.5 g $FeSO_4$ · $7H_2O$ 溶于适量水中，加入 5 mL 浓硫酸，再加水稀释至 1L。其后放入小铁钉数枚

试剂	浓度 /(mol·L^{-1})	配制方法
K$_3$[Fe(CN)$_6$]		取0.7~1 g K$_3$[Fe(CN)$_6$]溶于水,稀释至100 mL(随配随用)
Na$_3$[Co(NO$_2$)$_6$]		溶解230 g NaNO$_2$于500 mLH$_2$O中,加入165 mL 6 mol·L^{-1}HAc和30 g Co(NO$_3$)$_2$·6H$_2$O,放置24h,取清液,稀释至1L,并保存于棕色瓶中。(溶液应呈橙色,如为红色则表示已分解,应重新配制)
镁试剂		溶解0.01g 镁试剂于1 L 1 mol·L^{-1}NaOH 溶液中
茜素S		茜素S在乙醇中的饱和溶液
镍试剂		溶解10 g 镍试剂(丁二酮肟)于1 L 95% 乙醇中
奈斯勒试剂		115 g HgI$_2$和80 g KI溶于水,稀释至500 mL,加入500 mL 6 mol·L^{-1} NaOH 溶液,静置后,取清液保存于棕色瓶中
邻二氮菲	2%	将2 g 邻二氮菲先溶于乙醇中,再用水稀释至100 mL
碘液	0.01	1.3 g I$_2$和5 g KI于尽可能少的水中,然后加水稀释至1 L
淀粉溶液	1%	将1 g 淀粉和少量冷水调成糊状,倒入100 mL 沸水中,煮沸后冷却即可
石蕊溶液		2 g 石蕊溶于50 mL 水中,静置24 h后过滤。滤液中加入30 mL 95% 乙醇,再加水稀释至100 mL
品红溶液		0.1%的水溶液
酚酞溶液	0.1%	1 g 酚酞溶于1 L 95% 乙醇中
甲基橙	0.1%	1 g 甲基橙溶于1 L 水中
NH$_3$-NH$_4$Cl 缓冲溶液	pH = 10	20 g NH$_4$Cl 溶于适量水中,加入100 mL 浓氨水,混合后稀释至1 L
盐桥		2 g 琼脂和30 g KCl 加入100 mL 水中,加热并不断搅拌,煮沸数分钟后,趁热倒入U形管中,冷却后即可
淀粉碘化钾试纸(白色)		3 g 淀粉与25 mL 水搅匀,倾入225 mL 沸水中,再加入2 g KI 和1g 无水 Na$_2$CO$_3$,用水稀释至500 mL,将滤纸浸入,取出后放入无氧化性气体处晾干
醋酸铅试纸(白色)		将滤纸浸入3%的醋酸铅溶液中,取出后在无 H$_2$S 气体的条件下晾干
酚酞试纸(白色)		溶解1g 酚酞于100mL 95% 乙醇中,摇荡溶液,同时加入100mL 水,将滤纸放入其中浸渍,取出后置于无氨蒸汽处晾干。

2. 常用酸、碱的浓度

试剂名称	密 度 g·cm^{-3}	质量百分浓度 %	摩尔浓度 mol·L^{-1}
浓硫酸	1.84	98	18
稀硫酸		9	2
浓盐酸	1.19	38	12
稀盐酸	1.10	20	6
稀盐酸	1.03	7	2
浓硝酸	1.41	68	16
稀硝酸	1.2	32	6
稀硝酸	1.07	12	2
浓磷酸	1.7	85	14.7
稀磷酸	1.05	9	1
浓高氯酸	1.67	70	11.6
稀高氯酸	1.12	19	2
浓氢氟酸	1.13	40	23
氢溴酸	1.38	40	7
氢碘酸	1.70	57	7.5
冰醋酸	1.05	99	17.5
稀醋酸	1.04	30	5
稀醋酸	1.02	12	2
浓氢氧化钠	1.44	~41	~14.4
稀氢氧化钠	1.09	8	2
浓氨水	0.91	~28	14.8
稀氨水	0.98	3.5	2
氢氧化钙水溶液		0.15	
氢氧化钡水溶液		2	~0.1

3. 常见弱电解质在水中的电离常数(近似浓度 0.1 ~ 0.01 mol · L^{-1})

化学式	温度℃	级	K	pK
H_3AsO_4	18	1	5.62×10^{-3}	2.25
		2	1.70×10^{-7}	6.77
		3	3.95×10^{-12}	11.60
H_3AsO_3	25	1	6.0×10^{-10}	9.23
H_3BO_3	20	1	7.3×10^{-10}	9.14
$HBrO$	25		2.06×10^{-9}	8.69
$HClO$	18		2.95×10^{-8}	7.53
HCN	25		4.93×10^{-10}	9.31
H_2CO_3	25	1	4.3×10^{-7}	6.37
		2	5.61×10^{-11}	10.25
$H_2C_2O_4$	25	1	5.90×10^{-2}	1.23
		2	6.40×10^{-5}	4.19
H_2CrO_4	25	1	1.8×10^{-1}	0.74
		2	3.20×10^{-7}	6.49
HF	25		3.53×10^{-4}	3.45
HIO	25		2.3×10^{-11}	10.64
HIO_3	25		1.69×10^{-1}	0.77
HIO_4	25		2.3×10^{-2}	1.64
HNO_2	12.5		4.6×10^{-4}	3.37
H_2O_2	25		2.4×10^{-12}	11.62
H_3PO_3	18	1	1.0×10^{-2}	2.00
		2	2.6×10^{-7}	6.59
H_3PO_4	25	1	7.52×10^{-3}	2.12
		2	6.23×10^{-6}	7.21
	18	3	2.2×10^{-13}	12.67
$H_4P_2O_7$	18	1	1.4×10^{-1}	0.85
		2	3.2×10^{-2}	1.49

化学式	温度℃	级	K	pK
		3	1.7×10^{-6}	5.77
		4	6×10^{-9}	8.22
H_2S	18	1	9.1×10^{-8}	7.04
		2	1.1×10^{-12}	11.96
H_2SO_3	18	1	1.54×10^{-12}	1.81
		2	1.02×10^{-7}	6.91
H_2SO_4	25	2	1.20×10^{-2}	1.92
H_2SeO_4	25	2	1.2×10^{-2}	1.92
H_2SeO_3	25	1	3.5×10^{-2}	2.46
		2	5×10^{-8}	7.31
H_2SiO_3	室温	1	2×10^{-10}	9.70
		2	1×10^{-12}	12.00
H_4SiO_4	30	1	2.2×10^{-10}	9.66
		2	2×10^{-12}	11.70
		3	1×10^{-12}	12.00
		4	1×10^{-12}	12.00
HCOOH	25		1.772×10^{-4}	3.75
CH_3COOH	25		1.76×10^{-5}	4.75
C_6H_5COOH	25		6.46×10^{-5}	4.19
$NH_3 \cdot H_2O$	25		1.79×10^{-5}	4.75
AgOH	25		1.1×10^{-4}	3.96
$Ca(OH)_2$	25	1	3.74×10^{-3}	2.43
$Pb(OH)_2$	25		9.6×10^{-4}	3.02
$Zn(OH)_2$	25		9.6×10^{-4}	3.02
$NH_2 \cdot NH_2$	20		1.7×10^{-6}	5.77
NH_2OH	20		1.07×10^{-8}	7.97

4. 常见沉淀物沉淀的 pH 值

（1）金属氢氧化物沉淀的 pH 值

氢氧化物	开始沉淀时的 pH 值		沉淀完全时的 pH 值(残留离子浓度 $< 10^{-5}$ mol $\cdot$ L^{-1})	沉淀开始溶解的 pH 值	沉淀完全溶解时的 pH 值
	初浓度[M^{n+}]				
	1mol $\cdot$ L^{-1}	0.01mol $\cdot$ L^{-1}			
Sn(OH)$_4$	0	0.5	1.0	13	15
TiO(OH)$_2$	0	0.5	2.0		
Sn(OH)$_2$	0.9	2.1	4.7	10	13.5
HgO	1.3	2.4	5.0	11.5	
Fe(OH)$_3$	1.5	2.3	4.1	14	
Al(OH)$_3$	3.3	4.0	5.2	7.8	10.8
Cr(OH)$_3$	4.0	4.9	6.8	12	15
Be(OH)$_2$	5.2	6.2	8.8		
Zn(OH)$_2$	5.4	6.4	8.0	10.5	12~13
Ag$_2$O	6.2	8.2	11.2	12.7	
Fe(OH)$_2$	6.5	7.5	9.7	13.5	
Co(OH)$_2$	6.6	7.6	9.2	14.1	
Ni(OH)$_2$	6.7	7.7	9.5		
Cd(OH)$_2$	7.2	8.2	9.7		
Mn(OH)$_2$	7.8	8.8	10.4	14	
Mg(OH)$_2$	9.4	10.4	12.4		
Pb(OH)$_2$		7.2	8.7	10	13
Ce(OH)$_4$		0.8	1.2		
Tl(OH)$_3$		0.6	~1.6		
稀土		6.8~8.5	~9.5		

(2)沉淀金属硫化物的 pH 值

pH 值	被 H₂S 沉淀的金属
1	Cu、Ag、Hg、Pb、Bi、Cd、Rh、Pd、Os As、Au、Pt、Sb、Se、Mo、Ir、Ge、Te
2 ~ 3	Zn、Tl
5 ~ 6	Co、Ni
>7	Mn、Fe

(3)在溶液中硫化物沉淀时的盐酸最高浓度

硫化物	Ag_2S	HgS	CuS	Sb_2S_3	Bi_2S_3	SnS_2	CdS	PbS
盐酸浓度 $mol \cdot L^{-1}$	12	7.5	7.0	3.7	2.5	2.3	0.7	0.35
	SnS	ZnS	CoS	NiS	FeS	MnS		
	0.30	0.02	0.001	0.001	0.0001	0.00008		

5. 部分无机盐在水中的溶解度顺序

溶解度顺序均按 25℃ 的数值排列，单位为 $mol \cdot L^{-1} \cdot$ 水；数值后注有"Ks"的，单位为 $mol \cdot kg^{-1} \cdot$ 水；注有"1"的，单位为 $mol \cdot L^{-1} \cdot$ 水溶液。

Ag^+

S^{2-}	$< I^-$	$< Br^-$	$< CNS^-$	$< CN^-$
3×10^{-17}	1.2×10^{-8}	4.5×10^{-7}	8.5×10^{-7}	1.6×10^{-6}
$< Cl^-$	$< VO_4^{2-}$	$< Fe(CN)_6^{3-}$	$< AsO_4^{3-}$	$\approx PO_4^{3-}$
1.1×10^{-5}				1.5×10^{-5}
$< CrO_4^{2-}$	$\approx OH^-$	$< CO_3^{2-}$	$\approx C_2O_4^{2-}$	$\approx IO_3^-$, MnO_4^-
7.8×10^{-5}	9.1×10^{-5}	1.2×10^{-4}	1.3×10^{-4}	1.4×10^{-4}
$< Cr_2O_7^{2-}$	$< WO_4^{2-}$	$< BrO_3^-$	$< NO_2^-$	$< SO_4^{2-}$
	1.9×10^{-4}	6.7×10^{-3}	2.2×10^{-2}	2.5×10^{-2}
$< CH_3COO^-$	$< ClO_3^-$	$\ll NO_3^-$	$< F^-$	
6.2×10^{-2}	0.532	13	13.5	

Al^{3+}

$TeO_4^{2-} \approx OH^-$	$< PO_4^{3-}$	$< AsO_4^{3-}$	$< VO_4^{3-}$	$< WO_4^{2-}$	$< MoO_4^{2-}$
1.2×10^{-11}				0.0007	
$< Fe(CN)_6^{4-}$	$< SO_4^{2-}$	$< NO_3^-$	$< Cl^-$		
	0.78	3.4	3.5		

Ba^{2+}

SO_4^{2-}	$< CrO_4^{2-}$	$< CO_3^{2-}$	$< MoO_4^{2-}$	$< C_2O_4^{2-}$	$< SeO_4^{2-}$
1.1×10^{-5}	1.5×10^{-5}	10^{-4}	2×10^{-4}	3.9×10^{-4}	4.2×10^{-4}
$< IO_3^-$	$< AsO_4^{3-}$	$< WO_4^{2-}$	$< Fe(CN)_6^{4-}$	$< K_2Fe(CN)_6^{2-}$	$< F^-$
4.5×10^{-4}	8×10^{-4}	1.3×10^{-3}	2.1×10^{-3}	6.4×10^{-3}	9.2×10^{-3}

$< BrO_3^-$	$< OH^-$	$< NO_3^-$	$< ClO_3^-$	$< Cl^-$	$< NO_2^-$	$< CH_3COO^-$	$< Br^-$
0.017	0.23	0.35	1.1^1	1.7	1.8^{Ks}	2.9	3.5

$< ClO_4^-$	$< CN^-$	$< I^-$
4.2^1	4.2	5.2

Be^{2+}

OH^-	$< AsO_4^{3-}$	$< PO_4^{3-}$	$< CO_3^{2-}$	$< VO_4^{3-}$	$< Fe(CN)_6^{4-}$	$< WO_4^{2-}$
4×10^{-7}				4.8×10^{-4}		
$< MoO_4^{2-}$	$< ClO_4^-$	$< SO_4^{2-}$	$\approx C_2O_4^{2-}$	$< Cl^-$	$< NO_3^-$	
	2.8	4.2	4.2		7.9	

Bi^{3+}

S^{2-}	$< OH^-$	$< SO_4^{2-}$	$\ll H(NO_3)_2^-$	$\approx HCl_2^-$
10^{-15}	10^{-6}			10

Ca^{2+}

$C_2O_4^{2-}$	$< F^-$	$< PO_4^{3-}$	$< SO_4^{2-}$	$< CO_3^{2-}$	$< IO_3^-$
4.4×10^{-5}	2.1×10^{-4}	3.2×10^{-4}	3.6×10^{-4}	6.5×10^{-4}	0.0061
$< WO_4^{2-}$	$< (NH_4)_2Fe(CN)_6^{2-}$	$< K_2Fe(CN)_6^{2-}$	$< SO_3^{2-}$	$< OH^-$	
0.007	0.009	0.012	0.015	0.022	
$< CrO_4^{2-}$	$< CH_3COO^-$	$< I^-$	$< BrO_3^-$	$< NO_3^-$	$< ClO_3^-$
1.1	2.2	2.3^{Ks}	2.9	3.3^{Ks}	8.6

Cd^{2+}

S^{2-}	$< OH^-$	$< C_2O_4^{2-}$	$< WO_4^{2-}$	$< CN^-$	$< F^-$
6×10^{-15}	1.8×10^{-5}	1.7×10^{-4}	1.3×10^{-3}	0.10	0.27^1
$< I^-$	$< BrO_3^-$	$< Br^-$	$< SO_4^{2-}$	$< NO_3^-$	$< Cl^-$
2.4	3.2	3.5	3.7	5.3	7.3
$< ClO_3^-$					
15.3					

Ce^{3+}

PO_4^{3-}	$< VO_4^{3-}$	$< C_2O_4^{2-}$	$< OH^-$	$< CO_3^{2-}$	$< AsO_4^{3-}$
		8×10^{-7}	4.9×10^{-6}		
$< Fe(CN)_6^{4-}$	$< IO_3^-$	$< SO_4^{2-}$	$< CH_3COO^-$	$< Cl^-$	$< NO_3^-$
10^{-3}	0.002^1	0.17	0.76		1.5

Co^{2+}

S^{2-}	$< OH^-$	$< Fe(CN)_6^{4-}$	$< AsO_4^{3-}$	$< VO_4^{3-}$	$< PO_4^{3-}$
4.2×10^{-8}	5×10^{-5}				
$< CO_3^{2-}$	$< WO_4^{2-}$	$< MoO_4^{2-}$	$< IO_3^-$	$< F^-$	$< BrO_3^-$
	0.0065		0.026	0.24	1.1
$< I^-$	$< SO_4^{2-}$	$< Cl^-$	$< Br^-$	$< ClO_4^-$	NO_3^-
2.1^{Ks}	2.3	2.6^{Ks}	3^{Ks}	4	5.4
$< ClO_3^-$					
8					

Cr^{3+}

OH^-	$< PO_4^{3-}$	$< VO_4^{3-}$	$< AsO_4^{3-}$	$< WO_4^{2-}$	$< MoO_4^{2-}$
10^{-10}					
$< Fe(CN)_6^{4-}$	$< SO_4^{2-}$	$< NO_3^-$	$\approx Cl^-$		

Cu^{2+}

S^{2-}	$< OH^-$	$< Fe(CN)_6^{4-}$	$< PO_4^{3-}$	$< AsO_4^{3-}$	$\approx CO_3^{2-}$
9.2×10^{-23}					
$< VO_4^{3-}$	$< C_2O_4^{2-}$	$< WO_4^{2-}$	$< MoO_4^{2-}$	$< IO_3^-$	$< I^-$
	0.00016	0.0032		0.0033	0.035
$< SO_4^{2-}$	$< Cl^-$	$< NO_3^-$	$< ClO_3^-$		
1.3	3.2	6.7	7.1		

Fe^{2+}

S^{2-}	$< OH^-$	$< C_2O_4^{2-}$	$< SO_4^{2-}$	$< Br^-$	$< Cl^-$
3.9×10^{-10}	7.4×10^{-5}	5.4×10^{-4}	1.8	2.5^{Ks}	3.3^{Ks}

Fe^{3+}

S^{2-}	$< OH^-$	$< PO_4^{3-}$	$< VO_4^{3-}$	$< AsO_4^{3-}$	$< Fe(CN)_6^{4-}$
10^{-11}	10^{-10}				
$< WO_4^{2-}$	$< MoO_4^{2-}$	$\ll SO_4^{2-}$	$< Cl^-$	$< NO_3^-$	

Hg_2^{2-}

I^-	$< Br^-$	$< Cl^-$	$< SO_4^{2-}$	$< CH_3COO^-$	$< WO_4^{2-}$	$< NO_3^-$
3×10^{-10}	7×10^{-8}	8×10^{-8}	1.2×10^{-2}	0.014	0.015	

Hg^{2+}

S^{2-}	$< I^-$	$< HgO$	$< Br^-$	$< Cl^-$	$< CN^-$	$< CH_3COO$	$< NO_3^-$
6.3×10^{-27}	1.2×10^{-4}	2×10^{-4}	0.017	0.22^{Ks}	0.49	0.97	

K^+

$K_3PO_4 \cdot 12MoO_3$	$< NaCo(NO_2)_6^{2-}$	$\approx PtCl_6^{2-}$	$\approx IO_4^-$	$< SiF_6^{2-}$	
4×10^{-6}		0.028	0.029	0.053	
$< ClO_4^-$	$< IO_3^-$	$< MnO_4^-$	$< BrO_3^-$	$< Cr_2O_7^{2-}$	$< ClO_3^-$	$< SO_4^{2-}$
0.13	0.38	0.4	0.4	0.41	0.6	0.64
$< Fe(CN)_6^{4-}$	$< Fe(CN)_6^{3-}$	$< WO_4^{2-}$	$< SbS_4^{3-}$	$< HCO_3^-$	$< NO_3^-$
0.68	1.3	1.6	2.1^{Ks}	2.5^{Ks}	3.1
$< CrO_4^{2-}$	$< HSO_4^-$	$< CO_3^{2-}$	$< Cl^-$	$< Br^-$	$< SCN^-$	$< MoO_4^{2-}$
3.3	3.8	3.8^{Ks}	4.5	5.5	7.1	7.8
$< S_2O_3^{2-}$	$< I^-$	$< NO_2^-$	$< F^-$	$< CN^-$	$< OH^-$	$< CH_3COO^-$
8.2	8.7	8.8^{Ks}	17	19	20	26

La^{3+}

PO_4^{3-}	$< OH^-$	$\approx CO_3^{2-}$	$\approx C_2O_4^{2-}$	$< WO_4^{2-}$	$< MoO_4^{2-}$	$< IO_3^-$
		1.2×10^{-6}	1.4×10^{-6}		2.4×10^{-5}	0.001
$< SO_4^{2-}$	$< Cl^-$	$< BrO_3^-$	$< NO_3^-$			
0.047		0.55	1.9^{Ks}			

Li$^+$

PO$_4^{3-}$	<F$^-$	<CO$_3^{2-}$	<HCO$_3^-$	<SO$_4^{2-}$	<IO$_3^-$	<OH$^-$	<Cr$_2$O$_7^{2-}$
0.0035	0.1	0.18	0.82	2.3^{Ks}	4.4	5.3	5.7

≈MnO$_4^-$	<NO$_3^-$	<CrO$_4^{2-}$	<NO$_2^-$	<BrO$_3^-$	<I$^-$	<Cl$^-$	<Br$^-$	<ClO$^-$
5.7	5.9^{Ks}	8.5						

Mg^{2+}

OH$^-$	<F$^-$	<C$_2$O$_4^{2-}$	<K$_2$Fe(CN)$_6^{2-}$	<(NH$_4$)$_2$Fe(CN)$_6^{2-}$
0.00016	0.0013	0.0028	0.0062	0.0091

<SO$_3^{2-}$	<MoO$_4^{2-}$	<IO$_3^-$	<BrO$_3^-$	<I$^-$	<SO$_4^{2-}$	<NO$_3^-$
0.096	0.3	0.31	1.5^1	2.1^{Ks}	2.6	4.9

<CrO$_4^{2-}$
5.2

Mn^{2+}

S^{2-}	<OH$^-$	<CO$_3^{2-}$	<WO$_4^{2-}$	≈IO$_3^-$	<Br$^-$	<SO$_4^{2-}$
3.8×10^{-8}	2.2×10^{-5}	5.7×10^{-4}	0.012	0.012	2.8^1	4.2

<Cl$^-$	<NO$_3^-$	<ClO$_4^-$
5.9	7.5	8.1

Na$^+$

TeO$_4^{2-}$	<SiF$_6^{2-}$	<C$_2$O$_4^{2-}$	<IO$_4^-$	<AsO$_4^{3-}$	<HPO$_4^{2-}$	<Fe(CN)$_6^{4-}$
0.032	0.035	0.28	0.31	0.5^{Ks}	0.54	0.59

<SbS$_4^{3-}$	<PO$_4^{3-}$	<F$^-$	<HCO$_3^-$	<SO$_4^{2-}$	<HAsO$_4^{2-}$	<VO$_4^{3-}$
0.61	0.67	1.0	1.1	1.4	1.5	1.7

<CO$_3^{2-}$	≈SO$_3^{2-}$	<S^{2-}	<SeO$_4^{2-}$	<BrO$_3^-$	<WO$_4^{2-}$	<MoO$_4^{2-}$
2.0	2.0	2.1^{Ks}	2.2	2.3	2.5	3.2

<S$_2$O$_3^{2-}$	<Br$^-$	<CrO$_4^{2-}$	<CH$_3$COO$^-$	<Cl$^-$	<NO$_2^-$	<Cr$_2$O$_7^{2-}$
4.4	4.6	5.6	5.7	6.2	6.6^{Ks}	6.8

<H$_2$PO$_4^-$	<ClO$_4^-$	<ClO$_3^-$	<NO$_3^-$	<I$^-$	<OH$^-$
7.1	8.8^1	9.5	10	12	27

NH$_4^+$

(NH$_4$)$_3$PO$_4$·12MoO$_3$	<NH$_4$MgPO$_4$	≈NaCo(NO$_2$)$_6^{2-}$	≈PtCl$_6^{2-}$
	0.0038		

续表

$< VO_3^{2-}$	$< SeO_4^{2-}$	$< IO_4^-$	$< MoO_4^{2-}$	$< IO_3^-$	$< C_2O_4^{2-}$	$< SiF_6^{2-}$
0.037	0.13	0.19	0.22^{Ks}	0.34^{Ks}	约0.058	1

$< Cr_2O_7^{2-}$	$< SbS_4^{3-}$	$< ClO_4^-$	$< CrO_4^{2-}$	$< HCO_3^-$	$< SO_4^{2-}$	$< Cl^-$

$< Br^-$	$< CNS^-$	$< HPO_4^{2-}$	$< I^-$	$< NO_3^-$
7.7	8.3^{Ks}	9.9	12	24

Ni^{2+}

S^{2-}	$< OH^-$	$< Fe\,(CN)_6^{4-}$	$< AsO_4^{3-}$	$< VO_4^{3-}$	$< PO_4^{3-}$	$\approx CO_3^{2-}$
1.2×10^{-11}	10^{-5}					7.8×10^{-4}

$< WO_4^{2-}$	$< MoO_4^{2-}$	$< IO_3^-$	$< BrO_3^-$	$< I^-$	$< SO_4^{2-}$	$< Br^-$	$< Cl^-$
0.0028		0.025	0.88	1.9^{Ks}	2.5	2.6^{Ks}	3

$< ClO_3^-$	$< NO_3^-$	$< ClO_4^-$
4.3	5.3	5.8

Pb^{2+}

S^{2-}	$< PO_4^{3-}$	$< CrO_4^{2-}$	$< VO_4^{3-}$	$< CO_3^{2-}$	$< MoO_4^{2-}$	$< OH^-$
2×10^{-14}	1.7×10^{-7}	2.1×10^{-7}		6×10^{-6}		3×10^{-5}

$< WO_4^{2-}$	$< Fe\,(CN)_6^{4-}$	$< SO_4^{2-}$	$< I^-$	$< F^-$	$< Br^-$
	10^{-4}	1.4×10^{-4}	1.7×10^{-3}	2.6×10^{-3}	2.7×10^{-2}

$< BrO_3^-$	$< Cl^-$	$< CH_3COO^-$	$\approx NO_3^-$	$< ClO_3^-$
2.9×10^{-2}	0.039	1.7	1.7	4.1

Sb^{3+}

S^{2-}	$< OH^-$	$< SO_4^{2-}$	$\ll HCl_2^-$	$< HF_2^-$
10^{-14}	10^{-7}			25

Sn^{2+}

S^{2-}	$< PO_4^{3-}$	$< OH^-$	$< I^-$	$< SO_4^{2-}$	$< HCl_2^-$
10^{-14}		10^{-6}	0.026	0.88	14

Sn^{4+}

S^{2-}	$< PO_4^{3-}$	$< OH^-$	$\ll NO_3^-$	$< SO_4^{2-}$	$\ll Cl^-$
		约10^{-11}			

Sr^{2+}

CO_3^{2-}	$<C_2O_4^{2-}$	$<MoO_4^{2-}$	$<IO_3^-$	$<SO_4^{2-}$		
7.4×10^{-5}	2.6×10^{-4}	4.2×10^{-4}	5.9×10^{-4}	6.2×10^{-4}		
$<F^-$	$<WO_4^{2-}$	$<CrO_4^{2-}$	$<OH^-$	$<MnO_4^-$	$<BrO_3^-$	
9.3×10^{-4}	4.3×10^{-3}	5.9×10^{-3}	0.065	0.08	0.91	
$<CH_3COO^-$	$<NO_3^-$	$<NO_2^-$	$<Cl^-$	$<Br^-$	$<I^-$	$<ClO_3^-$
2	2.9	3.3	3.3	4.1	5.2	6.8

Ti^{4+}

S^{2-}	$<I^-$	$<CrO_4^{2-}$	$<Br^-$	$<VO_4^{3-}$	$<Fe(CN)_6^{4-}$	
2.2×10^{-8}	1.8×10^{-4}	5.7×10^{-4}	0.0015		0.0037	
$<PO_4^{3-}$	$<BrO_3^-$	$<SCN^-$	$<Cl^-$	$<C_2O_4^{2-}$	$<SO_3^{2-}$	$<SO_4^{2-}$
0.007	0.01	0.012	0.014	0.032	0.069	0.097
$<CO_3^{2-}$	$<ClO_3^-$	$<ClO_4^-$	$<NO_3^-$	$<CN^-$	$<OH^-$	$<F^-$
0.11	0.14	0.33	0.36	0.73	1.6	3.6

Zn^{2+}

S^{2-}	$<C_2O_4^{2-}$	$<OH^-$	$<CO_3^{2-}$	$<WO_3^{2-}$	
3.5×10^{-12}	4.2×10^{-5}	5.2×10^{-5}	1.6×10^{-4}	6×10^{-3}	
$<SO_3^{2-}$	$<IO_3^-$	$<F^-$	$<CH_3COO^-$	$<SO_4^{2-}$	$<NO_3^-$
8.8×10^{-3}	0.02	0.16	1.4^{Ks}	3.1	6.1
$<ClO_3^-$	$<I^-$	$<Br^-$	$<Cl^-$		
8.6	13.6	19.5	29		

6. 不同温度下若干常见无机化合物的溶解度（g/100g 水）

物质	固相	0℃	10℃	20℃	30℃	40℃	50℃	60℃	70℃	80℃	90℃	100℃
Ag_3AsO_3				0.00115								
Ag_3AsO_4				0.00085								
$AgBr$				8.4×10^{-6}								0.002
$AgCl$			8.9×10^{-5}	1.5×10^{-4}		0.0005						
$AgCN$				2.2×10^{-5}								
Ag_2CO_3				3.2×10^{-3}								0.05
Ag_2CrO_4		1.4×10^{-3}			3.6×10^{-3}		5.3×10^{-3}		8×10^{-3}				1.1×10^{-2}
AgF		85.9	120	174	190	203						
$Ag_3Fe(CN)_6$				6.6×10^{-5}				3.0×10^{-6}				
AgI					3.0×10^{-7}							
$AgIO_3$			3×10^{-3}	4×10^{-3}				1.8×10^{-2}				
$AgMnO_4$		0.55			1.69 (28.5℃)							
$AgNO_2$		0.155	0.220	0.340	0.51	0.715	0.995	1.363				
$AgNO_3$		122	170	222	300							
Ag_3PO_4				6.5×10^{-4} (19.5℃)								
Ag_2S				1.3×10^{-16}								
Ag_2SO_4		0.57	0.70	0.80	0.89	0.98	1.08	1.15	1.22	1.30	1.36	1.41
$AlCl_3$	$6H_2O$			69.86 (15℃)								

续表

物质	固相	0℃	10℃	20℃	30℃	40℃	50℃	60℃	70℃	80℃	90℃	100℃
$Al_2(SO_4)_3$	$18H_2O$	31.2	33.5	36.4	40.4	46.1	52.2	59.2	66.1	73.0	80.8	89.0
As_2O_3		1.20	1.49	1.82	2.31	2.93		4.31		6.11		8.2
As_2O_5		59.5	62.1	65.8	69.5	71.2		73.0		75.1		76.7
As_2S_3				5.17×10^{-5} (18℃)								
$BaCl_2$	$2H_2O$	31.6	33.3	35.7	38.2	40.7	43.6	46.4	49.4	52.4		58.8
$BaCO_3$			0.0016 (8℃)	0.0022 (18℃)	0.0024 (24.2℃)							
BaC_2O_4			0.0093 (18℃)									
$BaCrO_4$		2×10^{-4}	2.8×10^{-4}	3.7×10^{-4}	4.6×10^{-4}							0.0228
BaI_2	$2H_2O$	182	201	223	250			264			291	301
$Ba(IO_3)_2$	$1H_2O$	0.008	0.014	0.022	0.031	0.041	0.056	0.074	0.093	0.115	0.141	0.197
$Ba(NO_3)_2$		5.0	7.0	9.2	11.6	14.2	17.1	20.3		27.0		34.2
$Ba(OH)_2$	$8H_2O$	1.67	2.48	3.89	5.59	8.22	13.12	20.94		101.4		
BaS		2.88	4.89	7.86	10.38	14.89		27.69		49.91	67.34	60.29
$BaSO_3$				0.02						0.002		
$BaSO_4$	$1H_2O$	1.15×10^{-4}	2.0×10^{-4}	2.4×10^{-4}	2.85×10^{-4}		3.36×10^{-4}					4.13×10^{-4}
BaS_2O_3				0.208								
$BeSO_4$	$6H_2O$				52		60.67					

续表

物质	固相	0℃	10℃	20℃	30℃	40℃	50℃	60℃	70℃	80℃	90℃	100℃
	$4H_2O$				43.78	46.74			62		83	100
	$2H_2O$									84.76	98	110
Bi_2S_3				1.8×10^{-5} (18℃)								
Br_2		4.22	3.4	3.2	3.13							
$Ca(C_2H_3O_2)_2$	$2H_2O$	37.4	36.0	34.7	33.8	33.2		32.7				
	$1H_2O$									33.5	31.1	29.7
$CaCl_2$	$6H_2O$	59.5	65.0	74.5	102							
	$2H_2O$							136.8	141.7	147.0	152.7	159
CaC_2O_4			6.7×10^{-4} (13℃)	6.8×10^{-4} (25℃)			9.5×10^{-4}					
$CaCO_3$				0.0013								
$CaCrO_4$		4.5		2.25	1.83	1.49		0.83				
CaF_2			1.6×10^{-3} (18℃)	1.7×10^{-3} (26℃)								
$Ca(HCO_3)_2$		16.15		16.60		17.05		17.50		17.95		18.40
$CaHPO_4$	$2H_2O$			3.16×10^{-2}								7.5×10^{-2}
$Ca(H_2PO_4)_2$	$1H_2O$			1.8								12.5
CaI_2												
$Ca(IO_3)_2$	$6H_2O$	0.10	0.17		0.42	0.61	0.90	1.38				

续表

物质	固相	0℃	10℃	20℃	30℃	40℃	50℃	60℃	70℃	80℃	90℃	100℃
$Ca(NO_2)_2$	$1H_2O$	62.07		76.68		0.52	0.59	0.65		0.80		0.95
$Ca(NO_3)_2$	$4H_2O$	102.0	115.3	129.3	152.6	195.9		132.6	151.9		244.8	
	$2H_2O$					237.5	281.5			358.7		363.6
$Ca_3(PO_4)_2$				0.002(冷水)								
$Ca(OH)_2$		0.185	0.176	0.165	0.153	0.141	0.128	0.116	0.106	0.094	0.085	0.077
$CaSO_4$	$2H_2O$	0.1759	0.1928		0.2090	0.2097	0.2038		0.1966			0.1619
$CdCl_2$	$1H_2O$		135.1	134.5		135.3		136.5		140.4		147.0
CdI_2		78.7		84.7	87.9	92.1		100		111		125
CdS												
$CdSO_4$		75.4	76.0	76.6		78.5		81.8		66.7	63.1	60.8
Cl_2 (101.3kPa)		1.46	0.98	0.716	0.562	0.451	0.386	0.324	0.274	0.219	0.125	0
CO (101.3kPa)		4.4×10^{-3}	3.5×10^{-3}	2.8×10^{-3}	2.4×10^{-3}	2.1×10^{-3}	1.8×10^{-3}	1.5×10^{-3}	1.3×10^{-3}	1.0×10^{-3}	6×10^{-4}	0
CO_2 (101.3kPa)		0.3346	0.2318	0.1688	0.1257	0.0973	0.0761	0.0579				

续表

物质	固相	0℃	10℃	20℃	30℃	40℃	50℃	60℃	70℃	80℃	90℃	100℃
$CoCl_2$	$6H_2O$	41.6	46.0	50.4	53.5	69.5	88.7	90.5		98.0		
	$1H_2O$											104.1
$Co(NO_3)_2$	$6H_2O$	84.03		100.0								
	$3H_2O$					126.8					334.9	
CoS			3.79×10^{-4} (18℃)									
$CoSO_4$	$7H_2O$	25.55	30.55	36.21	42.26	48.85	55.2	60.4	65.7	70		83
CrO_3		164.9				174.0	182.1	163.2	184.8	212.5	217.5	206.8
$CsCl$		161.4	174.7	186.5	197.3	208.0	218.5	229.7	239.5	250.0	260.1	270.5
$CuCl$				1.52 (25℃)								
$CuCl_2$	$2H_2O$	70.7	73.76	77.0	80.34	83.8	87.44	91.2		99.2		107.9
$CuCl_2$				1.107								
$Cu(IO_3)_2$				0.1364 (15℃)	0.14 (25℃)							
	$1H_2O$			0.33 (15℃)								
$Cu(NO_3)_2$	$6H_2O$	81.8	95.28	125.1								
	$3H_2O$					159.8		178.8		207.8		
CuS				3.3×10^{-5} (18℃)								0.65

续表

物质	固相	0℃	10℃	20℃	30℃	40℃	50℃	60℃	70℃	80℃	90℃	100℃
$CuSO_4$	$5H_2O$	14.3		20.7		28.5		40.0		55.0		75.4
$FeCl_2$	$6H_2O$	23.1	27.5	32.0	37.8	44.6		61.8		83.8		114
$FeCl_3$	$6H_2O$	49.7	59.0	62.5	66.7	70.0		78.3		88.7	92.3	94.9
FeC_2O_4	$2H_2O$	74.4	81.9	91.8	106.8		315.1			525.8		535.7
FeF_3				0.044 (18℃)	0.091 (25℃)							
$Fe(NO_3)_2$	$6H_2O$	71.02		83.8				165.6				
$Fe(NO_3)_3$	$9H_2O$	112.0		137.7		175.0						
$Fe(OH)_2$				1.5×10^{-4} (18℃)								
FeS				6.16×10^{-4} (18℃)								
$FeSO_4$	$7H_2O$	15.65	20.51	26.5	32.9	40.2	48.6					
	$1H_2O$								50.9	43.6	37.3	
HBr (101.3 kPa)	$2H_2O$	221.2	210.03	198			171.5		79.9			
		28.85	40.0	48.0	60.0	73.3						
HCl (101.3 kPa)		82.3			67.3	63.3	59.6	56.1				

续表

物质	固相	0℃	10℃	20℃	30℃	40℃	50℃	60℃	70℃	80℃	90℃	100℃
$HgCl_2$		3.6	4.8	6.5	8.3	10.2		16.2		30.0		61.3
Hg_2Cl_2					2×10^{-4} (25℃)	1×10^{-3} (43℃)						
HgI_2					0.01 (25℃)							
Hg_2I_2					2×10^{-3} (25℃)							
$Hg(NH_2)Cl$				0.14 (冷水)								
HgO					5×10^{-3} (25℃)			31.6				
$H_2C_2O_4$					10.2 (25℃)							
I_2				0.029	0.04	0.056	0.078					
KBr		53.5	59.5	65.2	70.6	75.5	80.2	85.5	90.0	95.0	99.2	104.0
$KBrO_3$		3.1	4.8	6.9	9.5	13.2	17.5	22.7		34.0		50.0
KCl		27.6	31.0	34.0	37.0	40.0	42.6	45.5	48.3	51.1	54.0	56.7
$KClO_3$		3.3	5	7.4	10.5	14	19.3	24.5		38.5		57
$KClO_4$		0.75	1.05	1.80	2.6	4.4	6.5	9	11.8	14.8	18	21.8

续表

物质	固相	0℃	10℃	20℃	30℃	40℃	50℃	60℃	70℃	80℃	90℃	100℃
KSCN		177.0		217.5								
K_2CO_3	$2H_2O$	105.5	108	110.5	113.7	116.9	121.2	126.8	133.1	139.8	147.5	155.7
$K_2C_2O_4$	$1H_2O$			33 (16℃)								
K_2CrO_4		58.2	60.0	61.7	63.4	65.2	66.8	68.6	70.4	72.1	73.9	75.6
$K_2Cr_2O_7$		5	7	12	20	26	34	43	52	61	70	80
$K_3Fe(C_2O_4)_3$	$3H_2O$	4.7										118
$K_3Fe(CN)_6$		30.2	38	46	53	59.3		70				91
$K_4Fe(CN)_6$		14.5	21.1	28.2	35.1	41.4		54.8		66.9	71.5	74.2
$KHC_4H_4O_6$		0.231	0.358	0.523	0.762							
$KHCO_3$		22.4	27.4	33.7	39.9	47.5		65.6				
$KHSO_3$		36.3	36.3	48.6	54.3	61.0		76.4		96.1		122
KI		128	136	144	153	162		176		192	198	206
KIO_3		4.74	6.27	8.08	10.3	12.6		18.3		24.8		32.3
$KMnO_4$		2.83	4.31	6.38	9.03	12.6	16.89	22.1				
KNO_2		278.8		298.4		334.9						412.8
KNO_3		13.3	21.2	31.6	45.3	61.3		106		167	203	247
KOH		95.7	103	112	126	134		154				178
$K_2S_2O_8$		1.75	2.67	4.70	7.75	11.0						

续表

物质	固相	0℃	10℃	20℃	30℃	40℃	50℃	60℃	70℃	80℃	90℃	100℃
$KAl(SO_4)_2$	$24H_2O$	3.00	3.99	5.90	8.39	11.70	17.00	24.8	40.0	71.0	109	127.5
LiCl		67	72	78.5	84.5	90.5	97	103		115		
Li_2CO_3		1.54	1.43	1.33	1.26	1.17	1.08	1.01		0.85		0.72
LiF				0.27 (18℃)								
LiOH	$1H_2O$	12.7	12.7	12.8	12.9	13	13.3	13.8		15.3		17.5
Li_3PO_4				3.9×10^{-2} (18℃)								
$MgCl_2$	$6H_2O$	52.8	53.5	54.5		57.5		61.0		66.0		73.0
MgC_2O_4	$2H_2O$			0.07 (16℃)								
$MgCO_3$	$5H_2O$		0.176 (7℃)	0.375								
$3MgCO_3\cdot Mg(OH)_2$	$3H_2O$			0.04 (冷水)							0.011 (热水)	
$MgHPO_4$	$7H_2O$			0.3 (冷水)							0.2 (热水)	
$Mg(NO_3)_2$	$6H_2O$	66.55				84.74					137.0	
$Mg(OH)_2$				9×10^{-4} (18℃)								

续表

物质	固相	0℃	10℃	20℃	30℃	40℃	50℃	60℃	70℃	80℃	90℃	100℃
$Mg_3(PO_4)_2$	$4H_2O$			0.0205 (冷水)								
$Mg_3(PO_4)_2$	$4H_2O$			0.0205 (冷水)								
$MgSO_4$	$6H_2O$	40.8	42.2	44.5	45.3		50.4	53.5	59.5	64.2	69.0	74.0
$MnCl_2$	$4H_2O$	63.4	68.1	73.9	80.71	88.59	98.15	108.6	110.6	112.7	114.1	115.3
$Mn(NO_3)_2$	$2H_2O$	119	121	123.5	126	129.5	134	139.5				
$Mn(NO_3)_2$	$6H_2O$	101.98	118.0	142.7								
MnS				4.7×10^{-4} (18℃)								
$MnSO_4$	$4H_2O$	27.5		64.5	66.44	68.8	72.6					
	$1H_2O$						58.17	55.0	52.0	48.0	42.5	34.0
$NaBr$	$2H_2O$	79.5		90.5	97.6	105.8	116.0			118.3		121.2
$Na_2B_4O_7$	$10H_2O$	1.3	1.6	2.7	3.9		10.5					
	$5H_2O$							20.3	24.4	31.5	41	52.5
$NaBrO_3$				34.5		50.2		62.5		75.7		
$NaC_2H_3O_2$	$3H_2O$	36.3	40.8	46.5	54.5	65.5	83	139	146	153	161	170
$Na_2C_2O_4$				3.7								6.33
$NaCl$		35.7	35.8	36.0	36.3	36.6	37.0	37.3	37.8	38.4	39.0	39.8
$(NH_4)_2Fe(SO_4)_2 \cdot 6H_2O$		12.5	17.2	26.9	44.5 (25℃)	33.0	40.0					
$NaClO_3$		79	89	101	113	126	140	155	172	189		230

续表

物质	固相	0℃	10℃	20℃	30℃	40℃	50℃	60℃	70℃	80℃	90℃	100℃
NH_4MnPO_4	$7H_2O$			0		0		0	0.005	0.007		
NH_4NO_3		118.3		192	241.8	297.0	344.0	421.0	499.0	580.0	740.0	871.0
$(NH_4)_2SO_4$		70.6	73.0	75.4	78.0	81.0		88.0		95.3		103.3
$(NH_4)_2SO_4$	$24H_2O$	2.1	4.99	7.74	10.94	14.88	20.10	26.70				109.7
$Al_2(SO_4)_3$												(95°)
$(NH_4)_2S_2O_3$		58.2										
NH_4VO_3				0.48	0.84	1.32	1.78		3.05			
NO (101.3kPa)		0.00984	0.00757	0.00618	0.00517	0.00440	0.00376	0.00324	0.00267	0.00199	0.00114	0
N_2O (101.3kPa)			0.1705	0.1211								
$NaBr$	$2H_2O$	79.5		90.5	97.6	105.8	116.0			118.3		121.2
$Na_2B_4O_7$	$10H_2O$	1.3	1.6	2.7	3.9		10.5	20.3	24.4	31.5	41	52.5
$NaBrO_3$	$5H_2O$	27.5		34.5		50.2		62.5		75.7		90.9
$NaC_2H_3O_2$	$3H_2O$	36.3	40.8	46.5	54.5	65.5	83	139.5	146	153	161	170
$Na_2C_2O_4$				3.7								6.33
$NaCl$		35.7	35.8	36.0	36.3	36.6	37.0	37.3	37.8	38.4	39.0	39.8

续表

物质	固相	0℃	10℃	20℃	30℃	40℃	50℃	60℃	70℃	80℃	90℃	100℃
$NaNO_2$		72.1	78.0	84.5	91.6	98.4	104.1			132.6		163.2
$NaNO_3$		73	80	88	96	104	114	124		148		180
$NaOH$	$4H_2O$	42										
	$3\frac{1}{2}H_2O$		51.5									
	$1H_2O$			109	119	129	145	174			313	347
Na_3PO_4	$12H_2O$	1.5	4.1	11	20	31	43	55		81		108
$Na_4P_2O_7$	$10H_2O$	3.16	3.95	6.23	9.95	13.50	17.45	21.83		30.04		40.26
Na_2S	$9H_2O$		15.42	18.8	22.5	28.5	39.82	42.69	45.73	51.40	59.23	
	$5\frac{1}{2}H_2O$						36.4	39.1	43.31	49.14	57.28	
Na_2SO_3	$6H_2O$	13.9	20	26.9	36	28	28.2	28.8		28.3		
Na_2SO_4	$7H_2O$	5.0	9.0	19.4	40.8	48.8	46.7	45.3		43.7		42.5
Na_2SO_4	$10H_2O$	19.5	30	44								
$Na_2S_2O_3$	$7H_2O$	52.5	61.0	70.0	84.7	102.6	169.7	206.7		248.8	254.2	266.0

续表

物质	固相	0℃	10℃	20℃	30℃	40℃	50℃	60℃	70℃	80℃	90℃	100℃
$NaVO_3$	$2H_2O$			15.3 (25℃)		30.2		68.4				
$NaIO_3$		2.5		9		15		21		27		34
$NaNO_2$		72.1	78.0	84.5	91.6	98.4	104.1			132.6		163.2
$NaNO_2$		73	80	88	96	104	114	124		148		180
$NaOH$	$4H_2O$	42										
	$3\frac{1}{2}H_2O$		51.5									
	$1H_2O$			109	119	129	145	174			313	347
Na_3PO_4	$12H_2O$	1.5	4.1	11	20	31	43	55		81		108
$Na_4P_2O_7$	$10H_2O$	3.16	3.95	6.23	9.95	13.50	17.45	21.83		30.04		40.26
Na_2S	$9H_2O$		15.42	18.8	22.5	28.5						
	$5\frac{1}{2}H_2O$						39.82	42.69	45.73	51.40	59.23	
Na_2SO_3	$6H_2O$											
	$7H_2O$	13.9	20	26.9	36	28	36.4	39.1	43.31	49.14	57.28	
Na_2SO_4	$10H_2O$	5.0	9.0	19.4	40.8		28.2	28.8		28.3		

续表

物质	固相	0℃	10℃	20℃	30℃	40℃	50℃	60℃	70℃	80℃	90℃	100℃
Na_2SO_4	$7H_2O$	19.5	30	44		48.8	46.7	45.3		43.7		42.5
$Na_2S_2O_3$		52.5	61.0	70.0	84.7	102.6	169.7	206.7		248.8	254.2	266.0
$NaVO_3$	$2H_2O$			15.3 (25℃)		30.2		68.4				
NH_4VO_3				0.48	0.84	1.32	1.78		3.05			
NO (101.3kPa)		0.00984	0.00757	0.00618	0.00517	0.00440	0.00376	0.00324	0.00267	0.00199	0.00114	0
N_2O (101.3kPa)			0.1705	0.1211								
$NiCO_3$				0.00925 (25℃)								
$NiCl_2$	$6H_2O$	53.9	59.5	64.2	68.9	73.3	78.3	82.2	85.2			87.6
$Ni(NO_3)_2$	$6H_2O$	79.58		96.31		122.2						
	$3H_2O$							163.1	169.1		235.1	
NiS				0.00036 (18℃)								
$NiSO_4$	$7H_2O$	27.22	32		42.46		50.15	54.80	59.44	63.17		76.7
	$6H_2O$											
O_3		0.0039	0.0029	0.0021	0.0007	0.0004	0.0001	0				

续表

物质	固相	0℃	10℃	20℃	30℃	40℃	50℃	60℃	70℃	80℃	90℃	100℃
$Pb(C_2H_3O)_2$	$3H_2O$				55.04 (25℃)							
$PbCO_3$				0.00011								
$PbCl_2$		0.6728		0.99	1.20	1.45	1.70	1.98		2.62		3.34
$PbCrO_4$				7×10^{-6}								
PbS				8.6×10^{-5} (18℃)						$\propto$		
$PbSO_4$		0.0028	0.0035	0.0041	0.0049	0.0056						
SO_2 (101.3kPa)		22.83	16.21	11.29	7.81	5.41	4.5					
$SbCl_3$		601.6		931.5	1068.0	1368.0	1917.0	4531.0				
Sb_2S_3				0.000175 (18℃)								
$SnCl_2$		83.9		269.8 (15℃)								
$SnSO_4$	$\dfrac{1}{2}H_2O$		42.95	41.6 / 19	39.5		37.35		36.24	36.10		36.4 / 18
SrC_2O_4	$1H_2O$	0.0033	0.0044	0.0046	0.0057							

续表

物质	固相	0℃	10℃	20℃	30℃	40℃	50℃	60℃	70℃	80℃	90℃	100℃
SrCl$_2$	6H$_2$O	43.5	47.7	52.9	58.7	65.3	72.4	81.8				
Sr(NO$_2$)$_2$	1H$_2$O	52.7		64.0			83.8	97.2			130.4	139
Sr(NO$_3$)$_2$	4H$_2$O	40.1		70.5								
SrSO$_4$		0.0113		0.0014	0.0014							
Zn(NO$_3$)$_2$	6H$_2$O	94.78		118.3								
ZnSO$_4$	7H$_2$O	41.9	47	54.4								
	1H$_2$O									86.6	83.7	80.8

附　录

7. 常见物质的溶解性表

	Mg²⁺	Ca²⁺	Al³⁺	Zn²⁺	Cu²⁺	Ba²⁺	Fe²⁺	Fe³⁺	Co²⁺	Ni²⁺	Ag⁺	Hg₂²⁺	Hg²⁺	Cr³⁺	Mn²⁺	Pb²⁺	Cd²⁺	Bi³⁺	As³⁺	Sb³⁺	Sn²⁺	Sn⁴⁺	S²⁺
O²⁻	HCl	略溶, HCl	HCl	HCl	HCl	HCl	HCl	HCl	HCl	HCl	HNO₃	HNO₃	HCl	HCl	HCl	HNO₃	HCl	HNO₃	HCl	HCl	HCl	HCl, 略溶	HCl
S²⁻	水	水	水解, HCl	HCl	HNO₃	水	HCl	HCl	HNO₃	HNO₃	HNO₃	王水	王水	水解, HCl	HCl	HNO₃	HNO₃	HNO₃	HNO₃	浓HCl	浓HCl	浓HCl	水
F⁻	HCl	不溶	水	HCl	略溶, HCl	略溶	略溶, HCl	略溶, HCl	HCl	HCl	水	水	水	水	HCl	略溶, HNO₃	略溶, HCl	HCl	—	略溶, HCl	水	水	HCl
Cl⁻	水	水	水	水	水	水	水	水	水	水	不溶	HNO₃	水	水	水	沸水	水	水解, HCl	水解, HCl	水解, HCl	水解, HCl	水解, HCl	水
Br⁻	水	水	水	水	水	水	水	水	水	水	不溶	HNO₃	水	水	水	不溶	水	水解, HCl	水解, HCl	水解, HCl	水解, HCl	水解, HCl	水
I⁻	水	水	水	水	略溶	水	水	水	水	水	不溶	HNO₃	HCl	水	水	略溶, HNO₃	水	HCl	水	水解, HCl	水	水解, HCl	水
OH⁻	HCl	略溶, HCl	HCl	HCl	HCl	HCl	HCl	HCl	HCl	HCl	HNO₃	—	—	HCl	HCl	HNO₃	HCl	HCl	—	HCl	HCl	不溶	略溶, HCl
CO₃²⁻	略溶	HCl	—	HCl	HCl	HCl	HCl	—	HCl	HCl	HNO₃	HNO₃	HCl	—	HCl	HNO₃	HCl	HCl	—	—	—	—	HCl
C₂O₄²⁻	水	HCl	HCl	HCl	HCl	HCl	HCl	HCl	HCl	HCl	HNO₃	HNO₃	HCl	HCl	HCl	HNO₃	HCl	HCl	—	HCl	HCl	水	HCl
PO₄³⁻	HCl	HCl	HCl	HCl	HCl	HCl	HCl	HCl	HCl	HCl	HNO₃	HNO₃	HCl	HCl	HCl	HNO₃	HCl	—	—	HCl	—	HCl	HCl
NO₂⁻	水	水	—	水	水	水	—	—	水	水	热水	水	水	—	水	水	水	略溶, HNO₃	—	—	—	—	水
NO₃⁻	水	水	水	水	水	水	水	水	水	水	水	略溶, HNO₃	水	水	水	水	水	—	—	—	—	—	水
SO₃²⁻	水	HCl	HCl	HCl	HCl	HCl	HCl	—	HCl	HCl	HNO₃	HNO₃	HCl	—	HCl	HNO₃	HCl	略溶	—	—	HCl	—	HCl
SO₄²⁻	水	微溶	水	水	水	不溶	水	水	水	水	略溶	略溶	略溶	水	水	不溶	水	略溶	—	HCl	水	—	不溶

313

续表

	Mg²⁺	Ca²⁺	Al³⁺	Zn²⁺	Cu²⁺	Ba²⁺	Fe²⁺	Fe³⁺	Co²⁺	Ni²⁺	Ag⁺	Hg₂²⁺	Hg²⁺	Cr³⁺	Mn²⁺	Pb²⁺	Cd²⁺	Bi³⁺	As³⁺	Sb³⁺	Sn²⁺	Sn⁴⁺	Sr²⁺
$S_2O_3^{2-}$	水	水	水	水	-	HCl	水	-	水	水	HNO₃	-	-	-	水	HNO₃	水	-	-	-	水	水	水
AsO_3^{3-}	HCl	HCl	-	HCl	HCl	HCl	HCl	HCl	HCl	HCl	HNO₃	HNO₃	HCl	-	HCl	HNO₃	HCl	HCl	-	-	HCl	-	HCl
AsO_4^{3-}	HCl	HCl	HCl	HCl	HCl	HCl	HCl	HCl	HCl	HCl	HNO₃	HNO₃	HCl	HCl	HCl	HNO₃	HCl	HCl	-	-	HCl	HCl	HCl
CrO_4^{2-}	水	水	-	水	水	略溶,HCl	-	水	HCl	HCl	HNO₃	HNO₃	HCl	HCl	略溶,HCl	HNO₃	HCl	HCl	-	-	HCl	-	略溶
SiO_3^{2-}	HCl	HCl	HCl	HCl	HCl	HCl	HCl	HCl	HCl	HCl	HNO₃	-	-	HCl	HCl	HNO₃	HCl	HCl	-	-	-	-	HCl
CN^-	水	水	-	HCl	HCl	水	不溶	-	HNO₃	HNO₃	不溶	-	水	HCl	HCl	HNO₃	HCl	-	-	-	-	水	水
CNS^-	水	水	水	水	HNO₃	水	水	水	水	水	不溶	HNO₃	水	水	水	HNO₃	HCl	-	-	-	-	水	水
$Fe(CN)_6^{4-}$	水	水	-	不溶	不溶	水	不溶	不溶	不溶	不溶	不溶	-	-	-	HCl	不溶	不溶	-	-	-	-	不溶	水
$Fe(CN)_6^{3-}$	水	水	-	HCl	不溶	水	不溶	水	不溶	不溶	不溶	-	不溶	-	不溶	不溶	不溶	-	-	不溶	不溶	-	水

说明:水 ~ 溶于水，HCl ~ 不溶于水而溶于 HCl，HNO₃ ~ 不溶于 HCl 而溶于 HNO₃。

8. 常见离子和化合物的颜色

表 1 常见离子的颜色

无色阳离子	Ag^+，Cd^{2+}，K^+，Ca^{2+}，As^{3+}（在溶液中主要以 AsO_3^{3-} 存在），Pb^{2+}，Zn^{2+}，Na^{2+}，Sr^{2+}，As^{5+}（在溶液中几乎全部以 AsO_4^{3-} 存在），Hg_2^{2+}，Bi^{3+}，NH_4^+，Ba^{2+}，Sb^{3+} 或 Sb^{5+}（主要以 $SbCl_6^{3-}$ 或 $SbCl_6^-$ 存在），Hg^{2+}，Mg^{2+}，Al^{3+}，Sn^{2+}，Sn^{4+}
有色阳离子	Mn^{2+} 浅玫瑰色，稀溶液无色；$Fe(H_2O)_6^{3+}$ 淡紫色，但平时所见 Fe^{3+} 盐溶液黄色或红棕色；Fe^{2+} 浅绿色，稀溶液无色；Cr^{3+} 绿色或紫色；Co^{2+} 玫瑰色；Ni^{2+} 绿色；Cu^{2+} 浅蓝色
无色阴离子	SO_4^{2-}，PO_4^{3-}，F^-，SCN^-，$C_2O_4^{2-}$，MoO_4^{2-}，SO_3^{2-}，BO_2^-，Cl^-，NO_3^-，S^{2-}，WO_4^{2-}，$S_2O_3^{2-}$，$B_4O_7^{2-}$，Br^-，NO_2^-，ClO_3^-，VO_3^-，CO_3^{2-}，SiO_3^{2-}，I^-，Ac^-，BrO_3^-
有色阴离子	$Cr_2O_7^{2-}$ 橙色；CrO_4^{2-} 黄色；MnO_4^- 紫色；MnO_4^{2-} 绿色；$Fe(CN)_6^{4-}$ 黄绿色；$Fe(CN)_6^{3-}$ 黄棕色，I_3^- 棕黄

表 2 有特征颜色的常见无机化合物

黑色	Ag_2O，Ag_2S，BiI_3，Bi_2S_3（棕黑），Co_3O_4，CoS，CuO，CuS，Cu_2S，$Fe[Fe(CN)_6]$，FeO，Fe_3O_4，FeS，HgS^*，MnO_2，NiO，Ni_2O_3，$Ni(OH)_3$，NiS，PbS，SnO，$TiCl_2$，TeI_4（灰黑），VO，V_2O_3（灰黑），V_2S_3（棕黑）
蓝色	$CoCl_2 \cdot H_2O$（蓝棕），$Co(OH)Cl$，$CoCl_2$（无水），$CrO(O_2)_2$（aq），$Cr(OH)_3$（灰蓝），$Cu(BO_2)_2$，$Cu(OH)_2$（浅蓝），$[Cu(H_2O)_4]SO_4$，$[Cu(OH)_4]SO_4$（蓝紫）；$[Cu(NH_3)_4]SO_4$（深蓝），$[Cu(en)_2]SO_4$（深蓝紫），$CuCl_2 \cdot 2H_2O$，$Cu_2(OH)_2CO_3$，$CuSiO_3$，$Fe_2[Fe(CN)_6]$，$K[Fe(CN)_6Fe]$（深蓝），N_2O_3（低温），$NaBO_2 \cdot Co(BO_2)_2$，VO_2
绿色	$Co_2[Fe(CN)_6]$，CoO（灰绿），Cr_2O_3，$[Cr(H_2O)_5Cl]^{2+}$（蓝绿），$[Cr(H_2O)_4Cl_2]Cl$，$[Cr(H_2O)_5Cl]Cl_2$，$CrCl_3 \cdot 6H_2O$，$Cr(OH)_3$（灰绿），$[Cr(OH)_4]Cl$（亮绿），$Cr_2(SO_4)_3 \cdot 6H_2O$，$CuCl_2$（aq，黄绿），$Cu(OH)_2 \cdot CuCO_3$（墨绿），$CuSCN$（暗绿），$K_2[CuCl_4]$，$FeSO_4 \cdot 7H_2O$，Hg_2I_2（黄绿），K_2MnO_4，MnS（无水，深绿），$Ni(OH)_2$，NiO（暗绿），$Ni(OH)_3$，$Ni(CN)_2$，$Ni_2[Fe(CN)_6]$，$Ni_2(OH)_2CO_3$（浅绿），$NiSiO_3$（翠绿），$Ni(BO_2)_2$，$[Ti(H_2O)_5Cl]Cl_2 \cdot H_2O$，$[TiCl(H_2O)_5]Cl_3$，$[V(H_2O)_6]Cl_3$，$VF_4$

黄色	$AgBr$，AgI，Ag_3PO_4，Ag_2SiO_3，As_2S_3，$BiO（OH）$（灰黄），$BaCrO_4$，Bi_2O_3，$CaCrO_4$，$CdCrO_4$，CdO（棕黄），$[Co（NH_3）_6]Cl_2$（土黄），CdI_2，CdS，ClO_2，$CuBr$，CuI，$[Cr（NH_3）_6]Cl_3$，$[Cr（NH_3）_5H_2O]Cl_3$（橙黄），K_2CrO_4，$K_2Cr_2O_7$（橙色），$Cu（OH）$，$Cu（CN）_2$，FeC_2O_4，$FeCrO_4·2H_2O$，$K_4[Fe（CN）_6]$，$K_3[FeCl_6]$，$FeCl_3·6H_2O$（棕黄），$K_3[Fe（C_2O_4）_6]$，$Fe（C_5H_5）_2$，$FePO_4$，$HgSO_4$，Hg_2CO_3，$K_2[PtCl_6]$，$K_3[Co（NO_2）_6]$，$K_4[Fe（CN）_6]$，$K_2Na[Co（NO_2）_6]$，$M_2Fe_6（SO_4）_4（OH）_{12}$（黄铁矾，$M=NH_4$，Na，K），$NaBiO_3$，$NaAc·Zn（Ac）_2·3[UO_2（Ac）_2]·9H_2O$，$（NH_4）_3PO_4·12MoO_2·6H_2O$，$PbCrO_4$，$PbO$，$PbI_2$，$SbI_2$，$SnS_2$，$SrCrO_4$，$Zn_3[Fe（CN）_6]_2$（黄褐）
红色	Ag_2CrO_4（砖红），Bi_2O_5（红棕），$Cr_2（SO_4）_3$（桃红），CuF，Cu_2O，$Cu_2[Fe（CN）_6]$（暗红），Fe_3O_4，$Fe（OH）_3$（红棕），$FeCl_3$，HgS，HgO，HgI_2，Hg_2O，$K_2Cr_2O_7$，$K_3[Fe（CN）_6]$（血红），$Na_2Cr_2O_7$，NO_2（红棕），MnS，Pb_3O_4，SnI_4，Sb_2S_3（橘红），V_2O_5（砖红）
粉红色	$CoCl_2·6H_2O$，$Co（OH）_3$，$[Co（H_2O）_6]Cl_2$，$[Co（NH_3）_5（H_2O）]Cl_3$，$MnSO_4·7H_2O$
紫色	$K_3[Co（CN）_6]$，$CoCl_2·2H_2O$（紫红），$CoSiO_3$，$[Co（NH_3）_4（CO_3）]Cl$（紫红），$[CoCl（NH_3）_5]Cl_2$（紫红），$Cr_2（SO_4）_3·18H_2O$（紫红），$[Cr（NH_3）_2（H_2O）_4]Cl_3$（紫红），$[Cr（H_2O）_6]Cl_3$（蓝紫），$[Cu（NH_3）_4]SO_4$（蓝紫），$CuBr_2$（紫黑），$KMnO_4$，$[Ni（NH_3）_6]Cl_3$（蓝紫），$（NH_4）_2Fe（SO_4）_2·12H_2O$（浅紫），$[Ti（H_2O）_6]Cl_3$，$[V（H_2O）_6]Cl_2$（蓝紫）
棕色	CdO，$CoCl_2·H_2O$（蓝棕），$[Co（NH_3）_6]Cl_3$（红棕），$FeCl_3·6H_2O$，$K_3[Fe（CN）_6]$，$Fe（OH）_2$，Fe_2O_3，$MnO（OH）$（棕黑），PbO_2（棕褐），V_2O_5，WO_2（红棕）

*某些人工制备和天然产的物质常有不同的颜色，如沉淀生成的 HgS 为黑色，天然产的是朱红色。

9. 阳离子系统分析
硫化氢系统：

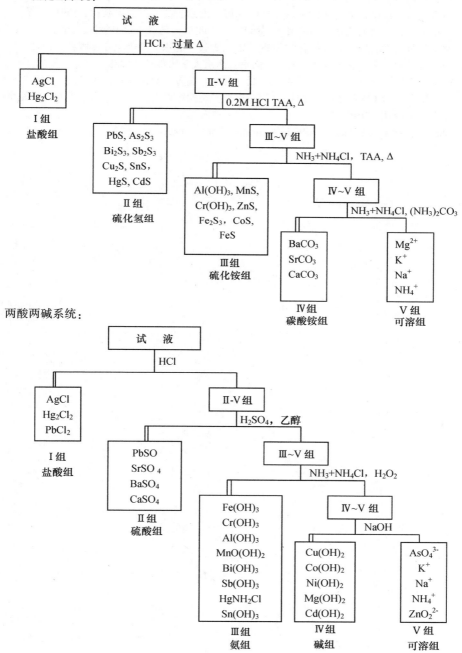

两酸两碱系统：

10. 参考资料

[1] Sienko M. J. 等. Experimental General Chemistry [M]. 康奈尔大学出版社,1988

[2] 中山大学等校编. 无机化学实验 [M]. 3 版. 北京：高等教育出版社,1991

[3] 北京大学编. 普通化学实验 [M]（修订本）. 北京：北京大学出版社,1991

[4] 北京师范大学等校编. 无机化学实验 [M]. 2 版. 北京：高等教育出版社,1991

[5] 南京大学编. 无机化学实验 [M]. 南京：南京大学出版社,1988

[6] 南京大学编. 大学化学实验 [M]. 2 版. 北京：高等教育出版社,2010

[7] 北京师范大学实验教学中心 组编. 基础化学实验操作规范 [M]. 2 版. 北京：北京师范大学出版社,2010

[8] John R Dean 等. Practical Skills in Chemistry [M]. Pearson,2002